셀프트래블

# 포르투갈

상상출판

셀프트래블
# 포르투갈

**개정 1쇄** | 2023년 11월 1일

**글과 사진** | 송윤경

**발행인** | 유철상
**편집** | 김소영, 홍은선, 김정민
**디자인** | 한효경, 주인지, 노세희
**마케팅** | 조종삼, 김소희
**콘텐츠** | 강한나

**펴낸 곳** | 상상출판
**주소** | 서울특별시 성동구 뚝섬로17가길 48, 성수에이원센터 1205호(성수동 2가)
**구입 · 내용 문의** | **전화** 02-963-9891(편집), 070-7727-6853(마케팅)
**팩스** 02-963-9892 **이메일** sangsang9892@gmail.com
**등록** | 2009년 9월 22일(제305-2010-02호)
**찍은 곳** | 다라니
**종이** | ㈜월드페이퍼

※ 가격은 뒤표지에 있습니다.

ISBN 979-11-6782-173-7(14980)
ISBN 979-11-86517-10-9(set)



**www.esangsang.co.kr**

셀프트래블

# 포르투갈

## Portugal

송윤경 지음

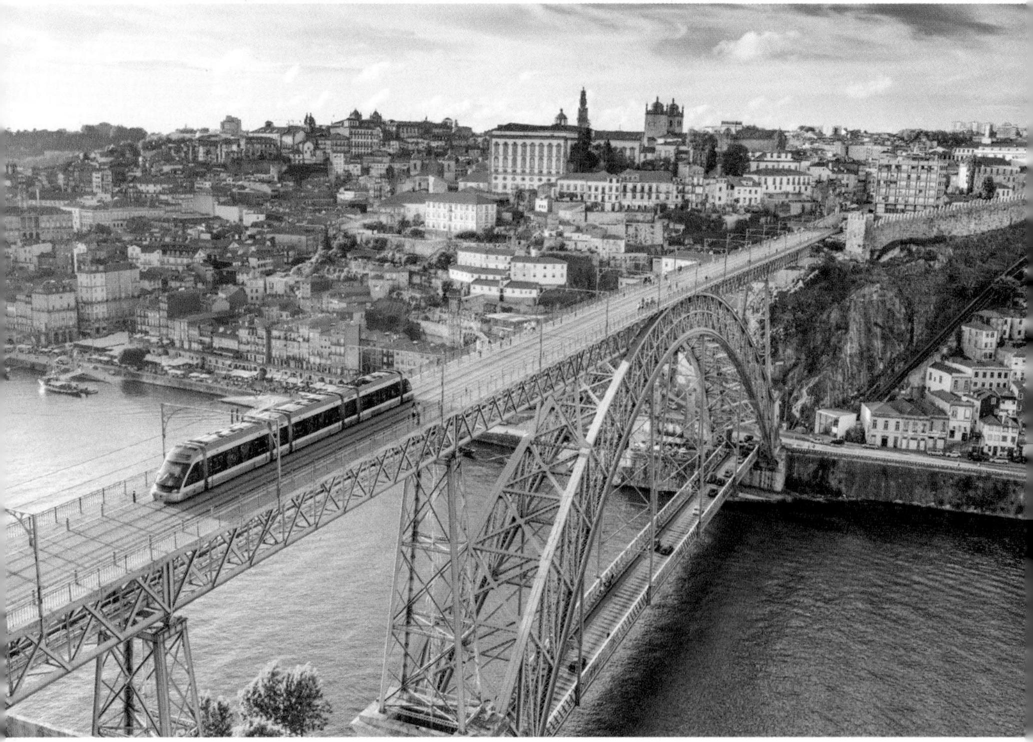

상상출판

## 대 항 해 시 대

소금 가득한 바다여,
얼마나 많은 그대의 소금이 포르투갈의 눈물인가.
그대를 건너기 위해 얼마나 많은 아들들이 헛된 기도를 하고
어머니들이 눈물을 흘렸는가.
얼마나 많은 처녀들이 신부가 되길 기다리며 죽었는가.
그대가 우리의 것이 될지도 모른다는 희망 속에서, 바다여.

그럴 만한 가치가 있는가? 분명 가치 있는 일이다.
만약 영혼이 작지 않다면 말이다.
곶 너머로 항해하려는 자라면
누구나 두 배는 슬퍼해야 한다. 도망칠 곳은 없으니.
위험과 심연은 신께서 바다에게 주신 것이니
그럼에도 바다를 천국의 거울로 만든다.

– 페르난두 페소아의 서사시 「메시지」 중에서

aquelles mares,
ao abrio,
, e os novos ares,
ique descobrio...
Os Lusiadas C.V-4
Rusia
Moscovia
zona frigida exparte poliaretici
Zona tẽperata Septentrionalis
Asia Magna
Zona Tẽperata Septentrionalis
EVROPA
Asia Menor
Reyno da China
INDIA
Tropicus Cancri
Equinociallis
Mar Indico
Tropicus Capricorni
Congo
Angola
ar Meridional
Projecção Merccator

## 노란 트램

클레리구스에서 출발하는 포르투의 트램은 롤러코스터 같고,
리스본의 햇살을 닮은 노란 트램은 일출의 한 장면처럼 언덕을 박차고 솟아오른다.
알아들을 수 없는 포르투갈어 수다와 트램 내부를 울리는 덜컹거림, 코너를 돌 때의 낡은 쇳소리가 앙상블을 이룬다.

22
BATALHA
205
Experience the very best of the history of Port Wine

# 아 줄 레 주

'윤을 낸 돌'이라는 뜻의 아줄레주 Azulejo.
푸른빛이라 시리도록 차가울 듯했는데
새겨진 포르투갈 사람들의 이야기에
온기가 가득하다.

## 파 두

어둡고 짙은 바다로 떠나는 연인은 다시 돌아오겠다는 희뿌연 약속만을 남기고 간다.
항해를 마치고 온 고단한 배는 그의 부재를 알리는 검은 돛을 휘날린다.
연인은 대서양의 깊은 곳에서 길을 잃었을 뿐 영원히 그녀의 마음속에 있다.
포르투갈이 사랑한 아말리아 로드리게스Amalia Rodrigues의 파두 〈검은 돛배Barco Negro〉처럼
많은 여인과 가족들은 바다로 떠나 돌아오지 못한 연인을, 아들을, 아버지를 그리워했다.
운명 또는 숙명이라는 뜻의 파두는 바다로 떠나는 이의 향수와 남은 이의 그리움을 나타낸다.
지금도 리스본 골목을 파고드는 파두Fado, 시간이 흘러도 날이 선 마음은 무뎌질 줄 모른다.

## 포트 와인

포르투갈 최고의 낭만적인 장치는 포트 와인 Port Wine이다.
도우루 강 주변의 산지에서 자란 포도는 아름다운 풍경을 머금고 자라 매혹적인 포트 와인이 된다.
루비색 와인의 빛깔과 브랜디로 강화된 알코올 덕분에 사랑에 빠지는 건 시간문제다.

## 포르투갈 사람

리스본의 한 레스토랑에 갔다.
우리나라에서는 해물밥과 까칠한 할아버지 웨이터로 유명했다.
무뚝뚝한 표정으로 자리를 안내하는 할아버지에게
좀 더 눈을 맞추고 웃으며 맛있다고 연신 엄지손가락을 치켜세웠다.
여러분이 상상한 것처럼 할아버지는
옆 테이블에는 주지 않던 미소를 보여 줬고 맛있게 먹으라며 손도 잡아 주셨다.
포르투갈 사람들은 내가 다가가면 친절하고 예의가 바르며 따뜻한 사람들이다.
마음을 쉽게 열어 주고 정을 나눈다. 그게 어쩐지 우리나라 사람들과 닮았다.

대서양, 이베리아 반도

그리스 신화의 거인 신 아틀라스는 신계를 어지럽힌 죄로 지구를 들고 있어야 하는 벌을 받았다. 어느 날 메두사의 머리를 베고 가던 프로메테우스는 자신의 요구를 들어주지 않는 아틀라스를 돌로 만들었다. 그 자리의 앞바다가 대서양, 아틀란틱 Atlantic이다. 포르투갈 사람들은 신화에 나오는 신비한 대서양을 동경하면서도 알 수 없는 미지의 세계를 두려워했다. 대서양을 건너다가는 바다의 끝에 있는 폭포에 휘말려 지옥으로 떨어지거나 적도에 가면 사람들이 까맣게 타 죽을 거라고 했다. 하지만 바스쿠 다 가마는 검은 인종을 발견했고 마젤란은 지구가 둥글다는 걸 증명했다. 우주선이 달에 도착하기 전, 인류의 가장 큰 도약이 이곳에서 시작된 것이다.

## 성지

성모 마리아의 기적이 이루어진
포르투갈은 국민의
대다수가 가톨릭 신자이다.
포르투갈이 침략당해 피를 흘릴 때,
탐험대가 떠날 때,
리스본이 대지진으로 절망했을 때,
어려운 순간 자신과 타인과 나라를 위해
한마음으로 기도했다.

칼사다 포르투게사

포르투갈의 광장이나 정원에서 흔히 볼 수 있는 칼사다 포르투게사. 두 가지 색의 조약돌로 모자이크나 패턴을 만든다. 시간에 치이다 마모된 조약돌들은 포르투갈 사람들의 상상에 의해 파도가 되고 꽃밭이 된다.

TI_
MÃO
ATE
NAS
P

# Prologue

여행은 언제 가야 할까? 대학생이 필수 코스로 떠나는 배낭여행도, 사랑하는 사람과 떠나는 신혼여행도, 직장인의 여름휴가도 다 맞다. 여행은 언제든 떠나는 게 맞다. 내가 여행을 떠나기로 결심한 건 어느 날이었다.

지하철에는 사람들이 너무 많아서 쓰다 남은 근육들을 끌어모아 어깨에 힘을 줘야 하고, 회사는 능력 밖의 일을 줘서 귀가를 막는 것 같다. 이상하게 괴팍한 사람이 내 주변에 있고, 하물며 오늘 먹은 점심 메뉴가 TV 프로그램에서 고발당했다. 이런 일들이 나에게 스트레스를 준다. 일상을 통과하기 팍팍해서 나는 여행을 떠난다. 일상에서의 탈출. 나에게 주는 선물. 돌아오면 모든 게 좋아질 거야. 하지만 꼭 그렇지는 않다. 돌아오면 밀린 업무를 해야 하고 내 일을 대신해 줬던 사람들에게 미안해해야 한다. 잠시 지금을 피하는 여행이 해결책은 아니다. 그래도 다른 나라에 빚을 져 놓은 게 있는지 떠나는 건 멈춰지지 않는다. 사람들이 도대체 여행에 얼마를 썼냐고 물어 본다. 대략 오천만 원이 넘은 것 같다. 그럼 아깝지 않느냐고 한다. 아깝다. 여행지의 핫 스폿만 찾아다니며 체험담을 나누던 여행이라 그렇다. 다행히 이제라도 포르투갈을 만나 여행이 나에게 어떤 의미인지를 배우게 되었다.

리스본의 대성당으로 올라가는 길은 정말 좁은데 자동차도 트램도 모두 한도로를 사용한다. 내가 탄 트램이 알파마로 향하다 말고 그대로 멈춰 섰다. 어떤 트럭이 구멍가게에 납품을 하기 위해 왕복 이차선 도로에 차를 세운 것이다. 곧 경적을 울리고 출발할 거라 생각했는데 5분이 지나면서 그 기대도 무의미해졌다. 아랫동네까지 차와 트램이 줄 서 있음에도 불구하고 희한하게 경적을 울리는 사람은 없었다. 마침내 일을 끝낸 트럭 기사는 뒤를 향해 손을 들었고 트램 기사는 고개를 끄덕였다. 포르투갈의 시인 페르난두 페소아가 말했다. 삶은 다른 사람이 되어 보는 일이라고. 그날 도로에 있던 포르투갈 운전사들은 모두 트럭 기사가 되어 있었을 것이다. 그의 말 덕분에 포르투갈 사람들이 가진 여유가 어디에서 오는지 알 수 있었다.

여행을 하다 보면 가슴 깊숙이 걸어 들어오는 여행지가 있다. 그건 몇 천 년을 기다려 온 조각이나 정교한 건물, 숨 막히는 자연이 아닌 사람을 통해서 오는 것 같다. 마치 의도치 않게 첫눈에 반하는 일처럼 여행자를 순간 얼어붙게 만든다. 나는 포르투갈에서 정이 넘치는 사람들로 인해 자주 입가에 미소가 지어졌다.

주변에 포르투갈을 다녀온 여행자에게 어땠냐고 물어보면 그들은 정확히 무엇이 좋았다고 말하지 않는다. 포르투갈은 그냥 스며드는 것 같기 때문이다. 이 책을 통해 "다른 나라들의 어마어마한 유적들과 자연환경들보다 포르투갈이 최고입니다"라고 말할 수는 없다. 하지만 이렇게 알리고 싶다. "매력적입니다. 도시가, 사람들이, 포르투갈에서 보내는 시간마저 애틋해질 정도로."

Thanks to……

늘 저에게 변함없는 지지와 사랑을 보내주는 서용우 님, 가족 그리고 서로 다른 방식과 만남 속에서 저와 인연이 닿아 있는 모든 분들께 감사드립니다. 이 책이 나올 수 있도록 도와주신 유철상 대표님, 김소영 에디터님, 디자이너님께도 깊은 감사의 마음을 올립니다.

2023년 10월 송윤경

## Contents
# 목차

## 포르투갈에서 꼭 해봐야 할 모든 것

**Mission in Portugal**

**Enjoy Portugal**

## 포르투갈을 즐기는 가장 완벽한 방법



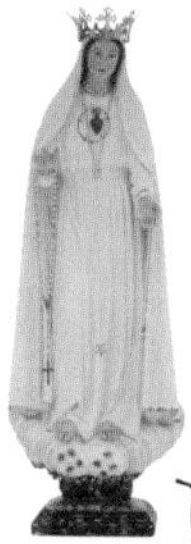

Step to Portugal

## 쉽고 빠르게 끝내는 여행 준비

# Self Travel Portugal
# 일러두기

## ❶ 주요 지역 소개

『포르투갈 셀프트래블』은 수도 리스본과 포르투, 브라가, 기마랑이스, 아베이루, 코임브라, 파티마 등 주요 도시를 다룹니다. 리스본 근교와 세계문화유산 투어 지역도 함께 소개합니다.

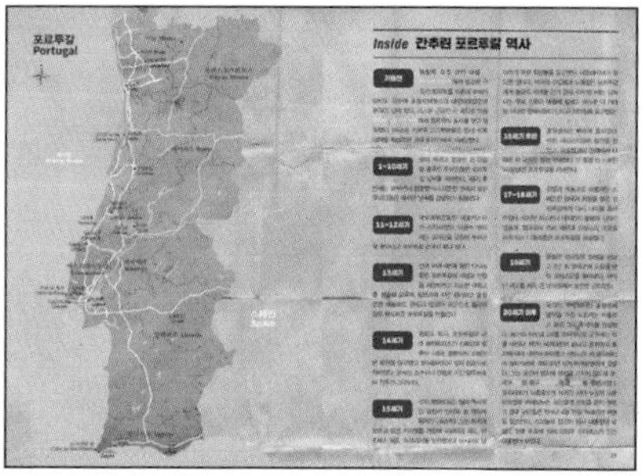


## ❷ 철저한 여행 준비

**Enjoy**

지역별 추천 일정은 물론 리스본, 포르투, 브라가 등 주요 도시의 관광명소, 식당, 쇼핑 스폿, 숙소를 지역에 따라 안내하고 주소, 위치, 요금 등은 물론 알아두면 좋은 여행 Tip도 수록했습니다. 관광명소에는 중요도에 따라 별점(★)을 표시했고 식당과 쇼핑에는 추천, 호텔에는 성급을 표시했습니다.

## ❸ 알차디알찬 여행 핵심 정보

**Try**

기간별, 테마별로 포르투갈 여행의 일정을 제시합니다. 실제 일정 구성 시 활용할 수 있도록 정리하였습니다. 여행 전 자신만의 포르투갈 여행을 그려보세요.

**Mission**

포르투갈에서 놓치면 100% 후회할 볼거리, 먹거리, 살거리 등의 재미난 정보를 테마별로 한눈에 보여줍니다. 필요한 것만 쏙쏙~ 골라보세요.

**Step**

포르투갈로 떠나기 전 꼭 필요한 여행 정보를 모았습니다. 포르투갈의 일반 정보, 출입국수속, 짐 꾸리기, 기본 포르투갈어와 영어 회화 등을 실어 초보 여행자도 어렵지 않게 여행할 수 있습니다.

## ❹ 원어 표기

최대한 외래어 표기법을 기준으로 표기했으나 관광명소와 업소의 경우 현지에서 사용 중인 한국어 안내와 여행자들에게 익숙한 이름을 택했습니다. 주소나 이름을 인터넷으로 검색할 때는 알파벳을 입력하면 대부분 쉽게 찾을 수 있습니다.

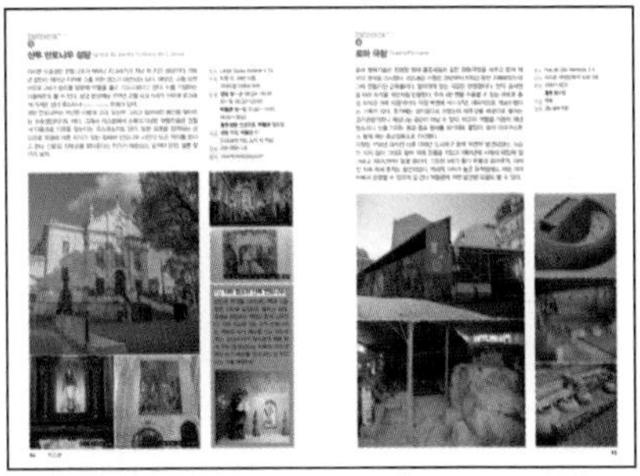

## ❺ 정보 업데이트

이 책에 실린 모든 정보는 2023년 9월까지 취재한 내용을 기준으로 하고 있습니다. 현지 사정에 따라 요금과 운영시간 등이 변동될 수 있으니 여행 전에 한 번 더 확인하시길 바랍니다. 잘못되거나 바뀐 정보는 계속 업데이트하겠습니다.

## ❻ 지도 활용법

이 책의 지도에는 아래와 같은 부호를 사용하고 있습니다.

**주요 아이콘**

- 관광명소, 기타명소
- Ⓡ 레스토랑, 카페 등 식사할 수 있는 곳
- Ⓢ 쇼핑몰, 기념품점 등 쇼핑 장소
- Ⓗ 호텔, 게스트하우스 등 숙소
- ⓘ 관광 안내소
- 지하철역
- 기차역
- 버스 정류장

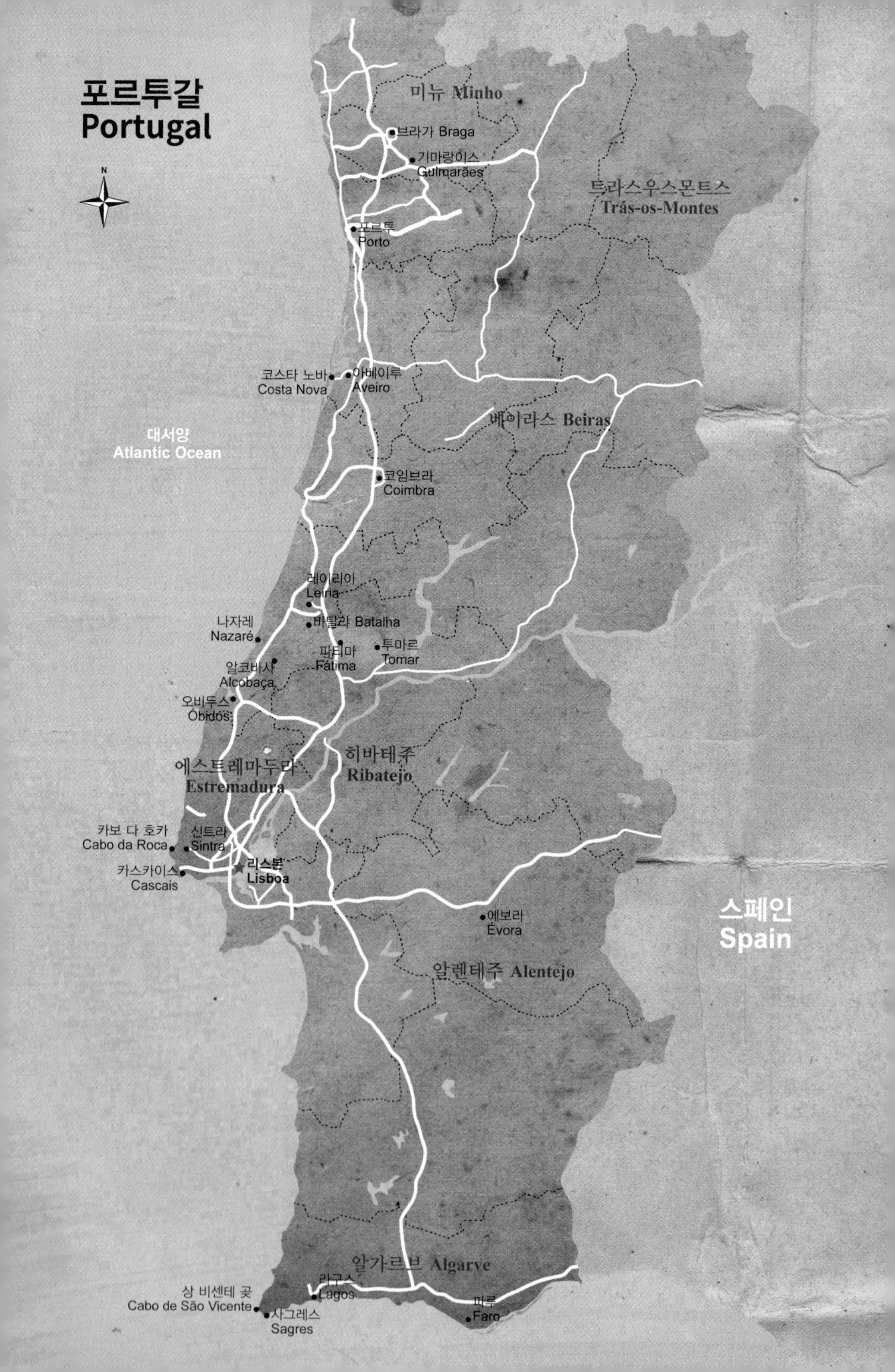
포르투갈
Portugal
N
미뉴 Minho
브라가 Braga
기마랑이스
Guimarães
트라스우스몬트스
Trás-os-Montes
포르투
Porto
코스타 노바
Costa Nova
아베이루
Aveiro
대서양
Atlantic Ocean
베이라스 Beiras
코임브라
Coimbra
레이리아
Leiria
바탈랴 Batalha
나자레
Nazaré
파티마
Fátima
투마르
Tomar
알코바사
Alcobaça
오비두스
Óbidos
히바테주
Ribatejo
에스트레마두라
Estremadura
카보 다 호카
Cabo da Roca
신트라
Sintra
카스카이스
Cascais
리스본
Lisboa
에보라
Évora
스페인
Spain
알렌테주 Alentejo
알가르브 Algarve
라구스
Lagos
파루
Faro
상 비센테 곶
Cabo de São Vicente
사그레스
Sagres

## *Inside* 간추린 포르투갈 역사

**기원전**

북동쪽 포즈 코아 마을Vila Nova de Foz Côa에서 발견된 구석기 암각화를 비롯해 이베리아반도 곳곳에 호모사피엔스와 네안데르탈인의 흔적이 남아 있다. 리스본 근교인 산 페드로 마을Vila Nova de São Pedro에서 켈트족이 농사를 짓고 정착했다. (리스본 카르무 고고학박물관 전시) 이후 세력을 확장하던 고대 로마인에게 지배당했다.

**1~10세기**

로마 제국이 멸망한 뒤 이슬람 종족인 무어인들은 포르투갈 남부를 지배한다. 1세기 후반에는 북부까지 점령했으나 따뜻한 곳에서 살던 무어인들은 매서운 날씨를 감당하기 힘들었다.

**11~12세기**

국토회복운동인 레콩키스타가 시작되었다. 아폰수 엔리케는 십자군을 요청해 무어인을 몰아내고 포르투갈 건국의 왕이 된다.

**13세기**

건국 이래 6번째 왕인 디니스 왕은 포르투갈의 사법과 산업을 재정비하고 리스본 대학교를 설립해 교육에 힘썼으며 시인 왕이라고 불릴 만큼 예술에도 관심이 많았다. 성군으로 불리며 실로 풍요로운 포르투갈을 만들었다.

**14세기**

평화도 잠시, 포르투갈의 공주 베아트리스가 스페인의 왕 후안 1세와 결혼하자 스페인은 왕권을 요구했고 받아들여지지 않자 침공으로 이어졌다. 군사는 소수이나 전술로 이긴 알주바호타 전투가 그것이다.

**15세기**

다시 평화로워진 땅에 역사적인 탐험가 인판테 동 엔리케 왕자가 나타난다. 그는 미지의 항로와 범선 카라벨를 개발해 마데이라 제도, 아조레스 제도, 아프리카를 발견했으며 아시아로 넘어가기 위한 희망봉을 발견했다. 대항해시대가 찾아온 것이다. 이국의 수입품과 노예들은 포르투갈에게 황금의 시대를 안겨 준다. 마누엘 1세는 넘쳐나는 부로 건축과 예술에 힘썼고 바스쿠 다 가마 등 위대한 항해사들이 인도와 브라질을 발견했다.

**16세기 후반**

흥망성쇠는 빠르게 흘러갔다. 어린 세바스티앙이 왕권을 잡았고, 이슬람과의 전쟁에서 대패한 뒤 국권은 점점 약해졌다. 이 틈을 타 스페인이 60년간 포르투갈을 지배한다.

**17~18세기**

전쟁과 폭동으로 씨름하던 스페인은 영국과 동맹을 맺은 포르투갈에게 다시 나라를 돌려주었다. 하지만 리스본의 대지진이 불행의 시작이었을까. 영국과의 의리 때문에 프랑스의 미움을 사게 되고 나폴레옹은 포르투갈을 침공했다.

**19세기**

왕실은 브라질로 망명을 떠났고 3년 뒤 영국군의 도움을 받아 프랑스군을 몰아냈다. 바닥난 국고를 채운 건 브라질에서 발견한 금이었다.

**20세기 이후**

국가는 부유했지만 불평등에 불만을 가진 노동자는 카를로스 왕과 그의 후계자를 암살했다. 왕가의 마누엘 2세를 마지막으로 군주제는 막을 내린다. 제1차 세계대전이 끝나고 공화정의 통치에 대해 내란이 이어졌고 안토니우 지 올리베이라 살라자르에 의해 50년 넘게 독재정권하에 있었다. 그는 국민이 정치에 관심을 가지지 않도록 3F, 파두Fado와 축구Football, 종교Fatima를 유행시켰다. 살라자르가 뇌졸중으로 쓰러진 사이 수상에 오른 마르셀루 카에타누는 국민에게 신임을 얻지 못했고 결국 국민들은 1974년 4월 25일 카네이션 혁명을 일으킨다. 스피놀라 장군이 임시 대통령이 되었고 이후 투표에 의해 마리우 수아레스가 민간 대통령이 되었다.

# Q&A 포르투갈 여행 전 많이 묻는 질문 7가지

## Q1. 포르투갈 여행은 언제 떠나야 할까요?

**A1.**

포르투갈은 지중해성 기후로 온화하고 사계절이 뚜렷하다. 세로로 길게 뻗은 지형이라 지역마다 날씨에 차이가 있어 여름에는 북부, 겨울에는 남부를 여행하기 좋다. 변덕스러운 날씨가 점차 안정을 찾는 4~5월에는 부활절이 있으니 파티마나 브라가와 같은 성지 여행을 추천한다. 6월에는 리스본 알파마에 제철인 사르디나(정어리)를 굽는 연기가 자욱하고 자카란다 나무에 보랏빛 꽃이 피어 화사하다. 여름에는 건조하고 햇살이 강한 편으로 남부 휴양지로 떠나거나 더위를 피해 북부로 이동해도 좋다. 가을엔 미식과 단풍 여행, 겨울은 우기라서 도심 여행을 권한다. 박물관, 미술관을 관람하고 카페에서 여유로운 시간을 보내보자.

## Q2. 여행은 언제부터 준비해야 할까요?

**A2.**

포르투갈 관광지는 대부분 예약제가 아니어서 미리 준비할 필요는 없다. 다만 일정이 정해진다면 숙소와 교통편은 1개월 전에 구매하길 권한다.

포르투갈 철도 CP는 한 달 전부터 할인된 티켓을 판매하며 앱에서 프로모션 특가를 진행하기도 한다. 행사가 아니라면 기차보다 버스가 조금 더 저렴하다. 레데 익스프레스Rede expressos를 비롯한 포르투갈 버스 회사에선 30일 전에 티켓을 예약할 수 있으며 할인 폭이 크다. 리스본-포르투 구간 버스는 인기가 많아 예약을 미리 하자. 인기 구간이 아니면 5일 전에도 예약 할인을 받을 수 있다.

'한 달 살기'로 유명한 포르투는 인기 에어비앤비 예약이 어렵다. 항공권은 여행 4개월 전에 구매하면 저렴하다. 프로모션을 진행하는 항공사도 있으니 항공사 메일이나 항공권 특가정보 회사의 SNS를 팔로우하는 것이 좋다. 가격 비교를 할 수 있는 스카이스캐너와 구글 플라이트도 이용해보자.

## Q3. 예산은 얼마로 잡아야 할까요?

**A3.**

서유럽 국가 중 물가가 저렴한 편으로 우리나라와 비슷하다. 간단히 예산을 계산하는 방법이다. **[항공권 + 1일 경비(숙박비 · 식비 · 입장료) x 여행 날짜 + 액티비티 · 교통 · 쇼핑 · 공연 · 용돈 등]** 숙박은 호스텔 도미토리 €20~, 에어비앤비나 호텔은 €50~, 고급호텔은 €100 정도다. 식비는 평균 €20, 에스프레소는 €1.5~, 관광명소 입장료는 €10에 여유 비용을 고려하자.

## Q4. 로밍해서 가는 게 나을까요?

**A4.**

로밍보다 단말기 IC 카드를 현지 통신사로 교체하는 유심USIM이 경제적이다. 포르투갈에 내 전화번호가 생기고 일정 데이터와 통화량이 생긴다. 대신 한국 전화번호로 오는 문자나 전화는 연결되지 않는다. 현지 통신사는 보다폰Vodafone, 메오Meo, 노스Nos가 있다. 보다폰은 비싸지만 가장 많은 기지국을 보유한 만큼 잘 터진다. 메오는 저렴하나 시골에선 데이터 연결이 잘되지 않는다. 노스는 일주일 동안 데이터 1기가를 사용하는 단기간 유심이 있어 가성비가 좋으나 매장이 적다. 한국에서 사용하던 유심과 동시에 사용할 수 있는 이심E-sim도 인기다. 아이폰 11세대 이후, 갤럭시 S23, Z 이후 버전 단말기면 사용할 수 있다.

## Q5. 패키지와 자유여행. 어느 쪽이 더 효율적일까요?

**A5.**

패키지라면 역사나 음식, 패션, 소도시와 같은 특화된 여행사를 이용하자. 자유여행은 내가 짠 여행에 현지 패키지를 더해도 좋다. 동네의 이야기를 들려주는 워킹투어나 유적지의 경우 전문가와 함께하는 당일 투어도 많다. 마이리얼트립처럼 현지 체험 프로그램 예약 앱을 통해 포르투갈 전통 타일인 아줄레주 수업이나 쿠킹 클래스도 즐겨보자.

## Q6. 포르투갈에는 소매치기가 많다고 들었어요. 어떻게 예방해야 하나요?

**A6.**

유럽여행에서 가장 걱정되는 것이 소매치기다. 포르투갈 소매치기는 특히 리스본의 트램에서 많이 발생한다. 트램이나 지하철에서 안전한 곳은 제일 뒤 칸 벽면이다. 벽면에 몸을 기대고 가방을 안고 있으면 가져가기 힘들고, 출입문과 떨어져 있는 것이 좋다. 지퍼가 달린 가방에 당일에 필요한 짐만 가볍게 넣고 자물쇠, 옷핀으로 고정하자. 휴대전화는 내 몸에서 떨어지지 않도록 하고 테이블 위에 올려두는 것을 피하자.

## Q7. 소매치기를 당하면 어떻게 해야 하나요?

**A7.**

여행보험을 들었다면 보상받을 수 있다. 가까운 경찰서로 가서 폴리스 리포트Police Report를 작성한다. 여권 또는 여권 사본이 있다면 들고 가자. 이름, 생일, 국적, 여권번호, 숙소 주인의 개인정보 등을 적고 소매치기당한 날짜, 시간, 장소, 방법, 물품 등을 적는다. 경찰관의 사인, 도장을 찍고 사본을 받은 뒤 한국으로 돌아와 보험사에 제출한다.

# Try 01 1주 리스본 근교 도시 코스

긴 이동을 좋아하지 않는 사람들을 위한 코스다. 리스본과 근교를 중심으로 여행하며 포르투갈의 산과 바다, 문화를 다양하게 즐길 수 있다.

❶ 리스본 3일 → ❷ 신트라 1일 → ❸ 카스카이스 & 카보 다 호카 1일 → ❹ 오비두스 1일 → ❺ 에보라 1일

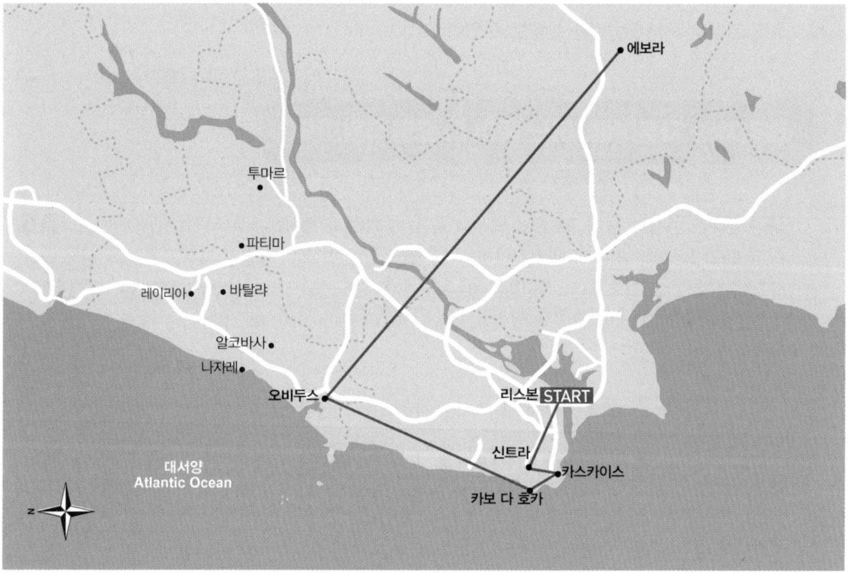


❶ **포르투갈의 수도 리스본** 7개의 언덕에 옹기종기 모여 있는 문화유산과 볼거리를 제공한다. 하루는 알파마 지구, 하루는 벨렘 지구, 하루는 시내를 돌아 보자.

❷ **달을 모시던 신화 속 왕궁의 신트라** 리스본에서 신트라까지는 통근 기차를 타고 이동 가능하다. 리스보아 카드나 신트라 카드(1일권)를 이용해 떠나 보자.

❸ **부유한 해안 도시 카스카이스와 유럽의 서쪽 끝인 카보 다 호카**로 당일치기 여행을 떠나자.

❹ **왕비의 도시 오비두스** 매달 축제로 가득한 곳. 특히 밸런타인데이 때 열리는 달콤한 초콜릿 축제가 인기.

❺ **중세 건물이 고스란히 살아 있는 에보라** 무시무시한 뼈 예배당은 공포보다 죽음에 대해 생각하게 된다.

# *Try 02* 1주 세계문화유산 코스

포르투갈은 수려한 자연경관과 유구한 역사가 새겨진 건축물, 옛 모습을 보전한 마을 전체가 유네스코에 등재될 정도로 많은 세계문화유산을 보유하고 있다.

**❶ 리스본 2일 → ❷ 신트라 1일 → ❸ 나자레 1일**
**→ ❹ 알코바사 & 바탈랴 1일 → ❺ 파티마 & 투마르 1일 → ❻ 포르투 1일**

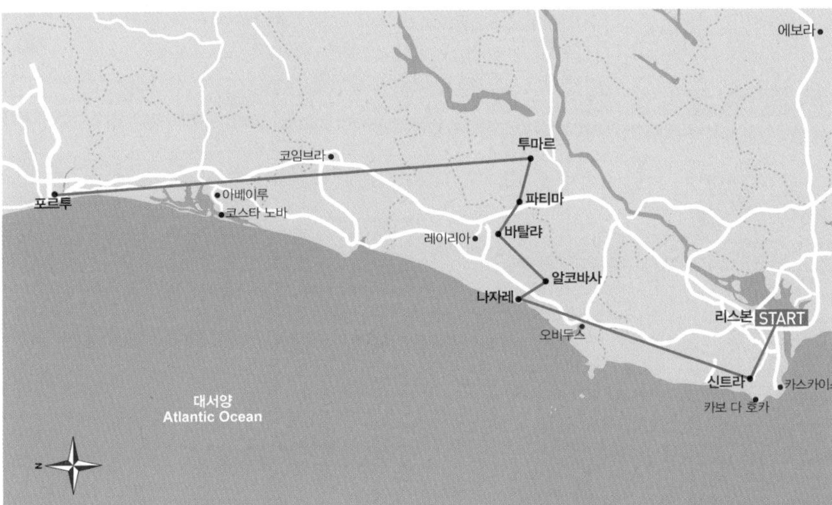


❶ **포르투갈 황금기인 대항해시대를 고스란히 담은 벨렝 지구** 제로니무스 수도원에서 화려한 마누엘 양식을 즐겨보자.

❷ **신트라의 궁전** 각기 다른 매력을 발산하는 궁전들이 페스티벌을 벌이듯 모여있다.

❸ **나자레의 병풍 같은 절벽을 배경으로 멋진 해변**이 드러난다. 전통 의상인 여러 겹의 치마를 두른 여인들과 생선을 말리는 어부까지 소담한 어촌이다.

❹ 스페인과 프랑스에 치여 바람 잘 날이 없던 포르투갈, 승리를 위해 **그들의 염원을 담아 만든 수도원을 알코바사 & 바탈랴**에서 만나 보자.

❺ 바티칸 다음으로 **유명한 성지인 파티마**와 **십자군 기사단의 본부인 투마르**로 가는 여행이다.

❻ **낭만적인 포르투의 히베이라 지구**는 전체가 세계문화유산으로 지정되었다. 사실 포르투는 도시 전체를 문화유산으로 지정하고 싶을 만큼 매력적인 곳이다.

## Try 03 1주 신혼여행 코스

포르투갈에서 달콤한 신혼여행? 어울리지 않는다고? 글쎄, 포르투갈 곳곳에 어떤 로맨틱함이 숨겨져 있는지 안다면 당장 떠나고 싶을 것이다.

❶ 포르투 2일 → ❷ 리스본 & 신트라 & 카보 다 호카 3일 → ❸ 라구스 & 사그레스 2일

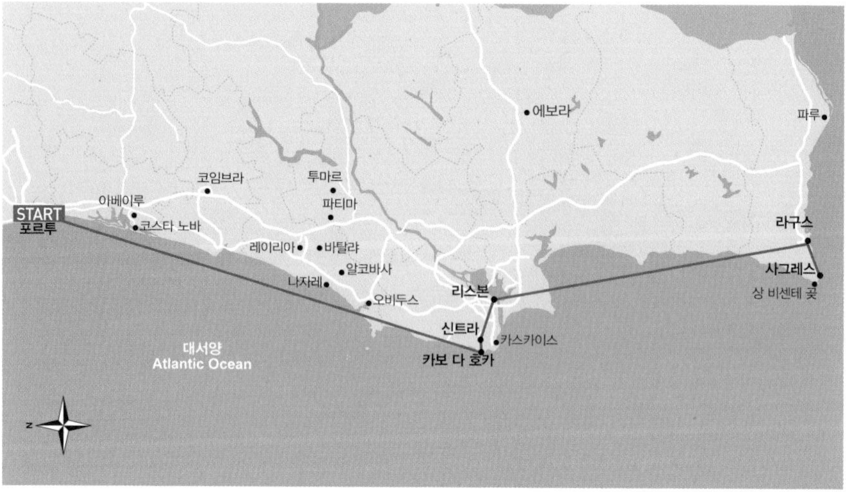


❶ 사랑하는 사람과 꼭 오고 싶은 도시 포르투에서 허니문을 시작하자.
❷ 리스본의 노란 트램을 타고 올라 상 조르제 성에서 일몰을 보거나 알파마의 구석진 가게에서 파두를 들어 보자. 신혼집을 꾸밀 기념품 쇼핑은 필수. 다채로운 신트라의 성도 놓치지 말자.
❸ 결혼식으로 피곤했던 몸과 마음에 힐링이 되는 남부 해안 라구스와 사그레스로 떠나자.

# Try 04 2주 포르투갈 완전 정복 코스

2주간의 포르투갈 완전 정복. 2일 정도 시간이 남는다면 세계문화유산 코스도 함께 구성하자.

❶ 포르투 2일 → ❷ 브라가 & 기마랑이스 1일 → ❸ 아베이루 & 코스타 노바 1일
→ ❹ 코임브라 1일 → ❺ 파티마 1일 → ❻ 리스본 2일 → ❼ 신트라 1일
→ ❽ 카스카이스 & 카보 다 호카 1일 → ❾ 라구스 2일 → ❿ 사그레스 1일

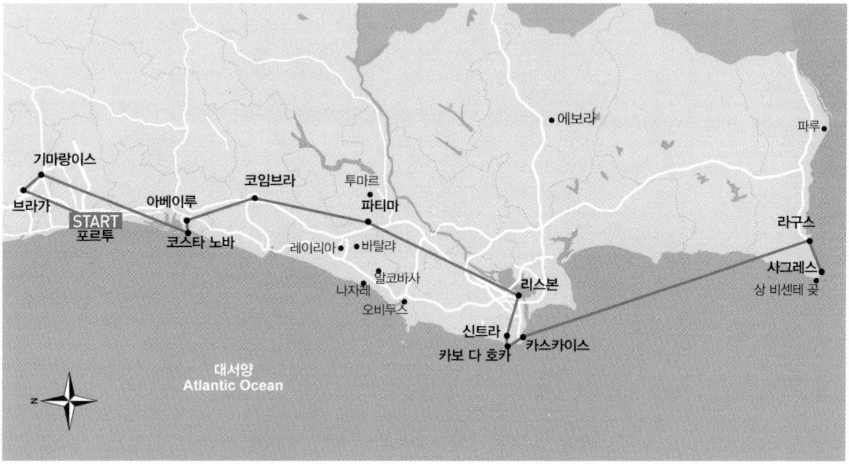


❶ 빈티지한 오렌지빛 지붕이 언덕을 타고 내려와 도우루 강가에 머문다. 동 루이스 1세 다리 건너에 있는 와이너리에서 포트 와인이 익어 가고 히베리아의 음식점에는 바칼라우 요리가 연신 나온다. 하루를 머물기엔 아까운 포르투에서 꼭 하루 이상 지내길 추천한다.

❷ 종교의 도시 브라가와 건국의 도시 기마랑이스를 만나 포르투갈을 좀 더 이해하는 시간을 보내자.

❸ 알록달록한 운하 도시 아베이루와 동화 같은 줄무늬 집들의 코스타 노바는 캔디처럼 달콤한 마을이다.

❹ 청춘들이 꽉꽉 들어찬 코임브라는 대학 도시다. 호기심 가득하고 활기찬 그들의 친절에 기분 좋아지는 도시. 그들의 기운을 받아 다음 여행도 힘내게 된다.

❺ 파티마의 기적이라 불리는 성모 마리아의 발현지다. 소망하는 자들의 믿음에 경건해진다.

❻ 대지진과 독재정치 속에서도 삶과 도시에 애정을 잃지 않은 리스본 시인들. 포르투갈의 크고 작은 일을 겪으며 더욱 견고해진 듯하다.

❼ 포르투갈 왕족이 사랑한 도시 신트라. 무더운 여름을 지내던 여름 궁전과 로맨틱하거나 비밀스러운 장치가 숨겨진 헤갈레이라 궁전, 달을 믿었던 페나 성, 신트라를 지키던 무어 성과 아랍식의 몬세라트 궁전까지 있는 다양한 궁 전시장이다.

❽ 세상의 끝, 또 다른 시작이 있는 카보 다 호카와 시원한 해안길의 카스카이스.

❾ 여행 중의 망중한. 피곤한 몸도 라구스에서는 쉬어 가야 한다. 광란의 나이트 라이프는 덤.

❿ 대항해시대를 이루어 낸 해양 기지 사그레스. 토질이 특이해서 황량해 보이지만 붉은 흙은 또 다른 분위기를 자아낸다.

# *Mission in Portugal*

# 포르투갈에서 꼭 해봐야 할 모든 것

MISSION 01

# 포르투갈에서 놓치지 말아야 할 10가지

대항해시대의 흔적이 고스란히 남은 포르투갈의 문턱을 넘어갈 준비가 다 되었는가? 이제 누구보다 더 포르투갈다움을 느끼기 위해 놓치지 말아야 할 10가지를 소개한다. 세계가 인정한 건축물과 유니크한 그들만의 감성, 광활한 대서양 말고도 다양한 모습의 포르투갈을 만날 수 있다. 여행이 지칠 때면 여유롭게 포트 와인 한잔하는 것도 놓치지 말자.

**1 | 포르투의 포트 와인 와이너리**

스페인의 셰리 와인Sherry Wine과 함께 주정 강화 와인의 강자인 포트 와인Port Wine은 숙성 중인 와인에 브랜디를 섞은 것이다. 높은 도수와는 달리 농익은 포도의 달콤한 맛을 자랑한다. 빌라 지 노바 가이아는 와이너리 밀집 지역으로 제조 과정 구경은 물론 발효 중인 와인을 시음할 수 있다.

**2 | 포르투의 해리포터 서점**

세계에서 가장 아름다운 서점 3위인 포르투의 렐루 서점은 작가 조앤 K. 롤링이 『해리포터』 시리즈에서 도서관을 묘사할 때 모티브가 되어 유명하다. 콜라병처럼 유연한 곡선의 계단을 올라가면 헤르미온느에게 혼나는 론과 웃고 있는 해리가 반겨 줄 것 같다.

**3 | 브라가의 봉 제수스 두 몬트**

대부분이 가톨릭을 믿는 포르투갈 사람들에게 브라가의 봉 제수스 두 몬트는 상징적인 의미를 가지고 있다. 산 중턱부터 꼭대기까지 십자가의 길과 성당으로 이루어진, 말 그대로 산 전체가 성당인 셈이다.

**4 | 파티마의 성지순례**

성모 마리아가 발현했던 곳으로 많은 순례자의 행렬이 이어지는 곳이다. 몸이나 마음이 아픈 자들이 이곳으로 와 자신의 믿음을 바탕으로 간절함을 호소하는 행위는 지금의 나와 주변에 대한 감사와 감동으로 이어진다.

**5 | 리스본의 벨렝 지구**

포르투갈 전성기인 대항해시대의 상징. 모든 모험은 이곳에서 시작하고 모든 문화는 이곳에서 꽃피웠다. 포르투갈 사람들에게 이곳은 젊은 시절의 빛바랜 사진과도 같다. 위대한 옛 추억이 깃든 곳이기에.

**6 | 세상의 끝 카보 다 호카**

어린 시절, 세상의 끝에 무지개가 있을 거라 생각했었다. 어른이 되고 낭만적인 상상은 없어졌지만 카보 다 호카에서 만난 무지개는 나를 다시 어린 소녀로 만들었다. 이별 뒤에 만남이 시작되듯이 세상의 끝에서 다시 만날 세계를 그려본다.

**7 | 리스본의 28번 노란 트램 투어**

28번 트램은 리스본의 중심부를 가로지른다. 가파른 언덕과 좁은 골목을 요리조리 피해 뚫고 가는 노란 트램에 앉아 있는 것만으로도 산책 완료.

**8 | 신트라의 헤갈레이라 별장 탐험**

상상력이 많았던 주인은 언덕과 지하를 잇는 터널과 숨겨진 회전문, 폭포 등 정원에 재미를 심어 놓았다. 후세에도 즐거운 탐험이 될지 모른 채.

**9 | 리스본에서 파두 감상**

포르투갈을 대표하는 음악인 파두는 사랑하는 사람에 대한 기다림, 찬란했던 영광 뒤의 허망함, 그리움을 노래한다. 가슴에 담아 둔 슬픔이 있다면 파두와 함께 꺼내 위로해 주는 시간을 가져 보자.

**10 | 라구스의 카약 투어**

투명한 바다 위를 유유자적 떠다니며 여유를 즐기는 카약 투어는 라구스에서 해야 할 일 1순위이다. 바다 곳곳에서 보이는 해안 절벽과 동굴 사이를 누비다 보면 시간이 금세 지나간다.

MISSION 02

# 세계가 주목하는 포르투갈의 세계문화유산

여기에 소개한 7곳 외에도 신트라의 문화 경관, 알코바사의 산타 마리아 수도원, 파쿠 섬의 포도밭 문화 경관, 코아 계곡의 선사시대 암각화, 앙그라 두 에루이스무의 옛 시가지, 엘바스 요새 도시와 방어 시설, 알투 도우루 와인 산지가 유네스코 세계문화유산에 등재되었다.

**1 | 코임브라 대학교**
1290년 포르투갈 최초로 문을 열어 1537년 코임브라로 옮겼다. 왕실의 든든한 지원을 받은 만큼 아름다운 외관과 오랜 전통을 자랑한다.

**2 | 리스본 제로니무스 수도원**
마뉴엘 양식의 걸작이자 탐험가들의 안식처. 건물에 들어서는 순간 화려함에 넋을 잃고 말 것이다.

**3 | 포르투 역사 지구**
기원전 1세기, 포르투갈의 국명이 정해진 도시다. 풍요로운 도우루 강이 만든 빈티지한 도시경관이 멋스럽다.

**4 | 알코바사와 바탈랴 수도원**
동 페드루와 도나 이네스의 슬프고도 영원한 사랑 이야기가 잠들어 있는 알코바사 수도원과 알주바호타 전투에서의 승리를 보답하며 지은 바탈랴 수도원.

**5 | 에보라 역사 지구**
중세의 호사로움이 사라져 황망한 모습이라 당황스러울 수도 있다. 그러나 가늠할 수 없는 시간을 보낸 성벽과 도시에 깃든 문명의 흔적을 느끼기에 더없이 만족스럽다.

**6 | 투마르 크리스투 수도원**
12세기 이슬람 교도들로부터 산타렘 지역을 돌려받은 후 투마르에 크리스투 수도원을 지었으나 잦은 공격에 시달려야 했다. 동 디니스 왕은 수도원을 찾아오는 순례자를 보호하기 위해 템플 기사단을 만들었다.

**7 | 기마랑이스 역사 지구**
건국의 도시 기마랑이스의 역사 지구에는 중세의 건축양식이 그대로 남아 있어, 그것만으로도 의미가 있다.
"AQUI NASCEU PORTUGAL (여기에서 포르투갈이 탄생했다)"

MISSION 03

# 알고 먹으면 더 맛있는 포르투갈 음식

때때로 우리는 서유럽을 여행하면서 손바닥 반만 한 고기 때문에 장식용 재료에까지 손을 뻗게 되는 민망함을 감수한 적이 있을 것이다. 하지만 포르투갈의 음식은 우선 푸짐하다. 접시의 가장자리까지 차지하는 감자 요리와 야채, 잘라도 끝이 없는 스테이크는 똑같은 크기의 덩어리가 하나 더 있다. 간혹 즐겁게 먹는 여행객에게 내어 주는 생선구이는 기분 좋은 덤이다. 빵으로 삼시 세끼를 이어 가다 입에서 밀가루 냄새가 나는 듯한 기분은 어떠한가. 유럽에서 쌀 소비량이 가장 높은 포르투갈은 우리 입맛에 딱 맞는 요리로 가득하다.

※ 웨이터를 부를 때는 "파즈 파부르Faz favor"라고 하자.

## 1 | 포르투갈의 대표 음식 바칼라우 Bacalhau

500년 전 발견의 시대 때 북대서양에서 잡은 대구를 소금에 절여 만든 음식이 바칼라우다. 가난한 서민의 주요 먹을거리로 요리 방법이 365가지가 넘어 매일 다른 바칼라우를 만들 수 있다고 한다.

바칼라우

**대표적인 바칼라우 요리**

★ 바칼라우 아 고메스 지 사 Bacalhau à Gomes de Sá

포르투 지역에서 주로 먹는 바칼라우 요리로 소금에 절인 대구에 감자, 양파, 달걀과 양파로 만든 스크램블을 올린다.

바칼라우 구이

★ 바칼라우 아 브라스 Bacalhau à Brás

소금에 절인 대구와 슬라이스 후 튀긴 감자, 양파, 포슬포슬한 에그 스크램블이 함께 나온다.

파스테이스 지 바칼라우

★ 바칼라우 아 제 두 피포 Bacalhau à Zé do Pipo

소금에 절인 대구와 우유, 으깬 감자, 마요네즈를 함께 오븐에 구운 요리다.

★ 바칼라우 꽁 나타스 Bacalhau com Natas(Bacalhau with Cream)

바칼라우 아 제 두 피포와 비슷하나 크림 소스를 사용해 오븐에 구운 요리다.

바칼라우 아 고메스 지 사

★ 파스테이스 지 바칼라우 Pastéis(Bolinhos) de Bacalhau

식사 전에 간단하게 먹는 애피타이저로 소금에 절인 대구와 감자, 달걀 등을 뭉쳐 아기 주먹만 한 크기로 튀겨 낸 음식이다. 터미널 등에서도 자주 팔아 간단하게 요기할 수 있는 간식이다.

바칼라우 아 브라스

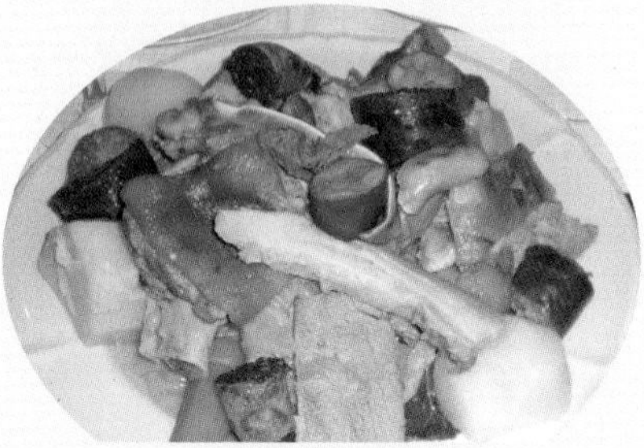

**2** | **사르디나구이** Sardinhas Assadas

사르디나는 청어과의 정어리다. 가장 많이 잡히는 6월에는 리스본 알파마의 골목이 안개 낀 것처럼 연기로 자욱하다. 집집마다 숯불로 구운 사르디나를 먹기 때문이다. 레스토랑의 인기 메뉴로, 사르디나 외에도 농어, 황새치, 문어 등 구이 요리가 다양하다.

**3** | **코지두 아 포르투게사**
Cozido à Portuguesa(트리페이루 Tripeiro)

베이라 지역에서 시작된 이 요리는 소고기와 돼지고기, 훈제 소시지Morcela, Farinheira, Chouriço 등의 고기와 야채를 넣은 스튜다.

**4** | **칼두 베르데** Caldo Verde

케일, 감자, 양파 등을 넣어 끓인 수프다. 포르투갈 미뉴 지역에서 많이 먹는 음식으로 맥도날드에서도 판매할 정도다.

**5** | **칼데이라다** Caldeirada

생선, 감자, 양파, 토마토, 고추 등을 쪄서 만든 스튜다. 포르투갈 국밥과 비슷하나 쌀이 들어가지 않고 걸쭉한 매운탕 같다.

**6** | **아호스 지 마리스쿠** Arroz de Marisco

포르투갈의 국밥이자 갑각류, 해산물이 들어간 밥. 게, 통새우, 조개 등을 넣고 쌀Arroz을 삶은 것이다. 적절히 매콤한 맛에 속이 얼큰해져 우리에게 익숙한 맛이다. 아귀를 재료로 한 아호스 지 땀보릴Arroz de Tamboril과 문어를 재료로 한 아호스 지 뽈보Arroz de Polvo도 인기가 있다. 고수를 넣어 주는 경우도 있으므로 싫다면 "너웅 꼬엔드루Não Coentro" 혹은 "에우 너웅 께루 꼬엔드루Eu Não Quero Coentro"라고 말해 보자.

**7** | **비페 아 포르투게사** **Bife à Portuguesa**

포르투갈 방식의 소고기 요리로 스테이크와 가장자리에 감자를 놓고 레스토랑에 따라 달걀 프라이가 함께 나오기도 한다.

**8** | **레이텅** **Leitão**

새끼돼지 요리로 중부 지역에서 유래되었다. 레스토랑마다 특제 소스를 발라 바비큐로 내어 준다. 바삭한 겉과 야들야들한 식감이 좋다.

**9** | **프랑세지냐** **Francesinha**

'작은 프랑스 소녀'라는 뜻의 이름과는 달리 높은 칼로리와 푸짐한 양으로 내장파괴버거라고 부른다. 소시지와 패티, 토마토, 빵을 쌓아 녹인 치즈로 감싸고 특제 소스를 접시에 가득 채운다. 감자튀김도 함께 나와 맥주를 곁들이면 더욱 맛있다.

**10** | **카르느 지 포르쿠 아 알렌테자나**
**Carne de Porco à Alentejana**

돼지고기와 모시조개를 올리브와 감자튀김 등과 함께 넣어 졸인 음식이다. 다양한 재료가 푸짐하게 들어있어 든든하게 한 끼를 먹을 수 있다.

**11** | **뽈보** **Polvo**

길거리에서 사 먹던 질긴 문어꼬치는 잊자. 야들야들한 식감에 씹으면 터지는 육즙. 문어 국밥 같은 아호스 지 뽈보Arroz de Polvo, 소스를 발라 구운 뽈보 그렐라두Polvo Grelhado를 추천한다.

**12** | **페이조아다** **Feijoada**

검은콩과 돼지 혀, 귀, 코 등을 넣고 끓인 죽이다. 돼지 부산물처럼 먹기 꺼려지는 재료를 죽으로 만들어 노예에게 먹였는데 이후 체력이 좋아지자 소갈비, 소시지 등을 넣고 끓여 만들게 되었다.

**카페 메뉴 종류**

★ **나타**Nata 에그 타르트
★ **볼루**Bolo 케이크
★ **도스**Doce 조그만 쿠키
★ **비카**Bica 에스프레소
★ **카페 꽁 레이뜨 · 핑가두**Café com Leite · Pingado
에스프레소 + 우유
★ **갈라웅**Galão 핑가두보다 양이 많다.
★ **뻬께누**Pegueno 작은 사이즈
★ **그란데**Grande 큰 사이즈

**주류**

★ **세르베자**Cerveja 맥주를 뜻하는 포르투갈어. 사그레스Sagres 맥주와 슈퍼 복Super Bock이 있으며, 특히 체리 리큐어를 넣은 슈퍼 복 탱고Tango가 인기 있다.

**와인 종류**

★ **포트 와인**Port Wine 도우루 강 주변의 와이너리에서 만드는 포르투갈 와인
★ **비뉴스 제네로주스**Vinhos Generosos 알코올 도수가 높은 와인
★ **비뉴스 드 콘수무**Vinhos de Consumo 알코올 도수가 낮은 와인
★ **비뉴 마두루**Vinho Maduro 숙성 와인
★ **비뉴 베르드**Vinho Verde 비숙성 와인. 비뉴 베르드는 포도주라는 뜻의 'Vinho'와 녹색을 뜻하는 'Verde'의 합성어로 젊은 사람들이 많이 마신다.
★ **무스카텔 세투발**Moscatel de Setúbal
단맛이 많이 나는 와인

나타

비카

핑구 도스(슈퍼마켓)

슈퍼 복

★
**바가지 씌우는 거 아냐?**
**낯선 문화 코우베르트 Couvert**
레스토랑에서 주문을 하면 직원은 빵과 버터, 올리브, 치즈 등을 준다. 식전에 간단하게 입맛을 돋우고 맛있게 요리를 먹은 뒤 계산서를 받았을 때 우리는 놀랄 수도 있다. 음식값이 더 많이 나왔기 때문이다. 바가지를 씌우는 거 아닌지 따지거나 찝찝하게 레스토랑을 나서게 되지만 이는 포르투갈의 문화 때문. 식전에 가져다준 사이드 음식을 코우베르트라고 하는데, 포르투갈은 짠 음식이 많으므로 코우베르트로 나온 빵과 함께 먹는 것이 좋다. 원하지 않을 경우 필요하지 않다고 하거나 먹지 않고 계산 시 빼줄 것을 요청하면 된다.

포트 와인과 치즈

MISSION 04

# 포르투갈 기념품 다 모았다! 쇼핑 아이템

여행을 하면 할수록 늘어나는 기념품에 가방이 터질 것만 같다. 하지만 쇼핑을 포기할 순 없다. 어디서나 만날 수 있는 아이템이 아닌 오직 '그곳'에서만 만날 수 있는 것들이 포르투갈 곳곳에 숨어 있기 때문이다. 포르투갈의 분위기와 정서를 한국에서도 추억할 수 있다면 지갑을 여는 일이 그리 어렵지 않다. 기념품을 넣은 가방 덕에 어깨는 무겁지만 마음은 무척 가뿐해질 것이다.

### 1 | 아줄레주 타일

푸른색 물감으로 그려진 포르투갈의 특별한 타일이다. 건축물이나 미술관 등에 장식으로 사용되다가 일반 가정집에도 부의 상징으로 사용되었다. 요즘에는 푸른색 외에도 다양한 염료를 이용해 구매 욕구를 더 자극한다.

### 2 | 파두 CD

포르투갈을 대표하는 음악인 파두는 우리나라의 한과 같은 포르투갈의 사우다지를 잘 표현하고 있다. 리스본이나 코임브라가 특히 파두로 유명하며 CD는 파두 하우스에서 구입 가능하다.

### 3 | 바르셀루스의 닭 조각품

산티아고의 누명을 쓴 순례자를 살린 닭에 관한 설화를 바탕으로 만든 기념품이다. 정의와 행운을 상징하는 바르셀루스의 닭을 내 방에 데려와 키우면 행운을 줄지도 모른다. 포르투갈어로 수탉이라는 뜻의 '갈루Galo'라고도 불린다.

### 4 | 포트 와인

주정 강화 와인으로 유명한 포트 와인. 달콤한 맛 때문에 목 넘김이 좋아 남녀 모두에게 선물하기 좋고 도수가 높아 술을 좋아하는 어른에게도 딱 맞다. 우리나라에 수입되는 종류가 한정되어 있는 만큼 포르투갈에서 꼭 사 가야 하는 필수품.

## 5 | 사르디나 관련 장식품

바칼라우(대구)와 함께 포르투갈에서 가장 사랑받는 생선이다. 못생긴 바칼라우와는 달리 날렵하고 귀여운 외모의 사르디나는 축제 장식이나 기념품의 모티브로 활용된다. 사르디나와 관련된 그림이나 핸드메이드 제품들이 사랑스럽다.

## 6 | 코르크 제품

코르크 세계 생산량의 50%를 넘는 최대 생산지인 포르투갈은 가볍고 부드러운 코르크 수공업이 발달되어 있다. 통기성이 좋아 와인에만 사용되는 줄 알았던 코르크는 한국에서는 비싼 가격에 판매되는 만큼 부모님께 하나 선물하기 딱 좋다.

## 7 | 견과류 : 아멘도잉 토하두 Amendoim Torrado

아몬드나 땅콩 등을 볶아 설탕에 버무린 과자다. 겉은 소다를 넣지 않은 달고나를 바른 맛에 씹을수록 고소하다. 봉지를 열어 먹다 보면 어느새 바닥을 드러낸다.

## 8 | 체리주 진자와 초콜릿 잔

오비두스의 유명한 체리주 진자는 강한 도수 때문에 초콜릿 잔에 부어 마신 뒤 초콜릿으로 입가심한다. 초콜릿 잔도 포장해 판매하므로 선물용으로 좋다.

## 9 | 아베이루 소금

대지진 이후 넓은 바다가 석호 지대로 변하면서 아베이루에는 최상급 소금이 많이 생산되었다. 아쉽게 아베이루에 가지 못한다면 포르투갈의 마트인 핑구 도스Pingo Doce에서 구매해 보자.

## 10 | 나자레 전통 배 모형

손으로 만든 전통 배와 그물 미니어처가 꽤 귀엽다. 다른 지역에서는 살 수 없는 것인 만큼 나자레 방문 시 꼭 구매하도록 하자. 가격 또한 저렴한 편이다.

## 11 | 클라우스 포르투 비누

1887년 생산된 포르투갈 왕실 비누로 100% 식물성이라 피부 트러블 걱정이 없으며 포장이 고급스러워 선물하기 좋다. 비다 포르투게사(p.142) 나 클라우스 포르투 매장에서 살 수 있다.

## 12 | 빈티지 그림

앤티크 서점에서는 먼지 냄새 폴폴 날 것 같은 빈티지한 그림들을 €1부터 판매한다. 중세 지도와 옛 그림, 술집 포스터들을 구입해 액자에 걸어두면 멋스러운 인테리어 소품이 된다.

## 13 | 책

렐루 서점에서는 포르투갈어 서적과 소설집뿐 아니라 간단한 영어로 된 그림동화책이나 아이를 위한 홀로그램 책을 판매한다. 포르투갈 사진집도 여행을 기억하는 좋은 기념품이다.

## 14 | 비노 베르데

포르투갈에는 포트 와인만 있는 것이 아니다. 북서부 지역에서 생산하는 초록색의 싱그러운 녹색 와인, 비노 베르데는 가벼운 보디감과 상큼한 아로마를 선사한다.

## 15 | 핑구 도스

포르투갈의 대표 슈퍼마켓. 포르투갈 햄 프레순토 Presunto나 아조레스Azores 제도에서 재배한 녹차, 카피탈리 캡슐 커피를 구입해 친구들에게 선물해 보자. 일요일은 대부분 휴무.

## 16 | SPA 제품

날씨가 변덕스러우면 포르투갈 대표 SPA 숍 라니돌Lanidor에서 저렴하게 옷 한 벌 구입하자. 바이샤 / 시아두 역 근처 쇼핑거리에 있는 스페인 SPA 제품도 포르투갈 물가 때문에 저렴하다.

## 파두 CD 추천 리스트

후미진 골목이 거미줄처럼 이어진 리스본의 알파마는 서민과 노동자 계층 그리고 이주민이 터를 이룬 동네다. 고향을 떠나온 그리움과 고된 노동의 서러움은 울먹이는 듯 내뱉는 파두를 만들어냈다. 1830년대 비릿한 냄새가 도는 항구에는 시커멓게 탄 선원들이 들르는 선술집이 있었다. 밤에는 검은색 옷에 술이 달린 숄을 걸치고 맨발로 노래하는 마리아 세베라Maria Severa를 보기 위해 많은 사람들이 모여들었다. 최초의 파디스타Fadista이자 파두의 여신으로 불리는 그녀의 위로하는 목소리가 사람들의 마음을 홀린 것일지도 모른다. 지금도 그녀를 닮고 싶은 파디스타들은 검은 옷에 숄을 걸치고 노래를 부른다.

**★ 아말리아 호드리게스**
**Amalia Rodrigues - <The Soul of Fado>**

포르투갈의 전통 음악 파두를 세계적인 반열에 올려놓은 가수다. 알파마에서 트럼펫 연주자의 딸로 태어난 그녀는 길거리에서 노래를 부르다 가수로 발탁됐다. 스페인과 프랑스를 오가며 노래하던 그녀는 첫 음반을 내고 프랑스 영화 〈과거를 가진 애정Les Amants Du Tage〉에서 〈검은 돛배Barco Negro〉를 불러 세계적으로 유명해졌다. 1999년 세상을 떠난 아말리아는 3일간의 국장을 치를 만큼 국민에게 사랑을 받았다. 〈The Soul of Fado〉 앨범은 파두의 여왕으로 불리는 그녀의 카리스마와 누구도 흉내낼 수 없는 목소리를 만날 수 있으며 〈어두운 숙명Maldicao〉이나 〈리스본 파두Fado Lisboeta〉 같은 유명한 곡들이 포함돼 있다.

**★ 조르지 페르난두**
**Jorge Fernando**
**- <Velho Fado>**

파두는 노스탤지어를 바탕으로 한 사우다지Saudade를 노래하는 리스본 파두와 남녀 간의 사랑을 노래하는 코임브라 파두로 나뉜다. 조르지 페르난두는 코임브라 파두를 바탕으로 리스본에서 활동하는 파디스타로 감미로운 목소리와 함께 기타하 포르투게사를 연주한다. 〈Velho Fado〉는 우리나라 포크 팬들에게 인기가 있는 〈비Chuva〉와 〈늙은 연인의 노래La Chanson Des Vieux Amants〉가 포함된 앨범이다. 〈Fado: Anthologia 2〉에 수록된 〈눈물Lagrima〉도 추천한다.

**★ 마리자 Mariza - <Best of Mariza>**

아프리카 모잠비크에서 태어난 마리자는 제2의 아말리아 호드리게스로 불린다. 그녀는 그 그림자를 벗어나기 위해 많은 노력을 시도한 끝에 전통파두를 현대적인 음악과 접목해 새로운 음악을 선보였다. 2001년 첫 앨범인 〈Fado em Mim〉는 음반판매량 300만 장을 뜻하는 '트리플 플래티넘'을 기록했다. 우리나라에서는 2002년 월드컵 포르투갈전에서 포르투갈 국가를 불렀으며 2006년 내한공연을 열기도 했다. 〈Best of Mariza〉 앨범은 그녀의 유명곡을 한 번에 들을 수 있는 앨범으로 그중 마리자가 부른 〈검은 돛배〉는 그녀의 힘 있는 보컬과 기교가 섞인 음 처리, 풍부한 성량이 절제된 리듬과 함께 잘 어울린다.

**★ 마드레데우쉬**
**Madredeus**
**- <Antologia>**

마드레데우쉬는 포르투갈의 유명 현대 음악가 호드리고 레앙과 페드로 아이레스 마갈량에스가 만든 그룹으로 파두와 현대음악을 결합한 다양한 음악을 선보인다. 1987년에 발표한 첫 번째 앨범 〈Os dias da Madredeus〉로 큰 인기를 받았다. 〈Antologia〉에 실린 〈알파마Alfama〉는 여자 파두스타 테레사 살구에이루의 고음과 경쾌한 포르투게사 연주, 아코디언이 더해져 풍부한 음을 감상할 수 있다.

**MISSION 05**

# 포르투갈의 특별한 호텔 포우자다

포우자다Pousada는 옛 성주들의 고성이나 수도원, 대부호의 저택을 국가에서 개조해 만든 국영 호텔이다. 포르투갈 내 35곳에 자리한 포우자다는 5성급 호텔 정도의 가격으로 비싼 편이나, 독특한 문화 체험 덕분에 항상 예약이 꽉 차 있으므로 몇 달 전에 예약하는 것이 좋다. 성의 고전적인 인테리어는 그대로 두고 시설만 현대적으로 개조해 불편함이 없으며, 휴양에 딱 맞게 리조트처럼 꾸민 호텔도 있다. 비싼 숙박료가 부담스럽다면 식사만 즐기는 것도 좋다. 포르투갈 고유의 맛을 낸 전통요리와 현지 와인, 서비스 철학을 고수하고 있어 특별한 경험을 선사할 것이다. 중세로 시간여행을 떠나 유럽 귀족이 되고 싶다면 하루쯤 투자해 보자.

★

**포우자다를 저렴하게 즐기는 방법**

**1. Historical Month**
국가기념일로 지정된 일정 기간을 예약할 경우 룸 타입에 따라 저렴한 가격을 제시하거나 혜택을 제공한다.

**2. Golden Age**
55세 이상 이용자에게는 10% 할인된 금액이 제시된다.

**3. Early Booking**
숙박일 60일 전에 예약할 경우 10%, 2~3박 숙박 시 10% 이상, 4박 이상일 때는 20% 이상 할인받을 수 있다.
※ 호텔별로 제공하는 혜택이 다르니 홈페이지 (www.pousadas.pt)에서 꼭 확인하자.

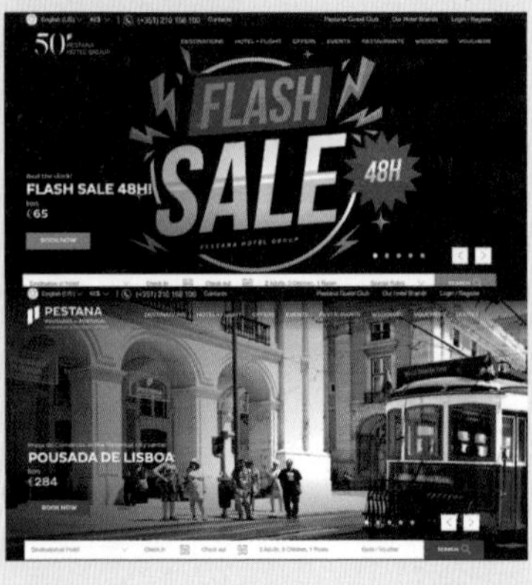

## 1 | 포르투

도우루 계곡에 있는 18세기 궁전을 개조한 포우자다로 프랑스식 정원과 화강암 석조건물이 인상적이다. 이탈리아 건축가이자 화가인 니콜라우 나소니Nicolau Nasoni의 손길이 닿아 클래식한 고급스러움이 살아 있으며 현대적인 편안함까지 갖췄다. 도우루 강의 전경은 객실, 야외 수영장에서 즐길 수 있으며 터키식 사우나와 자쿠지, 스파 시설도 있다. 포르투 시내와는 떨어진 캄파냐Campanha 역 근처이므로 호텔에 픽업을 요청하고, 시내로 나갈 때 차량이동서비스가 가능하다.

주소 Estrada Nacional 108 Porto
요금 €210~ 전화 22-531-1000

ⓒPousada

## 2 | 오비두스

로맨틱한 오비두스에 전설 속의 사랑이 이루어진 여왕의 궁전으로 초대한다. 성벽의 서쪽 탑에 위치한 포우자다는 아줄레주와 따뜻한 벽난로, 중세기사의 갑옷 등으로 꾸며져 있다. 신혼부부라면 특히 망루에 있는 스위트룸을 추천한다. 마누엘 양식의 창문으로 마을 전체를 내려다볼 수 있어 조망이 좋다. 대부분의 포우자다는 교통이 불편한 곳이 많은데 오비두스의 경우 성벽 안에 있어 이동이 편리하다. 레스토랑의 경우 투숙객이 아니더라도 이용 가능하다(13:00~15:00, 19:30~22:00, 1인 €33).

주소 Paço Real, 2510-999 Óbidos
요금 €187~ 전화 210-407-630

ⓒPousada

## 3 | 기마랑이스

산타 마리냐 수도원 일부를 개조해 중세를 재현할 필요가 없을 정도로 역사적인 분위기를 간직하고 있다. 수도사들이 학문, 예술을 공부하고 철학을 논하던 수도원은 휴식을 취하기에 이상적이다. 정원을 걷거나 야외 수영장에서 놀 수 있으며 잘 가꾸어진 회랑은 명상을 하기에도 좋다. 시내에서 2km 떨어져 있고 오르막길이므로 픽업서비스를 요청하거나 택시를 이용해야 한다. 페냐 케이블카(p.239 참조)를 이용하면 더 편리하다.

주소 Largo Domingos leite de Castro, Lugar da Costa
요금 €190~ 전화 253-511-249

ⓒPousada

## 4 | 사그레스

대서양의 푸른 바다가 보이는 절벽과 순수한 자연이 어우러진 곳에 있다. 60년대 전형적인 포르투갈 건축물로 액티비티를 즐길 수 있는 리조트 형식이다. 대항해시대의 해양학교가 있던 도시의 특성을 살린 내부 인테리어가 빈티지하면서 청량감 있다. 서퍼들의 1번지답게 높은 파도를 가진 해변에서 서핑을 배울 수 있다. 바다와 연결된 듯 전망이 좋은 야외 수영장에서 수영을 즐기거나, 이국적인 트레킹 길로 나서보는 것도 좋다.

주소 Pousada Sagres Ponta da Atalaia
요금 €170~ 전화 282-620-240

ⓒPousada

★

# *Enjoy Portugal*

# 포르투갈을 즐기는 가장 완벽한 방법

# LISBOA

## 바다를 향한 영원의 꿈 리스본

# 1

"삶의 방향이 영원히 바뀌는 결정적인 순간은 항상 드라마틱하거나 크게 다가오지 않는다. 사실, 드라마틱한 삶의 순간은 가끔씩 믿을 수 없을 만큼 이목을 끌지 않는다."

영화 〈리스본행 야간열차〉에 등장한 대사는 리스본을 그대로 말해 주는 듯하다. 리스본은 포르투갈의 수도라고 설명하기엔 한없이 모자라다. 화려하거나 세련된 건물이 없다. 사람들은 척박한 일곱 언덕에서 카페의 문을 열고 비카를 마시며 정어리를 손질하고 농담을 주고받는다. 이 평범한 도시에 가면 설렌다. 그것은 이상향을 느낀다고 하는 애매모호한 것처럼, 분위기라는 알 수 없는 끌림이 존재하기 때문이다. 리스본 사람들은 최고의 부를 경험했고, 바다로 나간 이를 그리워했으며, 최악의 재앙을 함께했다. 그들은 여행객을 영혼으로 대하고 숨겨 놓은 미소를 내민다. 여행객은 마음이 동한다. 지금까지 보고 듣던 유럽과는 다른 매력으로 젖어 드는 리스본에 도착한 것이다.
리스본은 포르투갈어로 '매혹적인 항구'라는 뜻. 당신은 홀린 듯이 리스본의 한구석을 차지하고 있을 것이다.

**리스본에서 꼭 해야 할 일**

- 중세의 미로, 알파마의 골목대장 되어 보기.
- 대항해시대의 흔적을 찾아 벨렝 지구 탐험하기.
- 사람을 향한 향수, 포르투갈 전통 공연인 파두 느끼기.

1 Ponte Vasco da Gama
2 Calçada da Cruz da Pedra
3 Rua da Verónica
4 Rua da Voz do Operário
5 Rua do Paraíso
6 Rua Caminhos de Ferro
7 Rua São Vicente
8 Rua Jardim do Tabaco
9 Rua Professor Lima Basto
Telheiras
Colégio Militar / Luz
Alto dos Moinhos
Laranjeiras
리스본 동물원
Jardim Zoológico de Lisboa
Jardim Zoológico
Av. das Forças Armadas
프론테이라 궁전
Fronteira Alorna
세치 히우스 버스 터미널
Sete Rios
Praça de Espanha
벨렝 지구 p.59
Rato
샹팔리마우드 재단 병원
Champalimaud Foundation
바스쿠 다 가마 정원
Jardim Vasco da Gama
제로니무스 수도원
Mosteiro dos Jerónimos
벨렝 궁전
Palácio de Belém
Av. da Ponte
엘엑스 팩토리
LX Factory
벨렝 탑
Torre de Belém
아트 건축 테크놀로지 미술관
MAAT
4월 25일 다리
Ponte 25 de Abril
발견 기념비
Padrão dos Descobrimentos

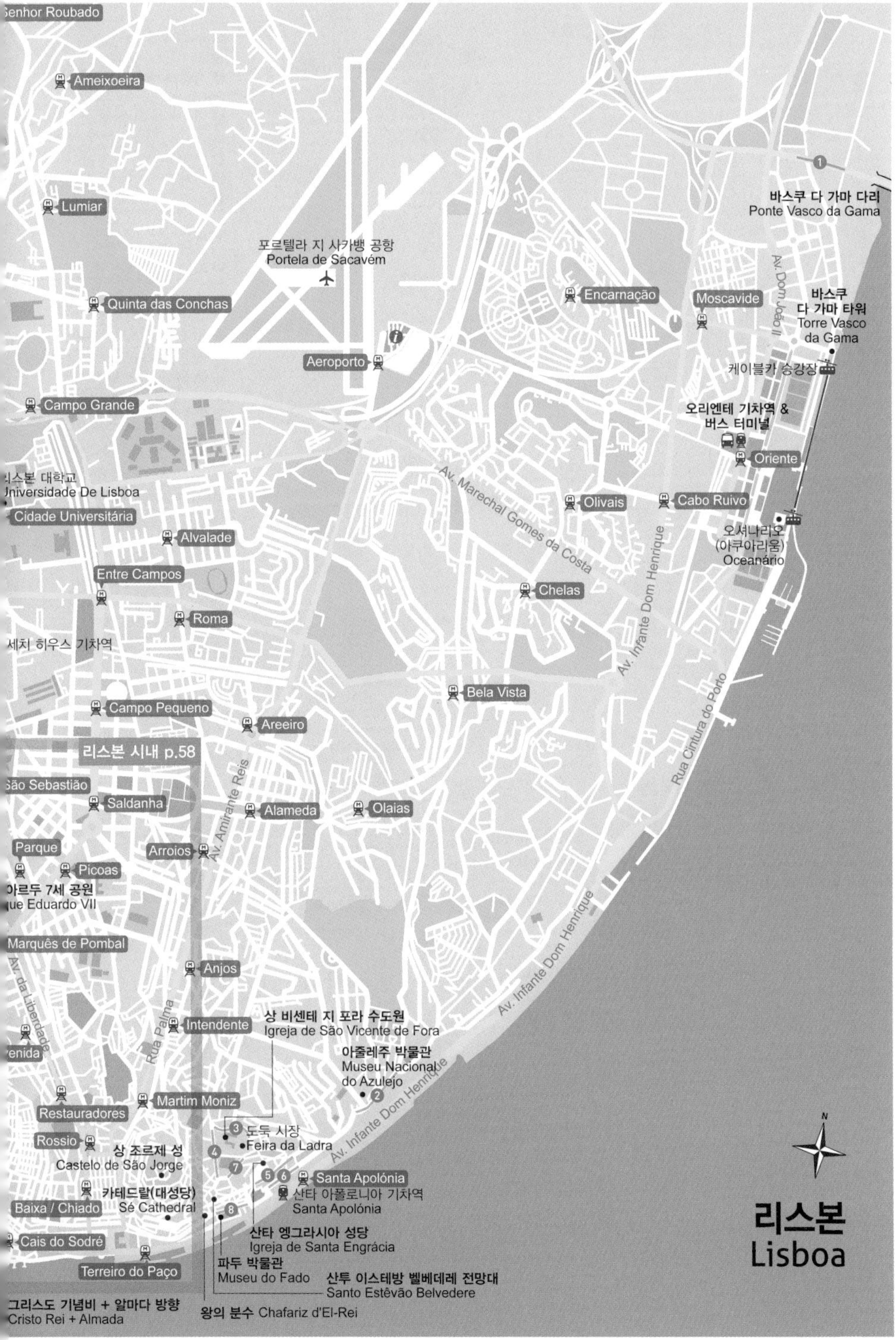
Senhor Roubado
Ameixoeira
Lumiar
포르텔라 지 사카뱅 공항
Portela de Sacavém
Quinta das Conchas
Aeroporto
Encarnação
Moscavide
Av. Dom João II
바스쿠 다 가마 다리
Ponte Vasco da Gama
바스쿠 다 가마 타워
Torre Vasco da Gama
케이블카 승강장
오리엔테 기차역 & 버스 터미널
Oriente
Campo Grande
리스본 대학교
Universidade De Lisboa
Cidade Universitária
Alvalade
Entre Campos
Roma
세치 히우스 기차역
Av. Marechal Gomes da Costa
Olivais
Cabo Ruivo
오셔나리오 (아쿠아리움)
Oceanário
Av. Infante Dom Henrique
Chelas
Bela Vista
Rua Cintura do Porto
Campo Pequeno
Areeiro
리스본 시내 p.58
São Sebastião
Saldanha
Av. Almirante Reis
Alameda
Olaias
Parque
Picoas
Arroios
아르두 7세 공원
Parque Eduardo VII
Marquês de Pombal
Av. da Liberdade
Anjos
Rua Palma
Intendente
Avenida
상 비센테 지 포라 수도원
Igreja de São Vicente de Fora
아줄레주 박물관
Museu Nacional do Azulejo
Restauradores
Martim Moniz
도둑 시장
Feira da Ladra
Rossio
상 조르제 성
Castelo de São Jorge
Santa Apolónia
카테드랄(대성당)
Sé Cathedral
산타 아폴로니아 기차역
Santa Apolónia
Baixa / Chiado
Cais do Sodré
Terreiro do Paço
산타 엥그라시아 성당
Igreja de Santa Engrácia
파두 박물관
Museu do Fado
산투 이스테방 벨베데레 전망대
Santo Estêvão Belvedere
그리스도 기념비 + 알마다 방향
Cristo Rei + Almada
왕의 분수 Chafariz d'El-Rei
N
리스본
Lisboa

리스본 시내
Downtown
1 Rua Conceição da Glória
2 Rua Pedro de Alcântara
3 Travessa da Queimada
4 Rua Nova da Trindade
5 Rua Maria Cardoso
6 Rua do Diário de Notícias
7 Rua Garrett
8 R 사크라멘토 Sacramento
9 R 우마 마리스케이라 Uma Marisqueira
10 H 데스티네이션 호스텔 Destination Hostel
11 H 인터나시오날 디자인 호텔 Internacional Design Hotel
12 H 리스본 라운지 호스텔 Lisbon Lounge Hostel
13 H 예스! 호스텔 Yes! Hostels
14 카르무 수도원 Convento do Carmo
15 엘리바도르 지 산타 후스타 Elevador de Santa Justa
16 무데 박물관 MUDE (Museu do Design e da Moda)
17 시아두 국립 현대미술관 MNAC
18 로마 극장 Teatro Romano
19 콘세이상 베야 성당 Igreja da Conceição Velha
Praça de Espanha
Av. Berna
굴벵키안 미술관 Museu Calouste Gulbenkian
São Sebastião
Saldanha
리스본 수도교 Águas Livres Aqueduct
엘 코르테 잉글레스 백화점 El Corte Inglés
Av. António Augusto de Aguiar
A. Cardeal Cerejeira
Av. Sidónio Pais
Picoas
Parque
에두아르두 7세 공원 Parque Eduardo VII
폼발 광장 Marquês de Pombal
Marquês de Pombal
Anjos
Intendente
Rato
Av. da Liberdade
세뇨라 두 몬트 전망대 Miradouro da Nossa Senhora do Monte
Restauradores
Avenida
솔라 도스 프레선토스
트론코 파티오 Pátio do Tronco
파브리카 다 나타
라미로
그라사 세르카 공원 Jardim da Cerca da Graç
레스타우라도레스 광장 Praça dos Restauradores
칸치뉴 루지타누
토렐 정원 전망대 Jardim do Torel
아센소르 두 라브라 Ascensor do Lavra
Rua da Palma
바후스 전망 Miradouro do Barro
Rua Prazeres
Rua da Glória
에스트렐라 바실리카 & 공원 Basílica da Estrela
벨라 리스보아
피노키오
카사 두 알렌테주 Casa do Alentejo
아센소르 다 글로리아 Ascensor da Glória
Martim Moniz
봉자르짐
호텔 아베니다 팔라세
그라사 성당 & 전망대 Igreja e Miradouro da Graça
상 페드루 지 알칸타라 전망대 Miradouro de São Pedro de Alcântara
아 프로빈시아나
Rossio
아 진지냐
마르틴 무니즈 광장 Praça Martim Moniz
호시우 기차역 Rossio
상 호케 성당 Igreja de São Roque
상 도밍고 성당 Igreja de São Domingos
카페 루소
호시우 광장 Praça de D. Pedro IV
피게이라 광장 Praça da Figueira
사르디나 포르투게사
아제가 마사두
콘페이타리아 나시오날
포르카 포르투갈
비다 포르투게사
루자 포르투갈
상 조르지 성 Castelo de São Jorge
만테이가리아
Rua dos Fanqueiros
Rua da Prata
산타 카타리나 전망대 Miradouro de Santa Catarina
카바카스
포르타스 두 솔 전망대 Miradouro das Portas do Sol
Rua de S. Mamede
Rua da Boavista
Rua Serpa Pinto
Rua Ivens
Baixa / Chiado
카몽이스 광장 Rua do Loreto
Rua do Alecrim
국립 고대 미술관 Museu Nacional de Arte Antiga
아센소르 다 비카 Ascensor da Bica
엘리바도르 지 산타 루지아
Rua da Conceição
Rua de São Julião
Rua Do Comércio
Av. Vinte e Quatro de Julho
타임아웃 마켓 Timeout Market
카페 브라질레이라
카테드랄(대성당) Sé Cathedral
핑크 스트리트 Pink Street
Av. Ribeira das Nasus
Terreiro do Paço
투 이 에우
카이스 두 소드레 기차역 & 선착장 Cais do Sodré
코메르시우 광장 Praça do Comércio
사라마구 전시관 Casa dos Bicos
Cais do Sodré
센트럴 하우스 리스본 바이샤
엘리바도르 카스텔로 Elevador Castelo ①
베나모르 1925 Benamôr 1925
판다 칸티나
엘리바도르 카스텔로 Elevador Castelo ②
산투 안토니우 성당 Igreja deSanto António
테하수 에디토리알
클루베 지 파두
클라우스 포르투
바이샤마르
산타 루지아 성당 & 전망대 Miradouro de Santa Luzia
페치스케이라 콘퀴비스타도르

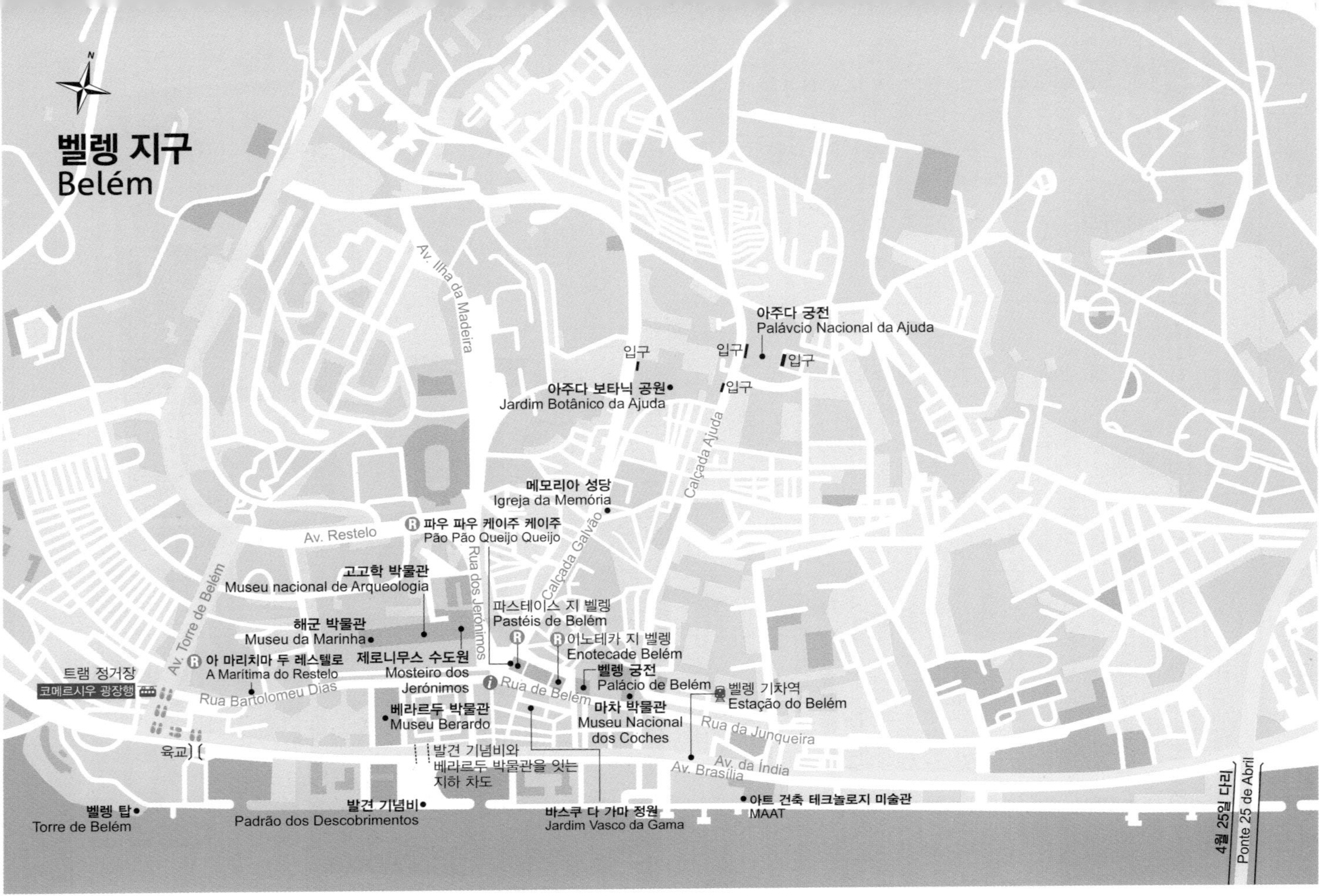
벨렘 지구
Belém
N
아주다 궁전
Palávcio Nacional da Ajuda
입구
입구
입구
입구
아주다 보타닉 공원
Jardim Botânico da Ajuda
Av. Ilha da Madeira
Calçada Ajuda
메모리아 성당
Igreja da Memória
파우 파우 케이주 케이주
Pão Pão Queijo Queijo
Av. Restelo
Calçada Galvão
Rua dos Jerónimos
고고학 박물관
Museu nacional de Arqueologia
파스테이스 지 벨렝
Pastéis de Belém
이노테카 지 벨렝
Enotecade Belém
해군 박물관
Museu da Marinha
Av. Torre de Belém
아 마리치마 두 레스텔로
A Marítima do Restelo
제로니무스 수도원
Mosteiro dos Jerónimos
벨렝 궁전
Palácio de Belém
벨렘 기차역
Estação do Belém
트램 정거장
코메르시우 광장행
Rua Bartolomeu Dias
Rua de Belém
베라르두 박물관
Museu Berardo
마차 박물관
Museu Nacional dos Coches
Rua da Junqueira
육교
발견 기념비와 베라르두 박물관을 잇는 지하 차도
Av. Brasília
Av. da Índia
아트 건축 테크놀로지 미술관
MAAT
벨렝 탑
Torre de Belém
발견 기념비
Padrão dos Descobrimentos
바스쿠 다 가마 정원
Jardim Vasco da Gama
4월 25일 다리
Ponte 25 de Abril

# 리스본으로 이동하기

## 1. 항공

우리나라 항공사에서 전세편으로 운영하는 비행기가 없는 한, 한국에서 리스본으로 이동하는 직항은 없다. 유럽을 비롯한 각국 주요 항공사를 이용해 1회 이상 비행기를 갈아탄 뒤 리스본 국제공항, 움베르토 델가도 공항Humberto Delgado, LIS에 도착한다. 공항은 리스보아 에어로포르토Lisboa Aeropuerto 또는 포르텔라 지 사카벵Portela de Sacavém으로도 불린다. 하루에 약 300편 항공이 이륙하며 유럽을 잇는 주요 허브 공항이다. 세계 최초이자 최대 항공사 공동체인 스타얼라이언스가 주로 이용하므로 아시아나 항공을 비롯한 동맹 항공사를 이용하면 편리하다. 아프리카 대륙과 연결된 항공편이 많아 모로코에서 리스본으로 입국하기에도 편하다. 포르투갈 대표 항공사인 탭TAP, Transportes Aéreos Portugals 에어 포르투갈과 저비용항공사인 이지젯easyJet과 라이언에어Ryanair가 주로 사용해 운항편이 많다. 제1터미널은 각국 주요 항공사와 이지젯, 제2터미널은 라이언에어를 포함한 저비용항공사가 이용한다. 제1터미널은 24시간 내내 이용할 수 있고 제2터미널은 일부 시간(00:30~3:30)에 이용할 수 없다. 터미널 간 셔틀버스를 운영하며 걸어서 갈 수도 있다.

터미널이 크지 않아 입출국이 오래 걸리지 않으며 입국장에 은행과 ATM, 관광 안내소, 렌터카 업체, 레스토랑 등 편의시설도 있다. 유심은 공항에서 구매하고, 환전은 공항보다 시내를 추천한다. 공항 내에서는 무료 와이파이를 사용할 수 있다.

★
**일명 '공항 노숙'하기 별로인 리스본 공항**

저비용 항공을 예약한 경우, 늦은 밤 또는 이른 새벽 출발이 많다. 대안으로 많이 선택하는 '공항 노숙'. 공항에서 밤새거나 잠을 자는 방법이다. 2터미널은 일부 시간에 공항 전체를 닫아서 1터미널에서 대기해야 한다. 그렇다고 1터미널 지내기 좋은 환경은 아니다. 의자가 많지 않아 미리 선점해야 하고 아니면 냉기 가득한 바닥에서 밤을 보내야 한다. 24시간 문을 여는 카페나 음식점이 없으며 입국심사 후 면세구역으로 들어가면 일부 카페가 4시부터 영업을 시작한다. 다행히 시내에서 공항까지 가까워 택시나 승차 공유서비스를 이용하면 비싸지 않게 올 수 있으니 참고하자.

## > 공항에서 시내 이동

공항과 리스본 시내는 약 7km로 가까운 편이다. 공항버스와 메트로, 시내버스, 택시, 승차 공유서비스 우버Uber와 볼트Bolt 등 교통편이 다양하고 저렴하며 운행 시간이 길어서 이동하기 쉽다.

### ① 시내버스 Carris Bus

가장 많이 이용하는 744번 버스는 공항을 출발해 폼발 광장Mq.Pombal을 지나 헤스타우라도레스Restauradores 광장에 도착한다. 약 30분 소요된다. 공항에서 출발하는 버스는 5시 49분부터 21시 03분까지 매시 2회 이상 운영한다. 헤스타우라도레스 광장에서 공항으로 출발하는 버스는 6시 20분부터 21시 35분까지 매시 2회 이상 운영한다. 목적지가 폼발 광장 인근이라면 783번 버스도 이용할 수 있다. 0시 11분부터 23시 41분까지 매시 1회 이상 운영한다.

심야에 도착했다면 208번 버스를 이용하자. 폼발 광장과 헤스타우라도레스 광장 대신 피게이라Fiqueira 광장과 코메르시우Comércio 광장을 거쳐 카이스 소드레Cais Sodré 역까지 이동한다. 공항에서 출발하는 버스는 23시 42분부터 4시 42분까지 매시 1회 이상 운영하며 카이스 소드레에서 출발하는 버스는 0시 30분부터 5시 35분까지 매시 1회 이상 운영한다.

요금은 버스 기사에게 계산하면 되고 리스보아 카드를 사용하면 무료다.

### ② 메트로

시내까지 가장 빠르고 저렴한 교통수단은 지하철이다. 06:30~24:50에 운행되며 호시우 역까지 약 25분 소요된다. 단, 시내로 이동할 때 노선을 1회 갈아타야 한다. 시내 대부분을 지나는 파란선Azul으로 간다면 빨간선Vermelha에 위치한 공항Aeroporto에서 지하철을 탄 뒤 상 세바스티앙São Sebastião 역에서 환승을 한다. 엘리베이터와 에스컬레이터가 설치되어 있지만 짐이 많다면 다른 교통수단을 이용하자.

★
**관광 안내소**

**리스본 공항 관광 안내소**
Aeroporto de Lisboa Information Office
주소 Chegadas, Aeroporto - Alameda das Comunidades, 1700-008
운영 07:00~22:00
전화 218-450-660

**리스보아 웰컴 센터**
Lisboa Welcome Center
주소 Praça do Comércio, 1100-148
운영 10:00~19:00
전화 210-312-810

**리스본 스토리 센터**
Lisboa Story Centre
주소 Praça do Comércio, 78-81, 1100-148
운영 10:00~19:00
전화 914-081-366

### ③ 공항버스 AEROBUS

공항에서 카이스 소드레Cais Sodré까지 잇는 라인1Line1과 세치 히우스Sete-Rios를 잇는 라인2Line2로 나뉜다. 라인1은 08:00~21:00, 라인2는 08:00~19:00까지 운영한다. 요금은 정류장 앞 티켓 부스나 버스 기사에게 살 수 있고 (편도 €4, 왕복 €6), 온라인에서 구매 시 할인된다. (편도 €3.6, 왕복 €5.4) 2023년 8월 기준 운행이 임시 중단된 상태이며 시내버스가 이를 대체 운행하고 있으니 참고하자.

공항버스 노선도

### ④ 택시

입국장에서 나오면 택시 승강장이 보인다. 공항에서 시내까지 20분 정도 소요되며 요금은 €20 정도다. 트렁크에 짐을 실으면 추가 요금이 발생하기도 한다. 일부 택시 기사의 경우 금액을 높이 책정할 수 있으니 타기 전에 대략적인 비용을 확인하면 좋다.

### ⑤ 승차 공유서비스

글로벌 운송 네트워크 기업인 우버Uber와 볼트Bolt, 프리나우Free Now를 사용할 수 있다. 택시보다 저렴하고 금액을 미리 알 수 있으며 추가 요금이 없어 많이 이용하는 서비스다. 앱에서 예약할 수 있으며 택시가 아니므로 택시 승강장으로 가면 안 된다. 2층 출국장 외부로 나가면 Kiss & Fly 주차장이 보인다. 이곳에서 앱에 나와 있는 차량 위치를 확인해 찾아야 한다. 리스본은 언덕이 많아 목적지에 따라 택시나 승차 공유서비스를 이용하는 편이 좋다.

## 2. 버스

리스본에는 세치 히우스Rodoviária de Sete Rios 터미널과 오리엔테Gare Oriente 터미널이 있다. 국내외를 연결하는 장거리 버스가 정차하며 국경을 마주한 스페인은 마드리드, 세비야, 말라가, 살라망카, 코르도바, 그라나다 등 주요 도시와 연결된다.

리스본 남서쪽에 있는 세치 히우스 버스 터미널은 포르투갈 대표 버스 회사인 레데 익스프레스Rede Expresos 주요 터미널이다. 국내를 연결하는 교통편이 많아 포르투갈을 여행할 때는 꼭 들리게 된다. 신트라행 국철이 정차하는 자르딩 줄로지쿠Jardim Zoologico 기차역이 있고 지하철역, 시내버스 정류장이 연결되어 있어 시내 또는 시외로 이동하기 쉽다.

리스본 북동쪽에 있는 오리엔테 버스 터미널은 유럽에서 가장 긴 교량으로 알려진 바스쿠 다 가마 다리를 지나 교외로 이동하는 버스를 탈 수 있다. 테주Tejo 강 하류에 자리한 교량은 끝이 보이지 않을 정도로 길고 넓다.

## 3. 기차

리스본에는 기차역이 5곳이다. 테주 강변을 따라 오리엔테 기차역과 산타 아폴로니아Santa Apolónia 역, 카이스 두 소드레Cais do Sodré 역이 있고 시내에는 호시우Rossio 역이 있다. 오리엔테 역은 포르투Porto, 코임브라Coimbra 등 포르투갈 북부나 중부를 연결한다. 국경과 인접하고 있는 스페인이나 프랑스에서 출발한 고속열차도 대부분 오리엔테에 도착한다. 노선은 대부분 시내와 가까운 산타 아폴로니아 역과 이어진다.

카이스 두 소드레 역은 리스본 근교 해안 도시인 카스카이스Cascais로 이동할 때 찾는다. 리스본 근교 여행으로 가장 인기 있는 신트라Sintra는 호시우Rossio 기차역과 연결된다.

오리엔테 기차역

산타 아폴로니아 기차역

★

**세계에서 아름다운 기차역으로 꼽히는 오리엔테 기차역**

오리엔테Oriente, 말 그대로 동양을 의미한다. 리스본 동쪽 산업지역이었던 파르퀴 다스 나소이스 Parque das Nações는 도시재개발 프로젝트로 변화했고 1998년 세계 박람회에 맞춰 오리엔테 기차역이 지어졌다. 스페인 건축가이자 기술자, 산티아고 칼라트라바Santiago Calatrava가 만든 건축물이다. '구조설계의 마술사'인 그는 건축학과 토목공학을 전공했다. 조각가와 화가로 활동할 만큼 예술적인 성향으로 사람과 자연을 조화롭게 구성하는 디자인을 지향한다. 플랫폼은 강철과 유리로 된 나무 형태를 연속으로 배열한 지붕이다. 중세 유럽을 수놓았던 고딕양식에서 영감을 받은 미래지향적인 아치 또한 돋보인다. 5개의 평행한 유선 형태 구조물은 건축가의 시그니처로 정체성을 잘 드러내고 있다.

글로벌 아티스트가 참여한 지하철 역사도 놓치지 말자. 타일 패널로 장식된 벽화다. 우리에게 익숙한 일본 설치미술가 쿠사마 야요이Kusama Yayoi와 포르투갈의 발견을 주제로 한 아이슬란드 현대미술 작가 에로Erro, 아르헨티나 포스트모더니스트 안토니오 세귀Antonio SEGUI의 작품이 있다.

지하철에 있는 쿠사마 야요이 타일 작품

# 리스본 안에서 이동하기

리스본에서 가장 오래된 알파마 지구와 시내 중심인 바이샤 지구, 예술가가 사랑한 시아두 지구까지 구시가 주요 여행지는 대부분 걸어 다닐 수 있다. 평지라면 말이다. 리스본은 7개 언덕으로 이루어져 있다. 전망이 좋은 알파마나 '높은 언덕'이라는 뜻인 바이루 알투는 한 번 오르기도 쉽지 않다. 이럴 땐 아센소르(p.70)와 엘리바도르(p.71)를 이용하자. 대항해시대 역사를 고스란히 담은 벨렝 지구는 피게이라Figueira 광장에서 출발하는 15E 트램 또는 카이스 두 소드레Cais do Sodré에서 근교 열차 또는 201번 버스를 이용하자. 요즘 뜨고 있는 알마다Almada와 바헤이루Barreiro 지역은 테주강 건너에 있어 배로 이동해야 한다.

## 1. 리스본 대중교통

### ① 지하철 Metro

1959년 세치 히우스와 파르크parque, 헤스타우라도레스Restauradores 등 11개 역을 시작으로 50여 개 역이 생겼고 계속 확장 중이다. 리스본 시내는 물론, 신트라 가는 길목인 아마도라Amadora와 리스본 북부 넘어 오디벨라스Odivelas와 같은 교외를 연결한다. 단, 알파마 언덕에 있는 상조르주 성이나 벨렝 언덕에 있는 아주다 궁전처럼 높은 언덕까지 연결되진 않아 트램이나 버스를 함께 이용해야 한다. 지하철은 총 4개 노선으로 블루라인Linha Azul, 옐로우라인Linha Amarela, 그린라인Linha Verde, 레드라인Linha Vermelha으로 나뉜다. 주로 리스본 공항과 기차역, 버스터미널 등 리스본을 들고 나갈 때나 교외 장거리 이동 시 이용한다. 에스컬레이터나 엘리베이터가 대부분 있어 편리하다. 지하철을 이용할 때는 개찰구에 교통카드를 태그하면 열리고 밖으로 나올 때는 태그를 하지 않는다. 지하철이 역사로 들어오면 문에 있는 문 열림 버튼을 눌러야 열리니 참고하자. 6시 30분에서 익일 1시까지 운영해 늦은 시간에도 여행자에게 든든한 교통수단이 되고 있다.

★

**무료로 즐기는 거대한 지하 미술관**

유럽 지하철이 오래되어 어둡고 퀴퀴하다는 이미지가 있지만 리스본에서라면 다르다.
지하철이 건설될 당시, 건축가 프란시스쿠 케일Franacisco Keil과 아내이자 포르투갈 시각예술가인 마리아 케일Maria Keil은 11개 역사 장식을 맡았다. 그들은 전통 타일 공예인 아줄레주로 지역 이야기를 담아 플랫폼을 꾸몄다. 아줄레주는 '작고 반짝이는 돌'이라는 뜻을 가진 전통예술로 16세기 이후 성당이나 궁전을 꾸미던 화려한 타일이다. 햇빛 한 줌 들어오지 않던 지하는 희고 푸른 타일로 환해졌다. 이후 확장되는 플랫폼마다 새로운 아티스트가 만든 개성있는 디자인으로 꾸며져 대중교통을 이용하며 예술을 관람할 수 있게 되었다. 만약 리스본에 도착한 뒤 날씨가 도와주지 않는다면 거대한 지하 미술관을 한 번 둘러보자.

**작가가 뽑은 베스트 지하철 플랫폼 아트**

1. **레드라인(Linha Vermelha)** 올라이아스(Olaias) 역
2. **레드라인(Linha Vermelha)** 오리엔테(Oriente) 역
3. **블루라인(Linha Azul)** 헤스타우라도레스(Restauradores) 역
4. **블루라인(Linha Azul)** 파르크(Parque) 역
5. **그린라인(Linha Verde)** 캄포 그란데(Campo Grande) 역
6. **그린라인(Linha Verde)** 호시우(Rossio) 기차역

올라이아스(Olaias) 지하철역 아트

초기 작품인 파르크(Parque)역 타일 공예

# 리스본 지하철 노선도
## Lisboa Metro

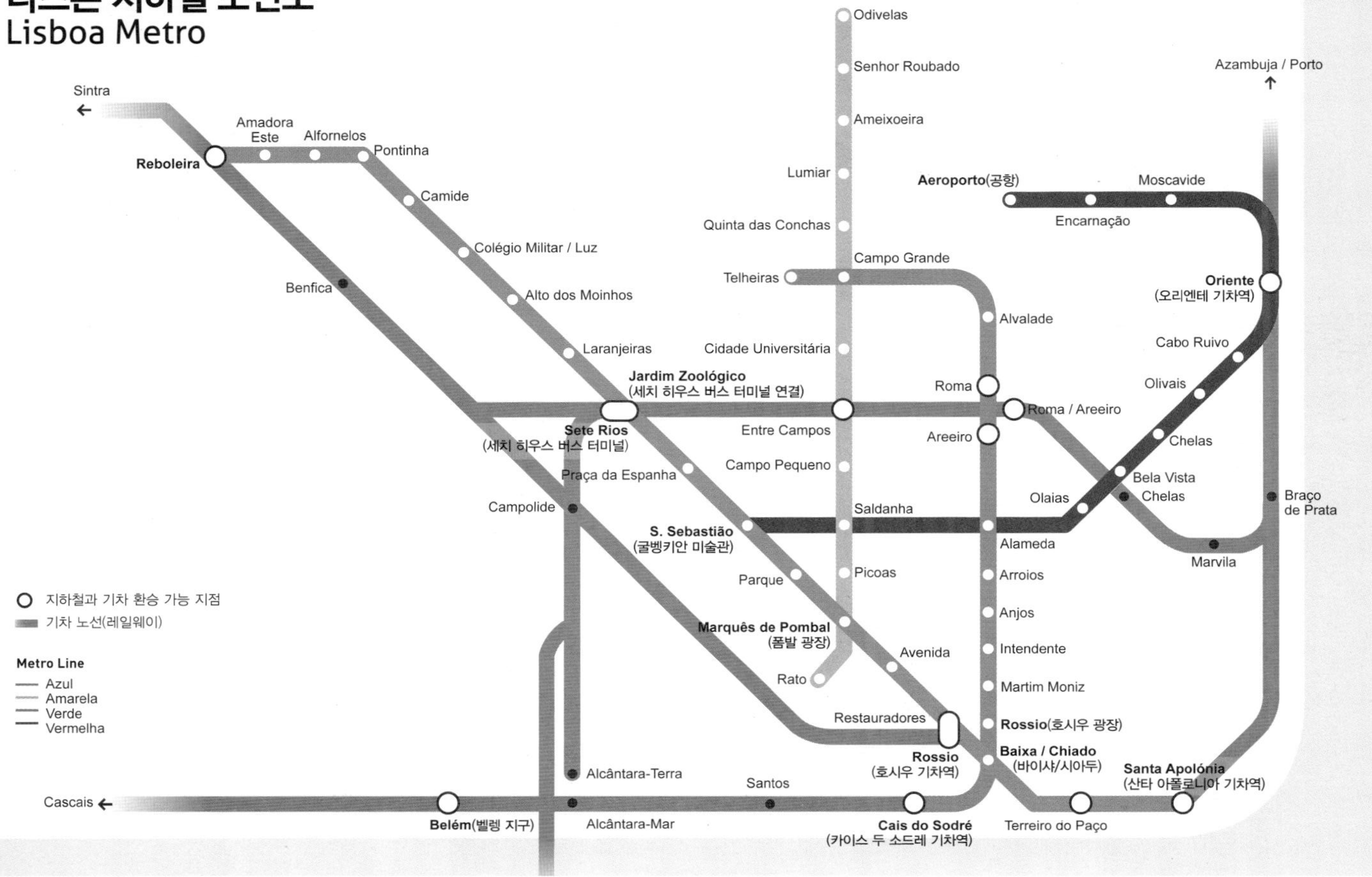

### ② 트램 Tram 엘렉트리코 Elétricos

알파마 골목 끝에서 "팅팅"하고 경쾌한 벨이 울리고 노란 전차電車가 굽은 도로를 따라 모습을 드러낸다. 리스본을 상징하는 트램이다. 1873년 11월, 말이 객차를 끄는 형태였으나 1901년에 전기 전차가 들어오고 1년 만에 차량을 모두 바꿨다. 쉬지 않고 언덕을 올랐고 밤이 깊도록 내내 달렸다. 1959년에 27개 노선으로 늘어나 전성기를 맞았으나 지하철과 버스가 생긴 뒤 5개 노선이 남아있다. 일명 '황금 노선'으로 불리는 28번과 알파마 언덕을 순환하는 12번, 벨렝 지구로 가는 15번, 벨렝 언덕길을 오르는 18번, 바이루 알투 언덕을 오르는 25번이다. 신식인 15번 트램을 제외하면 클래식한 옛 목조트램이라 리스본 사람들의 노스탤지어를 담아낸다.

★

**리스본의 황금 노선 28번 트램**

28번 트램은 언덕 위 주요 여행지를 연결하고 있어 전 세계 여행자들에게 인기다. 옛것 그대로인 전차는 산동네 주택가를 한 뼘 차이로 파고든다. 예고 없이 나타나는 멋진 전망과 일상을 확대해 걸어둔 듯 리스본 사람들 삶에 민낯을 보노라면 시간 가는 줄 모른다. 일정이 촉박하다면 트램은 추천하지 않는다. 때로 길이 막혀 쉬어가고 종종 기다리게 되는 트램은 교통수단보다 여행 수단에 가깝다.

+복잡한 틈을 타 물건을 훔쳐 가는 소매치기가 많으니 소지품 관리에 신경 쓰자.

**28번 트램 주요 관광지**

❶ **Estrela (Basílica) Hospital** 에스트렐라 바실리카 & 공원
❷ **Sé** 카테드랄(대성당)
❸ **Lg. Portas Sol** 포르타스 두 솔 전망대
❹ **Cç. S. Vicente** 상 비센테 지 포라 수도원/산타 엥그라시아 성당
❺ **Graça** 그라사 성당 & 전망대
❻ **Pç. Luis Camões** 카몽이스 광장

### ③ 시내버스 Autocarro

리스본 시내는 지하철과 트램으로 대부분 둘러볼 수 있다. 만약 시내 중심에서 조금 벗어난다면 시내버스 이용이 꼭 필요하다. 아줄레주가 아름다운 프론테이라 궁(770번)이나 산업 공간을 재구성한 LX Factory (760번/732번)처럼 촘촘히 숨어있는 여행지로 갈 때 시내버스를 탄다. 늘 붐비는 15E 트램을 대신하는 버스(728번/727번)도 유용하다. 티켓은 버스 기사에게 살 수 있다.

### ④ 페리 Ferry

테주강 건너에 있는 알마다Almada와 바헤이루Barreiro 지역으로 가려면 페리로 이동해야 한다. 알마다를 연결하는 카이스 두 소드레 선착장과 벨렝 선착장, 바헤이루를 연결하는 떼헤이루 두 파쏘Terreiro do Paço 선착장이 있다. 페리는 시간당 3~4회, 출퇴근 시에는 시간당 6~7회 정도 출발하며 5시 30분부터 익일 1시 20분까지 넉넉히 운영한다. 금액은 목적지에 따라 달라지며 €1~3 내외다.

# 리스본 트램 노선도
# Lisboa Tram

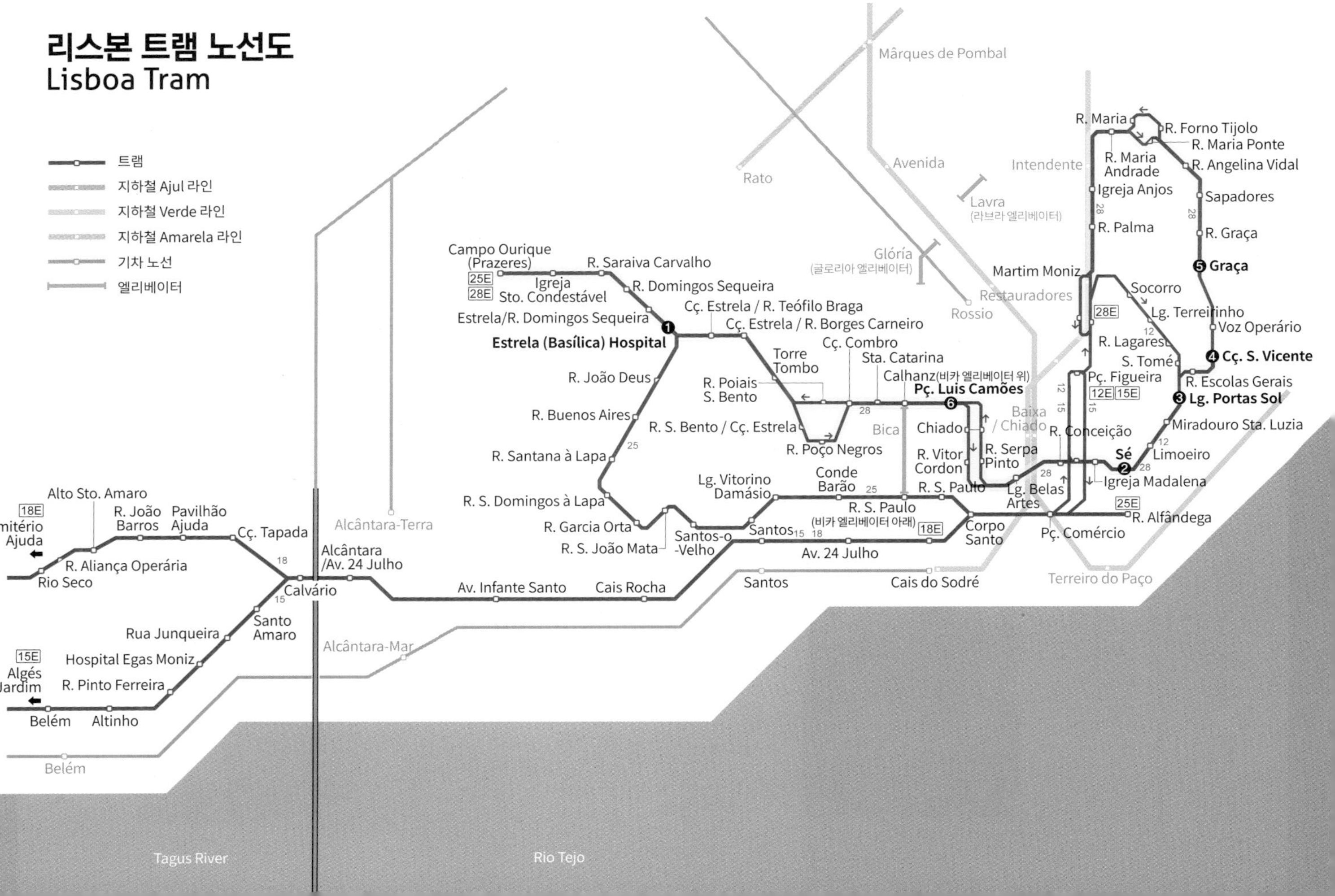

★

**리스본 시내와 테주강을 한번에! 히포 트립(HIPPO trip)**

수륙양용 차량에 타서 좌석에 편히 앉아 포르투갈 중심을 휘젓고 다니고 싶은 사람 손! 90분 동안 폼발 광장에서 벨렝탑을 지나 해양 관제센터까지 한 바퀴 여행한다. 차량에 탄 가이드가 리스본에 남겨진 신화와 전설을 이야기하고 파노라믹한 풍경까지 즐길 수 있다. 강물로 튀어드는 순간은 절대 놓치지 말 것.

### ⑤ 툭툭 TukTuk

개인사업자가 운영하는 교통수단이다. 원래 동남아시아의 대중교통 수단인 삼륜 택시, 툭툭을 2000년대 후반에 도입했다. 좁은 골목을 누비고 다니는 작고 힘 있는 교통수단으로 여행객에게 많은 사랑을 받고 있다. 툭툭은 친환경 전기차로 3~4인용부터 6인용까지 종류가 다양하다. 출발 전 목적지를 정하고 가격은 최소 €15부터 협의해야 한다. 운전자는 대부분 영어 가능자로 1시간 가이드투어(약 €80)로 진행하는 경우가 많다. 노약자나 인원이 3~4인 이상일 경우 고려해보자.

관광지 일부 구간 탈 수 있는 마차

알파마 언덕을 오르는 클래식 카

## 2. 리스본 대중교통 카드

리스본 공공 교통 서비스 기관인 카히스CARRIS에서 운영하는 지하철, 일반버스(시티버스와 공항버스 제외), 페리, 트램(28번과 관광 트램 제외)은 비바 비아젱 카드 또는 리스보아 카드로 이용할 수 있다.

### ① 비바 카드(비바 비아젱, Viva viagem)

충전식 교통카드로 지하철역에 있는 티켓 판매기나 매표소에서 구매할 수 있다. 최초에 구매할 때 카드 비용 €0.5가 발생하며 1년간 유효하다. 유효기간 후에 충전은 할 수 없지만 남은 금액이 있다면 사용할 수 있다. 잔액은 매표기 또는 매표소에서 확인할 수 있다. 1인당 교통카드 1개가 필요하고 한 번에 두 명 이상 같이 사용할 수 없다.

※ 주의 : 비바 카드는 두꺼운 종이 재질에 칩이 들어간 형태라 구겨지지 않도록 주의해서 사용/보관해야 한다. 혹, 분실하거나 카드가 손상되면 구매 영수증과 손상된 카드를 매표소에 제시하면 다시 새 카드로 받을 수 있다.

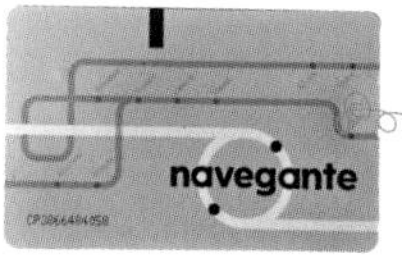


### ② 리스보아 카드 Lisboa Card

여행자를 위한 시티 카드다. 리스본 시내 대중교통(지하철, 버스, 트램, 엘리베이터)과 신트라와 카스카이스를 오가는 CP기차를 무료로 이용할 수 있고, 공항버스 요금도 25% 할인된다. 39개 박물관과 명소가 무료다. 가장 매력적인 혜택은 패스트 트랙Fast Track이다. 리스본 여행객이 늘어 유명 여행지에서 대기시간이 길어지고 있다. 특히 제로니무스 수도원과 벨렘탑은 필수 여행지인데 리스보아 카드가 있으면 패스트 트랙으로 빠르게 입장할 수 있다. 단, 주요 여행지나 박물관, 미술관은 월요일에 휴무이므로 리스보아 카드 사용일에 월요일은 피하자.

리스보아 카드는 공항과 시내에 있는 관광 안내소에서 살 수 있다. 온라인으로 구매한 뒤 관광 안내소에서 수령하면 5% 저렴하게 살 수 있다. 일정에 따라 24시간권(€20.9 €22), 48시간권(€35.15 €37), 72시간권(€43.7 €46)으로 나뉜다. 앞면에 사용 일자를 적고 24/48/72시간까지 쓴다. 여행지와 투어, 기념품 할인 등 혜택이 많아 자세한 사용처는 누리집(www.lisboacard.org)에서 확인하자.

비바 카드

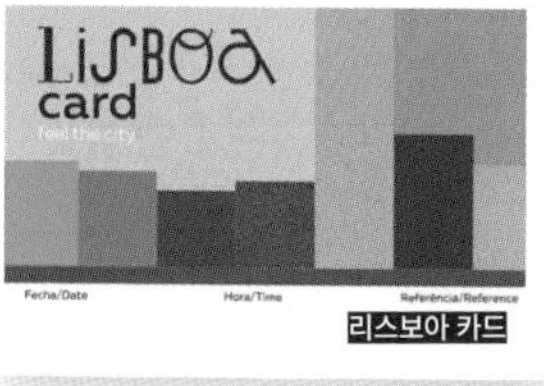

리스보아 카드

★

**비바 카드 종류**

구매한 충전식 교통카드에 1회, 1일 또는 충전 금액을 정해 결재하면서 종류가 나뉜다.

**1회권**

Carris/Metro ticket으로 표시된 티켓으로 €1.65다. 교통수단을 1회 사용할 수 있고 1시간 안에 메트로와 버스 간 환승이 가능하다.

**1일권**

Bus/Metro daily ticket으로 €6.6다. 리스본 시내 교통수단을 개시한 뒤 24시간 동안 무제한으로 이용할 수 있다. 산타주스타 엘리베이터에서도 사용할 수 있다. 24시간 동안 5회 이상 사용할 일정이라면 1일권을 구매하자. 각각 페리(Bus/Metro/Ferry)나 기차(Bus/Metro/Train daily ticket)를 추가한 1일권을 구매할 수도 있다.

**충전식(Zapping)**

일정 요금을 충전하고 차감하는 방식이다. 최소 €3에서 €5, €10, €15, €20, €25, €30, €35 최대 €40까지 가능하며 카드에 저장된 총액이 €40를 넘지 않아야 한다. 버스는 €1.35 지하철은 €1.33 신트라나 카스카이스 등 근교 기차 €1.9, 페리는 €1.19~가 차감되어 좀 더 저렴하게 이용할 수 있다. 남은 금액은 환불이 되지 않아 일정에 맞게 계산해서 충전해야 한다.

**+ 비바 카드 구매하는 방법**

① 기존 비바 카드가 있는 경우 'With a Reusable Card'를 클릭. 없으면 'Without a Reusable Card'를 선택한다.

② 없는 경우 수량을 입력해 카드를 추가한다.

③ 1회권은 'Carris Metro Ticket', 1일권은 'Bus/Metro Daily Ticket'을 누른다.

④ Cash(현금)와 Card(카드) 중 선택해 결재한다. 간혹 신용카드로 결제되지 않는 티켓 판매기도 있다.

# 리스본 언덕, 쉽게 다니자! **특별한 엘리베이터**

7개 언덕으로 이루어진 리스본. 사람들은 언덕 위 마을을 쉽게 오르기 위해 대지진이 일어나기 훨씬 전인 1884년부터 엘리베이터를 만들었다. 언덕을 오르내리는 전차, 아센소르Ascensor다. 트램과 같은 형태지만 노면에 강철 케이블을 보완해 가파른 경사를 힘차게 오른다. 처음에는 증기를 이용했으며 1914년부터 전기를 사용했다. 우리가 흔히 알고 있는 수직 상승 엘리베이터도 있다. 이국적인 풍광과 전망으로 여행객이라면 꼭 한 번 경험하는 체험이다. 가파른 경사지에 집을 두고 사는 사람들을 위한 유익한 수단이라 현지인도 많이 이용한다. 큰 캐리어는 들고 타기 어려우니 참고하자.

## 아센소르 다 비카 Ascensor da Bica

비카는 1892년 6월 28일에 수력 아센소르로 운행을 시작했다. 4년 뒤 증기로 변경, 1924년부터 전기를 동력으로 한 아센소르로 바뀌었다. 테주강과 가까운 상파울로 골목Rua de Sao Paulo과 언덕 위 칼라리즈 길Largo de Calhariz을 연결한다. 상부 정류장에서 카몽이스 광장과 산타 카타리나 전망대가 지척이다. 직선거리 245m 구간을 천천히 오르는 노란 전차 뒤로 테주강이 아련하게 보여서다. 2002년에는 포르투갈 국립 기념물로 지정되기도 했다.

주소 **상부 정류장** da Bica de Duarte Belo 44, **하부 정류장** Rua de S. Paulo 232
운영 월~토요일 07:00~21:00, 일 · 공휴일 09:00~21:00
요금 €3.8(리스보아 카드 무료)

아센소르 다 비카

## 아센소르 다 글로리아 Ascensor da Glória

글로리아는 1885년 10월 24일에 개통되었다. 당시 거주자가 많아 2층 전차로 만들어졌으나 안타깝게도 지금은 단층 아센소르로 만날 수 있다. 최초에 물탱크를 이용해 수력으로 가동되다가 증기로 변경됐고 이후 1915년 전기를 도입해 사용했다. 한때 양초로 전차 안을 밝혔는데 지금은 노란 백열전구로 바뀌었다. 노선이 있는 길가 주황색 가로등과 퍽 잘 어울려 해진 뒤 이용해 보길 권한다. 늦은 시간은 안전을 위해 전망대 관람을 삼가자. 운행 길이가 265m로 아센소르 중 가장 긴 구간이다. 리스본 중심지인 헤스타우라도레스Restauradores 광장과 영화 〈리스본행 야간열차〉 촬영지인 상 페드루지 알칸타라S. Pedro de Alcântara 전망대를 연결한다. 비카와 같이 2002년 포르투갈 국립 기념물로 지정됐다.

주소 **상부 정류장** Calçada da Glória 51, **하부 정류장** Calçada da Glória 6
운영 월~목요일 07:15~11:55, 금요일 07:15~00:25, 토요일 08:45~00:20,
일 · 공휴일 09:15~11:55
요금 €3.8(리스보아 카드 무료)

아센소르 다 글로리아

## 아센소르 두 라브라 Ascensor do Lavra

라브라는 1884년 4월 19일에 운행을 시작해 가장 오래되었다. 수력을 이용하다가 증기, 1915년 전기 동력으로 변경됐다. 운행 길이가 180m로 아센소르 중 가장 짧은 구간이지만, 중간 기착지도 있다. 경사가 매우 가파르고 현지인이 많이 이용해서다. 다른 아센소르와 같이 2002년 포르투갈 국립 기념물로 지정됐다. 헤스타우라도레스 광장 북쪽에 있는 안눈시아다 길Largo da Anunciada과 알파마 언덕 위 카마라 페스타 길Rua Camara Pestana을 연결한다. 작지만 아름다운 토렐 정원 전망대Jardim do Torel가 가까이 있어 함께 둘러보면 좋다.

주소 **상부 정류장** Calçada do Lavra 2 4, **중간 정류장** Calçada do Lavra 20,
**하부 정류장** Calçada do Lavra
운영 월~토요일 07:50~19:55, 일 · 공휴일 09:00~19:55
요금 €3.8(리스보아 카드 무료)

아센소르 두 라브라

## 엘리바도르 지 산타 후스타 Elevador de Santa Justa

산타 후스타는 라울 드 메스니어 두 폰살드Raoul de Mesnier du Ponsard가 설계했다. 코임브라 대학에서 수학과 철학을 공부하고 프랑스에서 기계공학을 전공했다. 세계 최초로 수력 푸니쿨라Funicular 를 만들었으며 리스본에 있는 아센소르도 모두 그의 작품이다. 아센소르가 수력에서 증기, 전기로 동력이 이동하면서 그는 증기로 움직이는 수직 엘리베이터를 고안해냈다. 당시 서유럽을 중심으로 승강기 개발에 관심이 폭발할 때였다. 1902년 개통되고 새하얀 증기를 뿜으며 수직으로 올라가는 철 덩어리를 사람들은 신기해하며 지켜봤다. 당시 새로운 건축자재로 떠오른 철을 사용해 포르투갈 산업기술 발전을 보여주는 상징이 됐다. 1907년 전기로 동력을 바꾼 뒤 지금까지 고스란히 이어져 어느덧 100년을 훌쩍 넘겼다.

육중한 철골 탑은 45m, 아파트 15층 높이다. 하부는 호시우와 코르메시우 광장 사이에 있어 아랫동네를 여행하기 좋다. 상부는 카르무 성당이 있는 윗동네, 바이루 알투와 연결된다. 나무 패널로 덧댄 엘리베이터 내부는 최대 25명이 탈 수 있다. 최상층에 전망대가 있어 리스본 시내와 테주강까지 시야가 확 트인다. 엘리베이터는 인기가 많아 늘 붐빈다. 보통 30분 정도 대기하며 엘리베이터를 타지 않아도 전망대를 이용할 수 있으니 참고하자.

엘리바도르 지 산타 후스타

주소 Rua da Santa Justa, Baixa Lisboa
운영 **엘리베이터** 3~10월 07:00~23:00 11~2월 07:00~21:00
**전망대** 3~10월 09:00~23:00 11~2월 09:00~21:00
요금 **엘리베이터** 편도 €3.5 왕복 €5(리스보아 카드, 비바 카드) 24/48/72 무료 **전망대** €1.5

## 엘리바도르 카스텔로 Elevador Castelo

리스본에서 가장 높은 언덕은 알파마Alfama다. 알파마 꼭지점에는 리스본 필수 여행지, 상 조르지 성이 있다. 성으로 가는 다양한 방법 중 엘리베이터가 있다. 2013년 주민들을 위해 만든 엘리베이터로 리프트를 2번 타면 상 조르지 성 지척에 닿는다. ① 평지인 바이샤 지구에서 엘리베이터를 타고 중간 지점인 Rua da Madalena에서 내린 뒤, ② 길 건너 슈퍼마켓 핑구 도스Pingo Doce - Chão do Loureiro 건물에 있는 엘리베이터를 탄다. 엘리베이터에서 성까지 550m로 도보 10분 거리다. 그렇다 하더라도 서둘러 떠나진 말자. 건물 옥상에 있는 샤옹 두 로우레이루 전망대Miradouro do Chão do Loureiro는 리스본 시내를 조망하기 좋다. 일몰 때 잠베지Zambeze 레스토랑에서 보내는 시간도 추천한다.

엘리바도르 카스텔로 ①

잠베지 레스토랑

주소 ① Rua dos Fanqueiros 176 ② Largo Chão do Loureiro
운영 08:00~21:00
요금 무료

## 엘리바도르 지 산타 루지아 Elevador de Santa Luzia

알파마 언덕 남쪽에 있는 산타루지아 전망대와 연결되어 있다. 리프트가 건물 내에 있고 입구가 좁아 일부러 찾아가지 않는 이상 쉽게 지나칠 수 있다. 마치 나만 아는 비밀의 문을 열고 들어가듯 리프트를 타보자. 1분도 채 되지 않아 테주강이 훤히 보이는 산타루지아 테라스에 도착할 것이다.

엘리바도르 지 산타 루지아

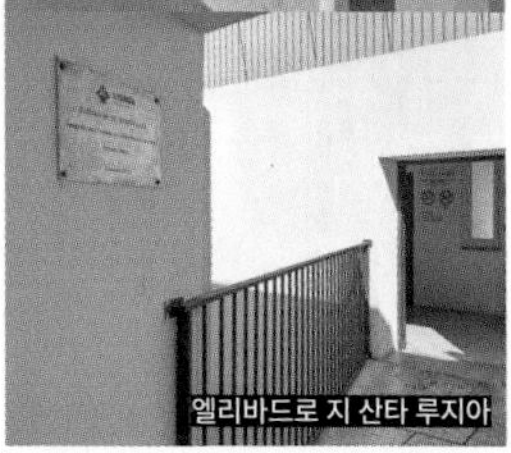
엘리바드로 지 산타 루지아

주소 21 R. Norberto de Araújo
운영 월~금요일 07:00~21:00, 토~일요일 09:00~20:00
요금 무료

# 리스본, 뷰(View) 좋은 전망대

"끝이 있는 바다는 그리스인과 로마인이 차지할 것이고, 끝없는 바다는 포르투갈 사람들의 것이다Que o mar com fim será grego ou romano, O mar sem fim é português. - Mar Português". 포르투갈 전설적인 시인이자 작가인 페르난두 페소아Fernando Pessoa의 말이다. 끝없는 바다 너머를 보기 위해 도전했던 포르투갈 사람들에게 시야는 남다른 의미가 있지 않을까. 그와 반대로 리스본은 7개 언덕에 다닥다닥 계단식 집을 짓고 1755년 대지진으로 계획도시가 되면서 조망이나 전망을 전혀 고려하지 않았다. 팍팍한 시야를 덜어주기 위해 그들은 전망대를 찾았을지 모른다. 시야를 열고 망중한을 즐길 수 있는 최고의 전망대를 소개한다.

## 산타루지아 성당 & 전망대
## Miradouro de Santa Luzia

알파마 언덕에 자리한 산타 루지아 전망대는 리스본에서 가장 아름답기로 유명하다. 푸른 아줄레주로 장식된 테라스 아래로 오렌지빛 지붕이 카펫처럼 펼쳐지고 테주강은 햇빛을 받아 사금파리 조각을 흩뿌린 듯 반짝인다. 봄과 여름에는 분홍빛 부겐빌레아가 구름처럼 피어나 정성스레 풍경을 완성한다. 이곳은 하나로도 좋을 테라스가 둘이다. 수영장이 있는 하단 테라스에는 알파마 언덕을 그린 대형 아줄레주가 인상적이다. 상단 테라스에는 아담한 산타루지아 성당이 있다. 남쪽 벽면에 리스본 대지진 이전 호화롭던 코르메시우 광장과 1147년 상 조르지 성에서 무어인을 물리친 리스본 공방전 아줄레주가 있다. 그림 속 문에 끼인 인물은 포르투갈 영웅, 마르틴 무니즈Martim Moniz(p.81) 기사다. 정원에는 포르투갈 언론인이자 작가인 훌리오 드 카스틸로Júlio de Castilho 흉상이 있어 그의 이름을 붙인 정원으로도 불린다.

주소 Largo Santa Luzia
위치 포르타스 두 솔 전망대에서 도보 1분 또는 트램 12, 28번 이용

산타루지아 성당 & 전망대

## 산투 이스테방 벨베데레 전망대
## Santo Estêvão Belvedere

포르타스 두 솔 전망대 아래에 있다. 산투 이스테방 성당 앞마당으로 높진 않지만, 알파마에 안긴 듯한 뷰가 특징이다. 찾는 이가 많이 없어 호젓하게 전망을 즐길 수 있어 좋다.

전망대 인근에 있는 베코 두 카르네이루Beco do carneiro 길도 함께 둘러보자. 인상적인 그래피티와 고즈넉한 마을, 옛 모습을 그대로 간직한 골목이다. 대신 폭이 매우 좁아 당시 유명한 파디스타, 프레데리코 드 브리토Frederico de Brito는 이 거리를 두고 연인들이 서로의 집에서 입을 맞출 수 있겠다고 노래했다.

주소 Beco do Carneiro 3
위치 포르타스 두 솔 전망대에서 도보 6분

산투 이스테방 벨베데레 전망대

### 포르타스 두 솔 전망대
## Miradouro das Portas do Sol

28번 트램을 타고 복작대는 알파마 언덕을 오르다가 순간 펼쳐지는 테주강 풍경을 보고 내리게 된다. '태양의 문'이라는 뜻처럼 동쪽을 바라보고 있어 해가 뜰 때 가장 좋다. 테라스 카페가 있어 하루 어느 때든 여유롭게 시간을 보내기에도 좋다. 리스본 대지진에도 살아남은 마을 위로 상 비센테 지 포라 수도원이 보인다. 리스본 수호성인, 상 비센테São Vicente 유해를 모신 성당이다. 전망대에도 성인의 모습을 볼 수 있다. 왼손에는 까마귀 두 마리가 앉은 배를 들었다. 성직자는 스페인 사라고사 출신으로 3세기에 박해로 순교했다. 당시 유해가 썩지 않도록 까마귀들이 덮고 있었고 건국왕 아폰수 엔리케가 배에 모시고 리스본으로 와 수호성인이 되었다. 까마귀 두 마리는 끝까지 배에 머물며 길을 안내했다고 한다.

리스본 역사가 궁금하다면 전망대 아래에 있는 벽화 터널History of Lisbon Mural로 가보자. 일러스트레이터 누노 사라이바Nuno Saraiva가 수 세기에 걸친 리스본 역사를 알기 쉽게 그려놓았다. 터널이 만든 프레임에 들어온 언덕마을 모습도 색다르다.

주소 Largo da Portas do Sol e de Santa Luzia Lisboa
위치 상 조르지 성에서 도보 7분 또는 트램 12, 28번 이용
retratos ao vivo

포르타스 두 솔 전망대

벽화 터널

그라사 성당 & 전망대

### 그라사 성당 & 전망대
## Igreja e Miradouro da Graça

그라사 성당 앞 전망대다. 공식명은 '소피아 드 멜로 브레이네르 안드레Miradouro Sophia de Mello Breyner Andresen'. 리스본의 대표 여류 시인의 이름으로 광장에는 그녀의 흉상이 있다. 그라사 전망대는 상 조르주 성과 리스본 시내를 조망할 수 있다. 테주강은 4월 25일 다리 주변만 보이는 정도라 장쾌한 풍경은 아니지만, 북적대는 시내와 동떨어진 평온한 광경에 안도감이 느껴진다. 트램이 전망대까지 오가서 여행객은 물론, 현지인들도 즐겨 찾는 전망대다. 해질 녘부터 리스본 시내에 불이 하나둘씩 켜지는 시간이 가장 붐빈다. 소나무가 드리워진 작은 노천카페에서 맥주 한 잔을 들이켜면 세상이 내 편처럼 느껴지면서 '신의 은총'이라는 뜻인 그라사가 이해된다. 소나무가 드리워진 작은 노천카페에서 맥주 한 잔을 들이켜면 세상이 내 편처럼 느껴지면서 '신의 은총'이라는 뜻인 그라사가 이해된다.

주소 Calçada da Graça
위치 상 조르지 성에서 도보 17분 또는 트램 28번 이용 5분
운영 그라사 성당 09:00~19:00

### 토렐 정원 전망대
## Jardim do Torel

포르투갈이 융성했던 18세기, 언덕 꼭대기는 귀족들이 거처로 지은 저택으로 가득했으나 수십 년이 지나는 동안 황폐해졌다. 그중 토렐 가문 개인 소유인 저택과 공원이 1960년 대중에게 공개되면서 여행객도 기꺼이 즐길 수 있게 됐다. 2023년에는 이곳에서 촬영한 K-POP그룹 뉴진스의 뮤직비디오가 공개되면서 더욱 인기를 얻게 됐다. 정원은 2층으로 되어 있고 1층에는 큰 연못이 있다. 여름에는 수영장으로도 이용해 일광욕이나 물놀이를 즐기는 사람들로 붐빈다. 2층은 거쿨진 플라타너스 그늘 아래 피크닉을 즐기기 좋은 잔디가 조성되어 있다.

주소 Rua Júlio de Andrade
위치 아센소르 두 라브라(p.70) 상부 정류장에서 도보 2분
운영 08:00~20:00

토렐 정원 전망대

### 상 페드루 지 알칸타라 전망대
## Miradouro de São Pedro de Alcântara

바이루 알투 언덕 위에 있다. 알파마 언덕과 마주하고 있어 상 조르지 성과 테주강, 리스본 대지진에도 쉽게 무너지지 않았던 오래된 마을을 한 번에 볼 수 있다. 전망대는 2층이다. 도로와 연결된 2층은 포르투갈 전통 문양인 칼사다 포르투게사로 장식되었다. 전망대에서 계단을 내려가면 1층이다. 조경을 가꾼 정원에는 미네르바나 율리시스와 같은 그리스 신화와 관련된 내용을 나타낸 조각들이 있어 생동감을 준다. 영화 〈리스본행 야간열차〉에서 남자 주인공이 앉아서 쉬던 장면이 촬영되어 유명하다.

주소 Rua de Sao Pedro de Alcantara, Bairro Alto
위치 호시우 광장에서 도보 10분 또는 아센소르 글로리아 이용

### 산타 카타리나 전망대
## Miradouro de Santa Catarina

시아두 언덕에 있어 테주강을 온전히 바라볼 수 있다. 그 옛날, 대항해를 위해 바다로 나가던 가족들에게 안녕을 고하던 자리다. 지금은 계단식 스탠드에 앉아 지는 해에게 안녕을 고한다. 붉은 4월 24일 다리를 따라 시선을 옮기면 강 건너 그리스도 기념비가 두 팔 벌리고 환영한다. 종종 길거리 공연하는 음악가들이 BGM을 들려주면 분위기는 더욱 무르익는다. 전망대 중심에는 포르투갈 대문호 카몽이스의 시 〈우스 루시아다스Os Lusiads〉에 나오는 신화 속 거인 아다마스토르Adamastor 조각이 있다. 그의 이름을 따서 아다마스토르 전망대라고도 불린다.

주소 Rua de Santa Catarina, Bairro Alto Lisboa
위치 트램 28번 이용 또는 카몽이스 광장에서 도보 6분
운영 07:30~23:30

### 세뇨라 두 몬트 전망대
### Miradouro da Nossa Senhora do Monte

리스본에서 단 하나의 전망대를 가야 한다면 전망대 중 가장 높은 세뇨라 두 몬트를 추천한다. 동쪽으로 상 조르지 성과 테주강, 서쪽은 바이루 알투, 북향으로 폼발 광장, 남쪽에는 테주강이 흘러 리스본 전체를 360도로 즐길 수 있다.

전망대 앞 작은 예배당은 알폰소 엔리케가 포르투갈을 건국한 뒤 아우구스티누스 수도승 4명이 세웠다. 성소는 284년 이곳에서 순교한 주교, 상 겐스Sao Gens에 봉헌되었다. 성소 내부에는 독특한 물건이 보관되고 있다. 돌로 된 의자다. 당시 출산은 생명을 위협할 정도로 위험한 일이었다. 성인의 어머니도 그를 낳다가 돌아가셨는데 주교는 이를 안타깝게 여겨 임산부들이 안전히 출산할 수 있는 의자를 만들었다. 이곳에 앉은 임산부들이 성공적으로 아이를 낳자 출산을 위해 포르투갈 북쪽 도시에서 여행을 오는 사람들이 생겨났다. 13세기 의자의 도움을 받은 귀족 부인 도나 수산나Dona Susana는 감사 표시로 성당을 개보수했고 이후 성모 마리아에게 봉헌해 '성모의 언덕'으로 불린다. 16세기에 이르러 주앙 3세 아내이자 왕비 카타리나도 의자에 앉아 왕위 계승자 주앙 마누엘을 낳았다. 이때부터 왕실에선 상 겐스의 의자에서 출산하는 전통이 생겼다. 예배당 안으로 들어가 오른쪽 모서리에 문이 있다. 의자는 문 뒤에 있는데 대부분 잠겨있어 임산부라면 기운만 받아 가자.

주소 Rua da Senhora do Monte, 54　위치 트램 28번 이용
운영 성당 월~수, 금~토요일 15:00~18:00 일요일 09:00~12:00

★
세뇨라 두 몬트 전망대가 붐빈다면 여기도 좋아요!

**바후스 전망대**
**Miradouro dos Barros**

가파른 경사로 탓에 세뇨라 두 몬테 전망대까지 갈 수 없다면 여기에서 즐겨보자. 길가에 있는 작은 전망대지만 잔디로 다져 있어 머물기 좋다.

**그라사 세르카 공원**
**Jardim da Cerca da Graça**

그라사 성당 아래 있는 공원이다. 전망이 훤히 보이지 않지만, 현지인들이 일광욕을 하거나 요가를 하는 등 쉬어가는 풍경을 볼 수 있다. 운이 좋으면 공연도 볼 수 있다.

# 추천 일정

## 1일 일정

아쉽지만, 하루밖에 없다면!

**09:30** **제로니무스 수도원**
(파스테이스 지 벨렝에서 에그 타르트 먹기)
**11:00** 발견 기념비
**12:00** **벨렝 탑** & 점심 식사
**14:30** **코메르시우 광장**
**15:30** **카테드랄**(대성당)
**16:30** 포르타스 두 솔 전망대
**17:00** **상 조르제 성**
**19:00** **바이샤 지구 광장** & 저녁 식사
**21:00** **파두 하우스**

제로니무스 수도원

벨렝 탑

코메르시우 광장

## 2일 일정

야무지게 알찬 2일 추천 루트

### 1일

**09:30** 제로니무스 수도원
(파스테이스 지 벨렝에서 에그 타르트 먹기)
**11:00** 발견 기념비
**12:00** 벨렝 탑 & 점심 식사
**14:30** **아주다 궁전**과 정원
**17:00** **코메르시우 광장**
**18:00** **바이샤 지구 광장** & 저녁 식사

산타 주스타 엘리베이터

상 도밍고 성당

### 2일

**09:30** **산타 주스타 엘리베이터** 타고 전망대 가기
**10:00** **카르무 수도원**
**11:00** 바이샤 지구 광장
**13:30** **상 도밍고 성당**
**15:00** **카테드랄(대성당)**
**16:00** **포르타스 두 솔 전망대**
**17:00** **상 조르제 성** & 저녁 식사
**20:00** 파두 하우스

상 조르제 성

## 3일 일정

조금 더 여유롭게 리스본 느끼기

**1일**

**09:30** **제로니무스 수도원**
(파스테이스 지 벨렝에서 에그 타르트 먹기)
**11:00** **발견 기념비**
**12:00** 벨렝 탑 & 점심 식사
**14:30** 아주다 궁전과 정원
**17:00** **마차 박물관**
**18:30** 코메르시우 광장
**19:30** 바이샤 지구 광장 & 저녁 식사

**2일**

**09:30** 산타 주스타 엘리베이터 타고 전망대 가기
**10:00** **카르무 수도원**
**11:00** 바이샤 지구 광장 & 점심 식사
**13:30** 상 도밍고 성당
**15:00** **굴벵키안 미술관**
**17:00** 에두아르두 7세 공원 & 폼발 광장
**16:00** 포르타스 두 솔 전망대
**17:00** 상 조르제 성 & 저녁 식사
**20:00** 파두 하우스

**3일**

**09:00** 그리스도 기념비
**11:00** **아줄레주 박물관** & 점심 식사
**13:30** 산타 엥그라시아 성당
**14:30** 상 비센테 지 포라 수도원
**15:30** **카테드랄(대성당)**
**16:30** 포르타스 두 솔 전망대
**17:00** **상 조르제 성**에서 일몰 감상
& 저녁 식사
**21:00** 파두 하우스

제로니무스 수도원

마차 박물관

카르무 수도원

카테드랄(대성당)

아줄레주 박물관

# 알파마 지구
**Alfama**

알파마는 리스본에서 가장 오래된 지역이다. 철기시대부터 사람이 산 흔적 때문만은 아니다. 1755년 리스본 대지진에도 견고한 기반암 덕분에 거의 영향을 받지 않은 유일한 동네다. 골목Becos과 계단Escadinhas, 작은 광장Largos이 도시의 성장과 무관하게 그대로 남았다. 깨진 콘크리트와 바랜 페인트, 민낯을 드러낸 건물도 있지만 은퇴를 모르고 고풍스레 멋을 낸다. 알파마에는 정해진 길이 없다. 언덕 꼭대기에 상 조르지 성이 있고, 아래에 테주강이 있다는 사실만 기억하자. 엉키듯 붙어있는 골목을 발바닥이 홧홧거리게 걷다가 발코니에 올망졸망 걸린 빨래 아래 구성진 포르투갈 아주머니의 수다를 들으며 쉬어가자. 이런 소박함 때문에 알파마는 '리스본의 달동네'라 불린다. 골목 탐험이 끝났다면 언덕에 올라 오렌지빛 지붕처럼 물드는 일몰을 감상해 보자. 어느샌가 파두 노래가 골목을 타고 오른다.

Sightseeing ★★★

1

# 상 조르지 성 Castelo de São Jorge

리스본 가장 높은 언덕에 지어진 성이다. 기원전 8세기 사람이 생활한 흔적이 발견되어 가장 오랫동안 서사를 쌓은 곳이기도 하다. 전략적 위치에 있어 서로마 제국과 서고트족, 무어인까지 요새로 이용했다. 1143년 포르투갈은 상 조르지 성에서 태동했다. 아폰수 엔리케가 북방 십자군과 협약해 성에 머물던 무어인들을 몰아냈다. 1147년, 카스티야 왕국에서 독립해 포르투갈을 건국했다. 정복자들의 탈환 대상이었던 성은 요새이자 왕궁 기능을 하는 알카소바alcáçova로 사용되었다. 이후 14세기, 카스티야 왕국의 공격이 심해지자 영국 왕실에서 태어난 랭커스터의 필리파 공주와 포르투갈 왕인 주앙1세가 결혼함으로써 우호 협정을 맺어 안정기에 접어든다. 이를 기념하며 성을 영국의 수호성인 세인트 조지에게 바쳤고 포르투갈어로 상 조르지라 발음한다. 15세기 대항해시대에 접어들면서 해양 세력이 강해지자 17세기 초 왕궁을 강가에 있는 히베이라 궁(현 코메르시우 광장)으로 옮겼고 리스본 대지진으로 성이 무너지면서 정치적 역할은 끝이 났다. 천년의 세월을 담은 성곽은 리스본을 전망하기에 가장 좋다. 특히 일몰에는 성벽이 발그레 물들어 낭만적이다.

| | |
|---|---|
| 주소 | Rua de Santa Cruz do Castelo |
| 위치 | **트램** 12, 28번 이용.<br>Largo das Portas do Sol 하차,<br>반대편 언덕길로 도보 10분 소요<br>**버스** 737번 이용. 피게이라 광장<br>승차, 상 조르제 성 정류장 하차 |
| 운영 | **성** 11~2월 09:00~19:00<br>3~10월 09:00~21:00<br>**율리시스의 탑** 10:00~17:30<br>※ 폐관 30분 전까지 입장 가능<br>**휴무** 1/1, 5/1, 12/25 |
| 요금 | 성인 €15, 학생 €7.5<br>(리스보아 카드 소지 시 할인) |
| 전화 | 218-800-620 |
| 홈피 | castelodesaojorge.pt |

## more & more 상 조르제 성 둘러보기

① **왕궁**Palace 무어시대 구조물 위에 왕궁을 세웠던 터다.

② **철기시대**Iron Age **유물이 발견된 곳** 기원전 3세기의 철기시대의 유물이 발견된 곳이다.

③ **무어시대**Moorish Quarter **유물이 발견된 곳** 회반죽으로 기하학적인 무늬를 만든 벽 장식은 무어 양식의 특징이다.

④ **모니즈 게이트**Moniz Gate 11세기 포르투갈 건국에 결정적이었던 리스본 공방전에서 마르틴 무니즈Martim Moniz 기사가 희생한 문이다.

⑤ **시스턴의 탑**Tower of Cistern 빗물을 수집하고 저장하는 데 이용되었다.

⑥ **반역의 문**Door of Treason 기밀 사항을 전달하는 메신저가 오가던 문이다.

⑦ **충성의 탑**Tower of the Keep 가장 높은 탑으로 총사령부로 사용되었다. 꼭대기에 왕실 깃발을 세워 군사들이 사기를 돋을 수 있게 했다.

⑧ **율리시스의 탑**Tower of Ulysses 왕의 보물을 보관하여 제물의 탑Tower of Riches 또는 소유의 탑Torre do Haver으로 불리며, 페르난두 왕이 왕가의 중요 문서를 보관하여 텀블링Tombling 탑이라고도 불린다. 내부에는 리스본 구석구석을 실시간으로 볼 수 있는 카메라 옵스큐라Obscura가 있다. 매시 영어로 진행되는 가이드가 있으니 참고하자. 선착순 20명이 입장할 수 있다.

시스턴의 탑

충성의 탑

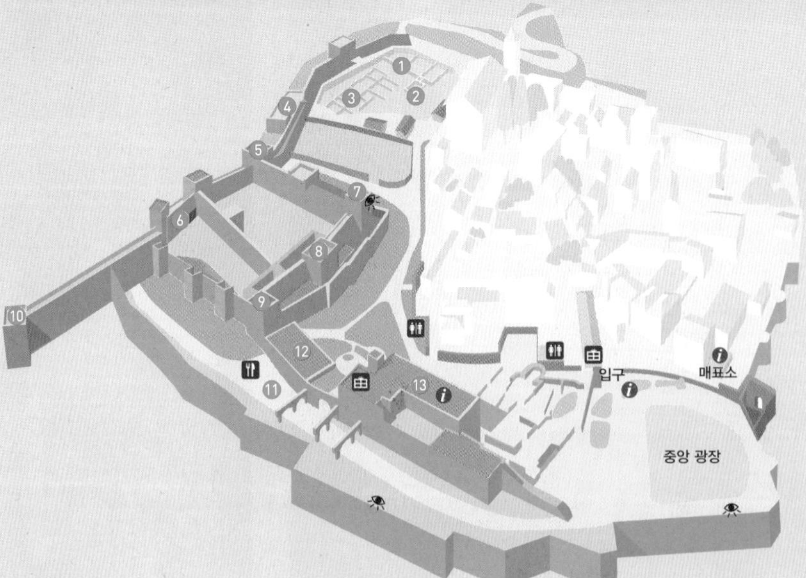

⑨ **왕실의 탑**Palace Tower 왕궁과 근접해 왕실의 탑이 라 불린다.

⑩ **로렌스의 탑**Tower of St. Lawrence 통로가 성과 연결되어 있어 탈출 또는 공급 통로로 사용되었다.

⑪ **알카소바**Alcacova 왕궁의 유적 왕가의 거주지로 리스본 대지진으로 많이 파손되었다. 투박한 성곽과 달리 아치형 건축물이 로맨틱하다.

⑫ **알카소바 마지막 왕가의 저택터** 1415년 세우타를 정복한 해양 왕자 엔리케는 아프리카 북부 바르바리Barbary 사자 2마리를 데려와 저택 앞 마당에 우리를 만들고 키웠다.

⑬ **박물관** 1498년 항해사 바스코 다 가마가 인도 항로를 발견하고 돌아왔을 때 마누엘 1세가 환영회를 열었던 장소다. 지금은 고고학 박물관으로 기원전 7세기부터 무어 시대를 거쳐 18세기에 이르기까지의 유물을 전시하고 있다.

율리시스의 탑

알카소바

로렌스의 탑

박물관

Plus spot **마르틴 무니즈 광장** Praça Martim Moniz

무어인에게 상 조르지 성을 탈환한 전쟁은 리스본 공방전이다. 난공불락으로 유명한 성이 어떻게 뚫릴 수 있었을까. 이 전쟁을 승리로 이끈 마르틴 무니즈 기사 덕분이다. 승전을 위해 돌파구를 찾던 그는 무어인들이 성문 중 하나를 급히 닫고 있는 걸 보고 틈에 몸을 던졌다. 군대가 지원을 오기까지 목숨을 걸고 버틴 끝에 성을 점령할 수 있었다. 영웅의 희생을 기리며 성문이 잘 보이는 광장에 그의 이름을 붙여 부른다. 광장에는 마르틴 무니즈와 병사들을 주제로 한 분수가 놓여있다. 광장을 중심으로 알파마 맞은편은 모우라리아(Mouraria)다. 무어인 거주지라는 뜻으로 아프리카 식당을 쉽게 볼 수 있다. 아시안 마켓도 많은 편.

Sightseeing ★★☆

❷

# 카테드랄(대성당) Cathedral (Sé)

포르투갈 초대왕 엔리케는 무어인들로부터 리스본을 무사히 탈환해 1147년 대성당을 지었다. 1755년 리스본을 폐허로 만든 대지진 때에도 살아남아 도시에서 가장 오래된 건축물이다. 각진 종탑과 로마네스크 양식 외관이 중세 요새처럼 견고해 보인다.

대성당이 가진 역사는 꽤 흥미롭다. 입장하기 전 서쪽 정문 기둥 장식을 살펴보자. 사자 위에 탄 기사와 황소 위에 탄 기사가 마주하고 있다. 수염 난 기사와 사자는 빛과 그리스도를 상징하고 수염이 없는 기사와 초승달 뿔이 달린 황소는 이슬람교 창시자인 무함마드를 나타낸다. 서로마 제국의 지배 아래 있다가 5세기 서고트족, 8세기엔 이슬람 사원이 있던 자리에 대성당을 지었다. 가톨릭과 이슬람교가 번갈아 역사를 쓴 땅이다. 기둥 근처에 대천사 미카엘 조각은 중재자로 종교 결합을 상징한다.

정문 위 예수와 십이사도가 그려진 장미창이 상징적이다. 오색찬란한 스테인드글라스를 보고 싶다면 오후에 가야 하지만 오전 일찍 방문하는 걸 추천한다. 성당에서 가장 밝은 공간인 제대에 빛이 들어서다. 성당 건축물 동선은 신자가 서문에 들어와 해가 뜨는 동쪽으로 향하게 만든다. 제대에 후광이 비치고 신성한 분위기가 정점에 달한다.

주소 Largo da Sé
위치 호시우 광장에서 도보 13분 또는 트램 12, 28번 이용
운영 **대성당** 월~토 09:00~19:00
일 09:00~17:00
**회랑 · 보물 전시관** 10:00~17:00
요금 성인 €5, 7~12세 €3, 6세 이하 무료
전화 218-866-752

제단과 연결된 회랑은 13세기 디니스Dinis 왕이 고딕 양식으로 지었다. 당시 중앙정원이 있는 아름다운 회랑이었으나 대지진 후 모습을 알아보기 어려울 정도로 훼손됐다. 1990년에 옛 집터와 공공건물의 흔적이 발견돼 현재까지 발굴 작업을 진행하고 있다. 기원전 8세기 철기시대 도자기부터 기원전 1세기 로마제국 상점 터와 거리, 11세기 중반 무어인이 세운 모스크 잔재까지 역사서를 짚어가며 읽듯 발견되었다.

반면 가장 어두운 곳은 북문이다. 성당을 건축할 때 주로 사색을 할 수 있는 공간으로 쓰인다. 리스본 대성당은 북문을 '천국의 문'이라고 한다. 대천사 미카엘이 지키는 성문은 천국을 향하는데 북문 기둥에 미카엘의 창이 새겨져 있다. 이 문은 이탈리아 로마와 바티칸에 있는 4대 대성전과 스페인 산티아고 데 콤포스텔라 대성당처럼 신앙의 토대를 굳건히 지키는 성당에만 있다. 천국의 문은 희년(이스라엘에서 50년마다 공포된 안식의 해) 또는 교황이 정한 희년에 열린다. 가톨릭교에선 희년에 천국의 문을 지나면 지금까지 지은 모든 죄를 용서받는다고 믿는다. 간혹 대성당에 행사가 있거나 공사를 하면 열리기도 하니 놓치지 말고 지나가 보자.

북문

미카엘의 창

문에 새겨진 알파와 오메가는 시작과 끝, 생명과 죽음을 관장하는 하느님을 상징한다.

**Tip 내부 둘러보기**

정문 왼쪽에 1195년 성인 안토니우가 세례를 받은 세례반과 세례를 표현한 아줄레주가 있다. 짝을 지어주기로 유명한 성인답게 생일인 6월 13일이면 대성당에서 대규모 결혼식이 거행된다. 바로크 제단이 있는 방은 성모마리아 어머니인 성녀 아나(Santa Ana)의 성소다. 화려하게 수를 놓은 전례 예복(Capa magna)과 모자(Mitras)는 18세기 대주교가 사용했다. 전례물품과 미사에 사용하던 무릎 방석도 전시되어 있다. 성당 유물과 예물이 전시된 2층 보물전시관에는 상 비센테 성체를 담은 상자가 인상적이다.

성녀 아나의 성소

상 비센테 성체를 담은 상자

Sightseeing ★☆☆

3

# 산투 안토니우 성당 Igreja de Santo António de Lisboa

리스본 수호성인 안토니우가 태어난 지 3세기가 지난 뒤 지은 성당이다. 1195년 성인이 태어난 지하에 그를 위한 성소가 마련되어 있다. 1982년, 교황 요한 바오로 2세가 성소를 방문해 무릎을 꿇고 기도드렸다고 한다. 이를 기념하는 아줄레주도 볼 수 있다. 성당 본당에는 1777년 교황 비오 6세가 허락해 로마에서 가져온 성녀 유스티나Santa Justina 유해가 있다.

성인 안토니우는 가난한 사람과 고아, 임산부 그리고 잃어버린 물건을 찾아주는 수호성인이기도 하다. 그래서 리스본에서 소매치기당한 여행자들은 경찰서 다음으로 이곳을 찾는다는 우스갯소리도 있다. 또한 결혼을 장려하는 성인으로 유명해 미혼 자식이 있는 집에선 안토니우 사진이 담긴 액자를 둔다고 한다. 신랑감, 신붓감을 찾아준다는 이야기 때문이다. 밑져야 본전. 얼른 찾아가 보자.

| | |
|---|---|
| 주소 | Largo Santo António a Sé |
| 위치 | 트램 12, 28번 이용,<br>카테드랄 아래에 위치 |
| 운영 | **성당** 월~금 08:00~19:00<br>토~일 08:00~20:00<br>**박물관** 화~일 10:00~13:00,<br>14:00~18:00<br>**휴무 성당** 연중무휴, **박물관** 월요일 |
| 요금 | **성당** 무료, **박물관** €1<br>(리스보아 카드 소지 시 무료) |
| 전화 | 218-869-145 |
| 홈피 | stoantoniolisboa.com |

교황 요한 바오로 2세 방문 기념 아줄레주

성녀 유스티나 유해

산투 안토니우의 세례반

**Tip 지하 성소의 산투 안토니우**

성인은 학식을 나타내는 책과 신을 향한 사랑을 상징하는 불타는 심장, 순결을 상징하는 백합과 함께 그려진다. 지하 성소에 있는 산투 안토니우는 백합과 아기 예수를 안고 있는데 이는 성인이 아기 예수에게 책을 읽어 주는 걸 보았다는 기록과 그의 영혼이 아기 예수를 안고 있는 걸 보았다는 기록 때문이다.

Sightseeing ★☆☆

4

## 로마 극장 Teatro Romano

로마 정복자들은 점령된 땅에 콜로세움과 같은 원형극장을 세우고 로마 제국의 권력을 과시했다. 리스본은 기원전 29년부터 500년 동안 지배받았는데 그때 만들어진 건축물이다. 알파마에 있는 극장은 반원형이다. 언덕 경사면을 따라 좌석을 계단처럼 만들었다. 무려 4천 명을 수용할 수 있는 규모로 중앙 좌석은 귀족 지정석이다. 극장 벽면에 서기 57년, 대리석으로 개보수했다는 기록이 있다. 초기에는 경기장으로 쓰였는데 테주강을 배경으로 열리는 경기관람이라니 욕심나는 공간이 아닐 수 없다. 아고라 역할을 거뜬히 해낸 장소이니 신을 기리는 종교 종교 행사를 하기에도 좋았다. 로마 아우구스투스 황제 때는 종교집회소로 자리했다.

극장은 1755년 대지진 이후 1798년 도시복구 중에 우연히 발견되었다. 수습이 되지 않아 그대로 덮어 위에 건물을 지었고 1964년에 시에서 매입해 철거하고 2001년부터 발굴 중이다. 기원전 3세기 철기 유물과 로마유적, 대지진 직후 화재 흔적도 발견되었다. 역사적 가치가 높은 유적임에도 가장 가까이에서 관람할 수 있으며 길 건너 박물관에 가면 발견된 유물도 볼 수 있다.

주소 Rua de São Mamede 3 A
위치 리스본 대성당에서 도보 3분
운영 10:00~18:00
**휴무** 월요일
요금 무료
전화 215-818-530

Sightseeing ★★☆

5

## 산타 엥그라시아 성당(판테온) Igreja de Santa Engrácia(Panteão Nacional)

1568년, 해양왕 마누엘Manuel 1세 딸인 도나 마리아Dona Maria가 성녀 엥그라시아의 유골을 모시기 위해 만든 성당이다. 성인의 유골을 모시면 성전과 같은 역할을 하기에 매우 중요했다. 1630년 1월, 성녀의 유골함이 도난을 당했다. 범인으로 개신교도인 시마오라는 사람 지목되었다. 밤에 근처에서 자주 목격한 인근 이웃이 종교재판소에 고발했다. 그는 끝까지 결백을 주장하면서도 성당 근처에 간 이유를 밝히지 않았다. 다음 해 그는 화형을 선고받았다. 죽기 전 그는 산타 엥그라시아 성당을 지나며 "결코 죄를 짓지 않았으나 무죄로 죽는 것이 옳다. 밝혀지지 않은 내 진실처럼 엥그라시아 성당도 끝이 없으리라."라고 저주했다. 그의 말이 통했는지 그해 큰 폭풍으로 성당은 심각하게 손상되었다. 이후 진범인이 잡히고 진실도 밝혀졌다. 그는 성당 근처 산타 클라라 수녀원에 있는 귀족 출신 수녀 비올란테와 사랑에 빠졌고 집안의 반대로 그날 밤 도망치려 했었다. 무죄는 밝혀졌어도 저주는 그대로였는지 성당은 무려 3세기에 걸쳐 지어졌다. 이교도의 비난과 재정적 어려움, 후대 왕이 등한시하는 등 오랜 시간이 걸렸다. 그래서 포르투갈 사람들은 하고 또 해도 끝나지 않는 일이 있으면 '산타 엥그라시아 성당 같다'라고 농담한다.

1836년 성당은 국립 판테온으로 선포되었다. 판테온이란 국가적 위인의 영묘를 뜻한다. '항해왕자' 엔리케와 바스쿠 다 가마 영묘, 초대 대통령과 포르투갈의 대표 작가 알메이다 가레트, 파두 가수로 유명한 아말리아 호드리게스 무덤 등이 있다. 4층 테라스에서는 알파마 풍경을 360도로 즐길 수 있다.

주소 Campo de Santa Clara
위치 트램 28번 이용 또는 상 비센테 지 포라 수도원에서 도보 5분
운영 10~3월 10:00~17:00, 4~9월 10:00~18:00
※ 폐관 20분 전까지 입장 가능
**휴무** 월요일, 1/1, 성 일요일, 5/1, 12/25
요금 성인 €4, 학생 €2.2 (리스보아 카드 소지 시 무료)
※ 일 · 공휴일 10:00~14:00 무료
전화 218-854-820

## 아말리아 호드리게스 Amália Rodrigues

영면에 있는 아말리아 호드리게스

리베르다지 거리에 있는 벽화

1930년대 가난한 노동자의 딸로 태어난 소녀는 리스본 알칸타라 항구에서 노래했다. 어느 날 선술집 지배인이 듣고 고용하면서 아멜리아 호드리게스는 세상에 알려졌다. 그녀 나이 19세, 포르투갈 전통 음악 파두(p. 89)를 부르는 여성 가수, 파디스타(Fadidsta)로서의 시작이었다. 아말리아 호드리게스는 신이 내린 목소리와 뛰어난 곡 해석으로 단숨에 '파두의 여왕'이 되었다. 1949년, 파리 샹젤리제 극장에 오르며 세계에 파두를 선보였으며 프랑스 영화 〈Les Amants du Tage〉에 출연해 배우로도 성장한다. 브라질과 베를린, 멕시코와 프랑스, 1953년 미국까지 진출했다. 파두를 국가 무형문화재 급으로 올려놓은 그녀는 국제적으로 포르투갈의 문화와 언어를 알리는 데 기여했다. 19세기 조용필, 20세기 서태지, 21세기 BTS라고 할까. 포르투갈 문화 대통령인 셈이다. 1999년 10월 세상을 떠난 뒤 산타 엥글라시아 성당에 영면했다.

그녀가 떠나는 날, 포르투갈 정부는 사흘간 국장(國葬)을 선언했고 선거유세도 멈췄다. 지금까지 사랑받는 파디스타로 무덤에는 누군가가 놓아둔 싱싱한 꽃이 있고 리스본 곳곳에선 작품으로 살아났다.

칼사다 두 미니노 데우스(Calçada do Menino Deus)에 있는 스트릿 아트

### Plus spot 놓치지 말자! 도둑 시장(페이라 다 라드레) Feira da Ladra

포르투갈어로 'Ladra'라고 하는 이 시장의 이름은 골동품에서 발견된 벌레에서 파생된 것으로 우리나라에서는 단어의 다른 의미인 도둑으로 해석되어 도둑 시장이라 불린다. 13세기부터 시작된 시장은 혼란스러울 정도로 광범위하다. 참여한 사람이 1,600여 명으로 발표된 적도 있다고 하니 실로 어마어마한 규모다. 이곳에서는 '없는 것 외에는 다 있다'라는 말을 실감할 수 있다. 쓰다 만 생활용품부터 옷, 장신구, 책, 골동품, 가구, 심지어 군용 물품까지 판매한다. 군복을 갖춰 입은 군인들이 삼삼오오 모여 군화를 고르고 있으니 '누가 사 갈까'라는 의심은 사라진다. 요즘에는 수제품이나 새 상품도 판매하는 상인이 늘었다. 포르투갈 느낌이 가득한 그림 한 점을 기념품으로 사도 좋다.

**주소** Campo de Santa Clara
**위치** 트램 28번 이용. 상 비센테 지 포라 수도원 뒤편
**운영** 화 · 토요일 09:00~18:00 **휴무** 월 · 수 · 목 · 금 · 일요일

Sightseeing ★☆☆

6

# 상 비센테 지 포라 수도원 Igreja de São Vicente de Fora

1147년에 지어진 수도원은 약속의 장소다. 아폰수 엔리케 왕은 무어인과의 전투에서 목숨을 잃은 군인과 북부의 십자군을 위해 성당을 짓겠노라 약속했다. 전투에서 승리한 뒤 상 비센테 지 포라 수도원을 만들었다. 상 비센테는 리스본 수호성인이고 수도원 이름 뒤에 붙은 포라Fora는 밖이라는 뜻이다. 리스본 성벽 밖에 지어진 수도원으로 당시 도시 규모를 짐작해 볼 수 있다.
현재 모습은 1582년에 지어졌다. 화려한 바로크 제단은 당시 최고 조각가인 호아킨 마차두Joaquim Machado 작품이다. 본당 중앙에 돔 지붕 흔적이 있지만, 리스본 대지진 때 무너진 뒤 복구하지 않아 외부에선 볼 수 없다. 수도원 외관 오른쪽에 회랑과 성물 안치소, 수도원 식당이 있다. 회랑은 아줄레주로 꾸며져 있다. 〈여우와 황새〉처럼 우리에게도 친숙한 라퐁텐 우화 38점이다. 그 외 1147년 리스본 공성전을 포함한 역사 아줄레주도 함께 둘러보자. 회랑은 브라간사 왕실 무덤으로 이어진다. 본당에 있었지만 1834년 수도원이 해체된 뒤 대주교 거주지로 변경되어 수도원 식당을 왕실 무덤으로 바꾸었다. 1662년 영국 찰스 2세와 결혼한 포르투갈 공주 브라간사의 카타리나 무덤도 이곳에 있다. 가장 인상적인 석관은 1908년 포르투갈 최초로 암살당한 국왕 카를루스Carlos 1세와 루이스 펠리페 왕자 무덤이다. 석관에 기대어 울고 있는 여성 조각상은 국가의 비통이자 아멜리 도를레앙 왕비의 슬픔을 조각했다.

주소 Largo de Sao Vicente
위치 트램 28번 이용 또는 포르타스 두 솔 전망대에서 도보 7분
운영 화~일요일 10:00~18:00 **휴무** 월요일
요금 **성당** 무료 **박물관** 성인 €5, 학생 €2.5
전화 218-873-943

회랑 아줄레주

Sightseeing ★☆☆

7

## 파두 박물관 Museu do Fado

스페인에는 플라멩코, 프랑스엔 샹송, 이탈리아 칸초네가 있듯 포르투갈에는 파두가 있다. 약 1840년쯤부터 리스본 알파마와 모우라리아를 중심이 인기를 얻기 시작했다. 1998년 '파두의 여왕' 아말리아 호드리게스가 나고 자란 알파마 지역에 파두 박물관이 문을 열었다. 200년 파두 역사와 음악을 알리기 위해서다. 1층은 파두 가수 소개와 청음 할 수 있는 공간, 2층은 파두 기타인 기타하 포르투게사Guitarra Portuguesa를 소개한다. 12줄로 얇고 높은 음을 풍부하게 내는 기타하다. 벽면에는 세계적으로 유명한 파디스트 사진이 걸려있어 함께 기념사진도 찍을 수 있다. 시간 여유가 없다면 파두 박물관에서 잠시 맛보기로 즐기고 일정이 여유롭다면 파두 클루베에서 제대로 즐겨보자. 만약 파두 박물관에서 주최하는 공연이나 행사(파두뮤지엄 스테이지)가 있다면 시간을 내 관람하길 권한다.

주소 Largo do Chafariz de Dentro 1
위치 산타 엥그라시아 성당에서 도보 9분, 코르메시우 광장에서 도보 11분
운영 10:00~18:00
※ 폐관 30분 전까지 입장 가능
**휴무** 월요일, 1/1, 5/1, 12/25
요금 €5(리스보아 카드 소지 시 할인)
전화 218-823-470
홈피 www.museudofado.pt

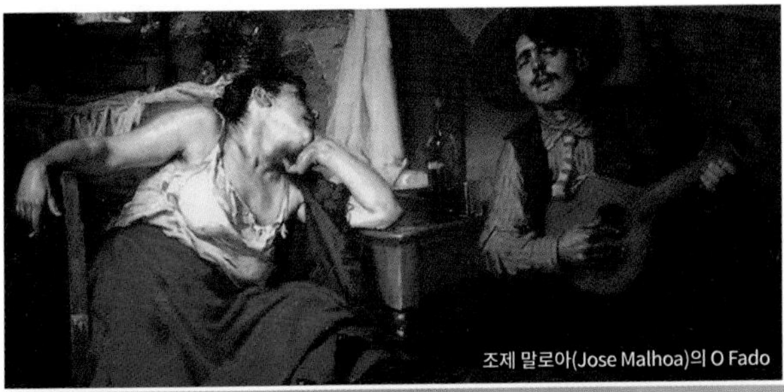
조제 말로아(Jose Malhoa)의 O Fado

Sightseeing ★★☆

8

## 왕의 분수 Chafariz d'El-Rei

우기인 겨울을 빼고 비가 잘 내리지 않는 포르투갈에 물은 항상 귀했다. 알파마는 무어인 언어인 알Al과 함마الحمّة,Hamma에서 파생되었다. '뜨거운 물이 흐르는 곳'이라는 뜻으로 알파마를 걷다 보면 분수가 많다. 수온이 20℃를 넘는 물은 광천수와 약용수로 분류되어 있으며 치료 용도로 사용했다.

어느 플로랑스 화가가 그린 그림 〈왕의 분수chafariz d'El-Rei〉를 보면 당시 모습을 엿볼 수 있다. 16세기 후반 대항해시대에 무역상들 모습이 그려져 있다. 곡식과 항아리를 옮기고 노예와 행상인이 뒤섞여있다. 오른쪽에 보이는 왕의 분수는 수도가 6개다. (9개 배수구가 있었으나 6개만 남았다) 대기가 길어 불만이 터지자 1542년 6월 30일 칙령을 공포했다. 가장 동쪽 수도는 혼혈남성, 두 번째는 갤리선 노를 젓는 노예, 세 번째와 네 번째는 백인만, 다섯 번째는 혼혈 여성, 여섯 번째는 백인 하인을 위한 수도다. 이 명령을 따르지 않으면 시에 벌금을 내도록 했다. 분수 벽면 범선 부조는 리스본 시 소유임을 나타낸다. 분수 위 건물은 왕의 분수 궁전Palacete Chafariz d'el Rei이다. 1909년 브라질에서 막대한 부를 누린 주앙 안토니우 산토스가 지었으며 현재 호텔로 운영 중이다. 숙박 가격이 비싼 편이라 부담된다면 티하우스를 이용해도 좋다.

세계 기념물 및 유적의 날을 기념하는 4월이면 지하 수로 탐험인 로마 갤러리 투어가 있다. 매년 투어 날짜가 변경되니 관심이 있다면 리스본 박물관 누리집(museudelisboa.pt/en/events/abertura-das-galerias-romanas)에서 확인하자.

주소 R. Cais de Santarém 23

어느 플로랑스 화가가 그린 그림 <왕의 분수 chafariz d'El-Rei>.

새 부리를 닮은 '비쿠스'

Sightseeing ★☆☆

9

## 사라마구 전시관 Casa dos Bicos

알파마 언덕 아래를 걷다 보면 가장 눈에 띄는 건물이다. 피라미드처럼 생긴 사각뿔 돌이 건물 외벽에 박혀있다. 새 부리를 닮아 '비쿠스'라고 부른다. 1522년 인도 총독인 아폰수Afonso de Albuque가 지은 건물로 16세기 유럽에서 유행하던 양식이다. 리스본 대지진에도 살아남았는데 손상된 지붕을 아줄레주에 남아있는 그림을 보고 다시 복원했다. 그림에 나온 건물 앞을 보면 생선을 소금에 절이고 있다. 전시관 앞 거리가 바칼라우(대구) 어부의 길Rua dos Bacalhoeiros로 불리는 이유다.

1층은 로마시대 만들어진 성벽과 역사에 대해 전시하고 있다. 2층은 책 〈수도원의 비망록〉으로 노벨문학상을 수상한 작가, 주제 사라마구José Saramago의 공간이다. 우리에겐 〈눈먼 자들의 도시〉로 알려진 작가다. 내부는 작지만 그의 책과 작업실이 오밀조밀하게 전시되어 있다. 2010년 영면한 그는 화장 후 앞마당 올리브 나무 아래에 잠들었다.

주소 Rua dos Bacalhoeiros, 10

위치 코르메시우 광장에서 도보 5분

운영 월~토요일 10:00~18:00 **휴무** 일요일

요금 €3

전화 210-993-811

Sightseeing ★★☆

⑩

# 아줄레주 박물관 Museu Nacional do Azulejo

굴벤키안 재단이 1509년 지어진 성모 수도원Madre de Deus Convent에 만든 박물관이다. 아줄레주는 '작고 반짝이는 돌'이란 아랍어에서 나온 단어다. 푸른 빛을 지닌 포르투갈 전통 타일로 아랍인과 무어인, 스페인 사람들의 기술을 바탕으로 만든 고유문화다. 1498년 마누엘 1세가 스페인 지역을 둘러보다 타일 공예를 보고 포르투갈에 가져와 신트라궁을 꾸미면서 시작됐다. 여름 햇빛을 차단하고 겨울엔 습도를 유지하며 자연 친화적이라 활용도가 높았다. 기하학무늬나 단순히 조합을 하다가 타일에 그림을 그리는 마조르카Majólica 방식으로 발전했다. 청색에서 다양한 색으로 변화하고 시간에 상관없이 선명한 색감을 유지해 인기를 얻었다. 대지진 이후 폼발 후작 지휘 아래 위생적인 타일을 대량 생산해 건물 벽면에 사용했다. 오늘날까지 도시 곳곳에 활용해 정체성을 지키면서 지속 가능한 문화유산으로 자리매김했다.

박물관에는 아줄레주 변천사와 작품을 볼 수 있는데 많은 작품 중에서도 타일 1,300개, 길이 23m나 되는 작품 〈대지진 전의 리스본 시내〉가 유명하다. 금으로 장식된 산투 안토니우의 제단과 천장의 프레임부터 주앙 3세와 왕비, 브라간사 왕가의 초상화, 성인의 삶을 묘사한 그림들로 아름답게 장식된 예배당은 꼭 둘러봐야 한다. 여유가 있다면 옛 부엌이던 카페에서 쉬어가길 권한다.

| | |
|---|---|
| 주소 | Rua Madre de Deus, 4 |
| 위치 | **버스** 산타 아폴로니아 기차역에서 오리엔테 버스 터미널 방향으로 가는 728, 759번 버스를 타면 된다. Av. Infante Dom Henrique(2)에서 하차(미리 버스 기사에게 물어보자) 후 길을 건넌 뒤 고가 터널을 지나 바로 오른쪽 골목으로 3분 정도 걸으면 오른쪽에 있다.<br>**트램** 파두 박물관에서 트램 8분 |
| 운영 | 화~일요일 10:00~18:00<br>※ 폐관 30분 전까지 입장 가능<br>**휴무** 월요일 |
| 요금 | €5(리스보아 카드 소지 시 무료) |
| 전화 | 218-100-340 |
| 홈피 | www.museudoazulejo.pt |

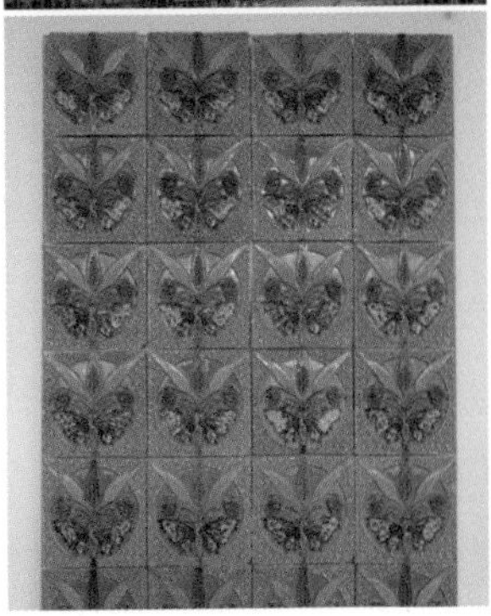

# 바이샤 & 업타운 지구
## Baixa & Uptown

7개의 언덕으로 이루어진 리스본에서 유일하게 평지인 바이샤와 업타운은 리스본 시내의 중심부다. 1755년 리스본 대지진으로 폐허가 된 거리를 정돈하고 같은 모양의 건물을 세웠다. 당시 부와 명예를 자랑하고 싶었던 귀족들의 반발은 심했다. 일률적인 건물에 장식을 더하는 것은 물론, 이름과 문장도 새기지 못하도록 했기 때문이다. 하지만 반발과는 무관하게 재건 속도는 점점 더 빨라졌다. 수도와 도로를 정비하고 무역으로 번성하자 이곳에 상인들이 몰려왔다. 거리는 알아보기 쉽게 상인과 장인의 이름을 붙여 부르게 되었다. 금융이 활발해졌고 카페가 들어서고 쇼핑 거리가 조성되었다.

Sightseeing ★★★

❶

## 코메르시우 광장 Praça do Comércio

광장은 유럽에서 가장 크다. 우리나라 시청 앞처럼 각종 국가·지역 행사와 촬영을 할 정도로 공식적인 장소다. 이곳에 막 도착한 여행객이라면 거침없는 시야에 탄성이 나온다. 리스본은 계획도시라 미로처럼 잘 짜인 시내를 지나와서 그럴 수도, 바다처럼 넓은 테주강과 마주해서 일 수도 있다.

코메르시우는 무역Commerce을 말한다. 광장과 테주강을 잇는 돌계단이 상인이 오가던 무역항이었기 때문이다. 부두 끝에는 기둥Cais das Colunas 2개가 있다. 예루살렘 솔로몬 성전 앞 기둥과 같이 지혜를 상징하는 야긴Jakim과 헌신을 상징하는 보아스Bohaz다. 동양에 음양 사상처럼 두 기둥은 짝을 이룬다. 태양과 달, 남과 여, 금과 은처럼 균형을 맞춘다. 국민 대부분이 가톨릭교를 믿는 포르투갈에서 성경을 바탕으로 한 건축물은 어쩌면 당연하다. 두 기둥은 '하느님이 그 능력으로 세우신다'라는 성전의 의미다. 누군가에겐 세계로 나가는 시발점이 된 리스본이 성전과 같지 않았을까.

주소 Rua Augusta 2
운영 10:00~19:00
요금 아우구스타 개선문 입장료 €3.5

광장 전체

부두 기둥 Cais das Colunas

광장 중앙의 주제 1세 동상

광장의 다른 이름은 왕궁터Terreiro do Paço다. 대항해시대로 부국이 되자 1151년, 마누엘 1세는 알파마 언덕 위에 있던 성을 히베이라(강변)로 옮겼다. 바다로 가는 문이 열리고 정치경제 중심이 언덕 아래로 내려와서다. 1755년 11월 1일, 모든 성인의 축일을 맞아 성당과 광장 주변으로 모인 날이었다. 규모 9, 대지진이 일어났고 도시의 85%가 무너져내렸다. 주제José 1세는 폼발 후작Marquês de Pombal과 함께 리스본 대지진 이후 폐허가 된 리스본을 재정비하고 개혁을 추진했다. 광장 중앙 14m 단 위에 그리스도 기사단 망토를 두른 왕이 상 조르지를 상징하는 뱀(또는 용)을 밟은 말을 타고 있다. 측면에는 서양과 동양을 상징하는 말과 코끼리 조각으로 동서양이 하나 됨을 상징한다.
동상 뒤로 아우구스타 개선문Arco da Rua Augusta이 보인다. 1759년 폼발 후작은 리스본이 어느 정도 제 모습을 찾자 매듭을 짓듯 거리 끝에 개선문을 설계했다. 약 48m 높이로 조각 장식 부분만 37m 정도다. 1873년 완성된 문은 포르투갈 영웅들이 조각되어 '승리의 아치Arco da Vitoria'라고 불린다. 상단 중앙에 영광Gloria의 여신이 재능Gênio신 주피터와 용맹valor신 아테나에게 월계관을 씌우고 있다. 이어 라틴어 "VIRTVTIBVS MAIORVM"은 '가장 위대한 사람들의 미덕'이라는 뜻으로 포르투갈 국민의 힘과 극복, 성취를 말한다. 하프를 든 주피터 아래에 폼발 후작과 누누 알바레스 페레이라Nuno Álvares Pereira 장군, 포르투 도우루강을 의인화한 조각이 있다. 헬멧을 쓰고 사자를 쓰다듬는 아테나 아래에 탐험가 바스쿠 다 가마와 비리아투스, 테주강을을 의인화한 조각이 있다.
개선문 옥상까지 계단과 엘리베이터를 타고 오를 수 있으며 아우구스타 거리 방향에 있는 엔티크 시계 내부도 볼 수 있다.

17세기 왕궁 모습Terreiro do Paço

## & 아우구스타 거리 Rua Augusta

코메르시우 광장과 호시우 광장을 잇는 거리다. 리스본 대지진 후 폼발 후작이 도시계획으로 만든 4층 높이 건물이 호위하듯 이어져 있다. 상 니콜라우Sao Nicolau 거리를 만나면 2층 모서리를 살펴보자. 불꽃 위 독수리 조각상이 날개를 펼치고 있다. 태양을 응시할 수 있도록 유일하게 쌍꺼풀이 있는 독수리는 대지진 이후 불사조처럼 다시 살아난 리스본을 상징한다.

개혁과 번영도 이곳에서 시작했으나 왕정도 이곳에서 막을 내린다. 1908년 동 카를로스 1세와 그의 가족이 행진 중일 때 공화당원이 그들을 암살한 것이다. 2년 후 군주제는 막을 내렸다. 'U'자형의 광장을 둘러싼 아케이드 건물은 1910년 혁명 이후 대부분 정부 기관으로 사용하고 있으며 현재 재무부만 남아있다. 다른 건물은 카페와 레스토랑이 대부분이다. 1782년에 문을 연 카페 마르티노 다 아카르다Martinho da Arcada는 문인들의 사랑방이다. 특히 유명 시인 페르난두 페소아는 한적한 구석에서 비카Bica 한 잔과 브랜디 한 잔, 때론 담배를 피우며 이상향을 꿈꿨다고 한다. 단골 자리에 사진과 글, 기사를 전시하고 있다. 카페 전망도 좋아 비카를 마시며 한숨 돌려보자.

칼사다 포르투게사로 꾸며진 거리는 공연자와 호객꾼, 여행객이 어우러져 늘 시끌벅적하다.

독수리 조각상

아우구스타 개선문에서 보는 광장

카페 마르티노 다 아르카다

Sightseeing ★☆☆

❷

## 콘세이상 베아 성당 Igreja da Conceição Velha

1496년, 마누엘 1세가 자비의 성모마리아 성당Igreja da Misericórdia을 짓고 리스본 자선단체의 본부로 사용했다. 마누엘 양식인 성당 정면 파사드는 제로니무스 수도원 다음으로 가장 큰 규모였는데 대지진 때 모두 무너져 이전 · 복원하고 수태Conceição 성당으로 바뀌었다. 재난에서 유일하게 살아남은 옆문은 수태 성당 정문으로 사용하고 있다. 상단에 자비로운 성모마리아가 조각되어 있어 옛 성당을 기억하게 한다.

성당에서 꼭 봐야 할 장소는 레스텔로Restelo 성모상 제단이다. 인도 항로를 개척한 항해사 바스쿠 다 가마Vasco da Gama와 페드로 알바레스 카브랄Pedro Álvares Cabral가 바다로 떠나기 전 그들의 안녕과 성공을 빌었던 성모상이다. 지금의 제로니무스 수도원 자리에 있었으나 수도원을 짓기 위해 퇴거를 명령받고 자비의 성모마리아 성당으로 옮겨졌으며 다행히 수태 성당까지 올 수 있었다.

주소 Rua da Alfandega, 108
위치 코르메시우 광장에서 도보 2분
운영 월~토 08:00~23:30
일 10:00~23:30
전화 218-870-202

Sightseeing ★☆☆

❸

## 무데 박물관 MUDE (Museu do Design e da Moda)

1999년 벨렘 문화센터에서 만든 디자인 박물관으로 2006년 아우구스타 거리에 새로 둥지를 틀었다. 포르투갈 사업가 프란시스쿠 카펠로Francisco Capelo가 엄선해 모은 의상, 가구, 조형물 등 현대적인 컬렉션을 선보인다. 특히 세계적인 유명 인사들이 착용한 의상과 액세서리도 전시하고 있어 더욱 흥미롭다. 그의 감각을 인정이라도 받듯 이미 10만 명 이상 방문했다. 포르투갈의 패션과 디자인을 실험하고 창조성을 키워나가는 공간으로 실생활에 밀접한 디자인이라 많은 관심과 영감을 받아 올 수 있다. 현재 리노베이션을 위해 외관은 공사 중이나 내부 전시는 진행 중이다. 그러나 여행 전 전시 내용과 개장 여부를 확인하는 것이 좋다.

주소 Rua Augusta 24,
위치 코메르시우 광장에서 도보 1분
운영 10:00~18:00(12/24, 12/31은 ~16:00)
**휴무** 월요일, 1/1, 12/25
전화 218-886-117
홈피 www.mude.pt

4

# 호시우 광장 Praça de D. Pedro IV

5~6월이면 브라질에서 온 자카란다가 보라색 꽃을 피운다.

칼사다 포르투게사와 도나 마리아 2세 오페라 극장

호시우 역

공식 명칭은 동 페드루 4세 광장Praça de D. Pedro IV이다. 27m 높이 단 위에 동상이 있지만, 나라를 버리고 식민지 브라질로 망명을 간 왕의 이름으로 부르지 않는다.

광장이 발달한 건 13세기부터다. 리스본대학교가 생기고 산업이 발달하면서 당시 중심가인 호시우 광장에서 행사나 축제가 열렸다. 16세기에는 종교재판소가 생기면서 아우토 다 페Auto da fé(이단자 공개처형)를 열어 피로 얼룩지기도 했다. 대지진 후 폼발 후작이 재건하면서 점차 사라졌다. 재판소 자리에 에스타우스Estaus 궁전을 짓고 1846년, 지금의 도나 마리아 2세 오페라 극장Teatro Nacional Dona Maria II이 되었다. 외관에는 '극장의 아버지'라 불리는 길 비센테Gil Vicente 조각상이 있다. 광장 바닥은 포르투갈식 보도인 '칼사다 포르투게사'로 꾸며져 있다. 마치 파도처럼 일렁이는 듯한데 검은 돌과 흰 돌을 이용해 무늬를 낸다. 포르투갈의 식민지였던 마카오와 브라질에서도 볼 수 있는 포르투갈 전통예술이다. 바로크 분수대 2개는 프랑스에서 가져왔다.

호시우 광장은 교통 요지이자 쇼핑가, 음식점이 많아 베이스캠프로 삼기 좋다. 리스본 근교 신트라로 여행할 때는 호시우 기차역을 이용한다. 역이라고 볼 수 없을 만큼 아름다운 외관은 포르투갈에서도 잘 볼 수 없는 낭만주의와 신 마누엘 양식이 섞여 있다. 말발굽 2개를 겹친 듯한 입구에는 동 세바스티앙D. Sebastião 동상이 있다. 일찍이 왕이 되고 17살 나이로 전장에서 목숨을 잃은 그가 앳되다. 시신이 발견되지 않아 포르투갈 사람들에게 메시아 같은 존재다.

주소 Praça Dom Pedro IV
위치 리스본 공항에서 지하철 50분.
세치 히우스 기차역 · 버스 터미널에서
지하철 23분(호시우 Rossio 역에 하차)

Sightseeing ★☆☆

5

## 피게이라 광장 Praça da Figueira

1885년 피게이라 광장은 지붕 덮인 시장이었다. 언덕 위 알파마와 시아두, 그 사이 업타운을 연결하는 광장은 교통 중심지로 발달했고 1950년 시장은 철거되었다. 다행히 일부 건물 1층에 피게이라 시장이 조그맣게 형성되어 명맥을 이어오고 있다. 광장 중앙에는 주앙João 1세의 청동 기마상이 있고 스케이드 보더들이 연습에 매진한다. 가장자리엔 버스와 트램이 다닌다. 그 길을 피해 알파마 언덕을 오르는 툭툭이 손님을 기다리고 있다.

주소 Praça da Figueira 5C

위치 호시우 광장에서 도보 2분

Sightseeing ★★☆

6

## 상 도밍고 성당 Igreja de São Domingos

1241년 지어진 상 도밍고 성당은 제로니무스 수도원 다음으로 큰 성당으로 2천 명 이상 수용할 수 있다. 왕실 주요 행사가 이루어졌으며 공화국이 되기 전 카를로스 1세와 아멜리 여왕이 마지막으로 결혼식을 올렸다.

어둡고 무너질 것 같은 내부를 보는 순간, 당신이 알던 유럽의 성당과는 다른 모습에 조금 놀랄 수 있다. 성당은 1531년 지진으로 지붕이 무너지고 화재에 휩싸였다. 1755년 리스본 대지진과 1959년의 화재로 고통받았다. 화재 이후 복원하지 않아 수백 년 전의 아픔과 그을음이 고스란히 남아있다. 누군가는 비극의 성당이라고 하나 이는 기적의 성당임이 틀림없다. 재앙 속에서도 굳건히 자리를 지켜 낸 희망을 상징한다.

주소 Largo de São Domingos, Baixa Lisboa

위치 호시우 광장에서 도보 3분 또는 지하철 호시우 Rossio 역에 하차

운영 07:30~19:00

### more more & 대학살 추모 기념비

1492년 스페인은 국토회복운동 후 유대인을 추방했고 약 10만 명이 포르투갈로 이주했다. 동 마누엘 1세는 그들을 관대히 받아줬으나 스페인 공주 이사벨과 결혼하면서 상황이 달라졌다. 스페인에서 유대인에 대한 정책을 요구해서다. 1497년 왕은 유대인에게 강제로 개종하도록 요구했고 그들은 따랐다. 유난히 가뭄과 역병이 심하던 1506년 4월, 이 고통이 빨리 종식되기를 기도하는 미사 중 한 신자가 제단 위 예수 성상에 빛이 들었다며 구세주의 메시지로 해석했다. 개종한 유대인 중 한 명이 빛이 반사된 거라 설명하자, 그는 맞아 죽었다. 이를 계기로 유대인 학살이 시작되었고 도미니카 수도사들은 100일 동안 살인죄를 사해주겠다며 부추겼다. 마누엘 1세가 3일 만에 관련자들 재산을 빼앗고 교수형에 처했다. 유대인 4천여 명이 죽었고 2008년이 되어서야 유대인 학살 추모 기념비를 세웠다. 리스본에서 유일하게 흑인 성직자가 있었던 성당은 흑인 신자가 많다. 벽에 34개 언어로 "관용의 리스본Lisboa, cidade da Tolerância"을 새겨 아픔은 딛고 단단해졌다.

Sightseeing ★★☆

7

## 카사 두 알렌테조 Casa do Alentejo

1680년대에 지어졌다고 하지만 언제인지 정확히 알 수 없다. 테주강 상류 알베르카Alverca 지역 귀족인 미구엘 파에스 두 아마랄Miguel Paes do Amaral이 소유했던 건물로 알베르카 궁전 또는 아마랄 궁전이라 불렀다. 1917년에는 2년간 궁전을 마제스틱 클럽에서 대여했는데 리스본 최초의 카지노로 쓰였다. 내부는 새롭게 꾸며졌는데 무어 양식을 가미한 중정(Courtyard)에는 아줄레주가 어우러져 화려함을 더한다. 16세기 로코코 스타일로 꾸며진 방 2곳은 개인이 대여로 사용할 수 있어 이용이 어렵다. 다행히 외부에서 창문을 통해 들여다 볼 수 있는데 거울과 오래된 조각품, 대형 천장 프레스코화가 아름다운 무도회장이다. 1932년 알베르카 궁전은 알렌테조 길드Grémio Alentejano가 대여해 알렌테주 지방 문화를 보존하고 알리는 다목적 문화공간으로 활용되었다. 1981년 건물을 인수해 문화행사와 사교댄스 등 다양한 이벤트를 진행하고 있다. 공간을 여유롭게 둘러보고 싶다면 레스토랑을 이용하자. 2층 건물 내에 있는 식당에는 대형 아줄레주로 꾸며져 있다.

주소 Rua das Portas de Santo Antão 58
위치 상 도밍고 성당에서 도보 2분
운영 레스토랑 12:00~15:00 19:00~23:00
전화 213-405-140

### Plus spot 트론코 파티오 Pátio do Tronco

1552년 6월 16일 시인 루이스 카몽이스는 길에서 궁전 하인Gonçalo Borges과 시비가 붙어 상처를 냈다. 이 일로 시인은 9개월 동안 트론코 시립교도소Cadeia Municipal do Tronco로 보내졌다. 1553년 3월 그는 왕의 서한으로 사면됐는데 편지에는 "올해 인도에서 나를 섬기게 될 불쌍한 청년"이라고 적혀있었다. 그렇게 인도로 가는 항해에 합류했고 1편만 있던 위대한 서사시 〈우스 루시아다스Os Lusiadas〉를 완성해 세상에 내놓았다. 1992년 예술가 리오넬 모우라Leonel Moura가 감옥으로 들어가는 터널에 만든 아줄레주다.

Sightseeing ★★☆

8

## 헤스타우라도레스 광장 Praça dos Restauradores

1580년 지금의 스페인인 카스티야가 60년 동안 포르투갈을 지배했다. 1640년 포르투갈은 독립을 위한 전쟁을 시작했고 1668년에야 비로소 자유를 찾았다. 이 전쟁에서 목숨을 잃은 전사자들을 기리기 위해 30m 높이 오벨리스크를 세웠다. 하단에는 포르투갈의 역사적인 사건들이 묘사되어 있고 청동으로 된 2개의 동상은 각각 승리와 자유를 상징한다. 광장은 차 없는 가로수길인 리베르다지Venida da Liberdade 거리가 있는데 '자유'라는 뜻이다. 노천 카페와 펍, 명품 숍과 고급 호텔이 있으며 바이루 알투와 연결되는 글로리아 엘리베이터와 유명한 하드 록 카페Hard Rock Cafe가 있다.

Sightseeing ★★☆

9

# 폼발 광장 & 에두아르두 7세 공원

Marquês de Pombal & Parque Eduardo VII

1755년 리스본을 폐허로 만든 대지진이 일어났다. 대부분 가톨릭 신자였던 시민들은 하느님의 뜻으로 받아들였으나 폼발 후작은 폐허 위에 계획도시를 세웠다. 리베르다지 거리를 기준으로 바둑판 형식으로 구역을 나눴다. 리스본 재건에 성공한 그를 기리기 위해 만든 것이 폼발 광장이다.

광장과 이어진 에두아르두 7세 공원은 리스본에서 제일 큰 시민 공원이다. 1903년, 포르투갈과 영국 간 동맹을 위해 방문했던 에드워드 왕자 이름을 붙였다. 역사 아줄레주가 매력적인 스포츠 파빌리온도 함께 둘러보자. 1922년 브라질 리우데자네이루 세계박람회에 전시했다가 1929년 공원에 재건축했다. 1984년 미국 LA 올림픽에서 기록을 세운 포르투갈 마라톤 금메달리스트 이름을 붙여 카를로스 로페스 파빌리온Pavilhao Carlos Lopes이라 부른다. 맞은편에는 이국적인 온실이 있어 사계절 녹음을 즐길 수 있다. 6월에는 도서 박람회가 열리고 신비로운 보랏빛 자카란다Jacaranda가 꽃을 피운다.

주소 Praça Marquês de Pombal

위치 굴벵키안 미술관에서 도보 5분 또는 지하철 파크 Parque 역 또는 폼발 광장 Marquês de Pombal 역에 하차

운영 24시간. 밤에는 위험하니 되도록 방문하지 말자.

폼발 후작 동상. 사자 위에 얹은 손은 왕의 신임을 얻었던 그의 권력을 상징한다.

## more more & 리스본은 폼발 스타일, 폼발리노 Pombalino

대지진 후 아수라가 된 리스본에선 책임을 떠넘기려 눈치 게임이 시작됐다. 폼발은 권력 대부분을 받아 리스본 재정비에 들어갔다. 첫째, 치안이다. 강도와 중범죄가 일어나면 즉결 재판해 광장에서 처벌했다. 둘째, 전염병 차단이다. 당시 자료를 보면 실종 · 사망자가 6만여 명이다. 장례는 엄두도 내지 못하고 테주강에 수장했다. 셋째, 봉쇄다. 시민이 리스본을 떠나면 인력이 없다. 인근 도시에 있는 군사력까지 동원해 도시를 막고 시민은 재건 공사에 참여했다. 넷째, 도시 재건, 1758년 도시계획법을 발표한다. 건물은 4층 이상 지을 수 없고 건축허가를 받고 5년 안에 짓지 않으면 허가를 취소해 다른 사람에게 넘어갔다. 도시를 빨리 재건하기 위해서였다. 무엇보다 유럽 최초로 내진 설계한 가이올라 공법으로 짓게 했다. 지반이 불안하므로 지하로 땅을 깊게 판 뒤 철골을 세우고 벽에 격자로 목재 골격을 만들었다. 흔들리지만 무너지지 않는 조립식 건축 방법을 더했다. 건물과 건물 간격은 좁지만 도로 간격은 넓혀서 건물이 무너져도 추가 피해를 줄이도록 계획했다. 완공 후에는 내구성을 확인하려 군인들이 행진했다. 이렇게 만들어진 리스본 건축양식이 폼발리노다.

Sightseeing ★★☆

10

## 굴벵키안 미술관 Museu Calouste Gulbenkian

리스본에는 차원이 다른 수집가가 있다. 아르메니아 석유 부자인 굴벵키안이다. 2차 세계대전과 외교 문제로 런던에서 열 수 없자 리스본으로 이사했고 1953년 그의 유언에 따라 미술관을 만들었다. 40년 동안 동서양을 막론하고 모은 예술품은 이집트 황금 마스크부터 이슬람, 유럽 회화와 장식 예술까지 시대와 장소를 뛰어넘는 미술 컬렉션이다. 모네와 르누아르, 렘브란트 등 회화 작품들과 태피스트리와 같은 직물, 세공품, 장식품 모두 약 6,500점이 있다. 특히 르네 라리크René Lalique의 유리 세공품은 놓치지 말자. 유럽 여느 국립 미술관과 비교해도 될만한 전시와 작품들이 응집해 있어 미술에 관심이 많은 여행자라면 이곳을 권한다.

주소 Av. de Berna, 45a
위치 호시우 광장에서 버스 이용 20분 또는 지하철 상 세바스티앙 Sao Sebastiao 역 또는 프라카 지 에스파냐 Praca de Espanha 역에 하차
운영 10:00~18:00 ※ 폐관 30분 전까지 입장 가능
**휴무** 화요일, 1/1, 성 일요일, 5/1, 12/24~25
요금 상설 전시 €10, 임시 전시 €3~5, 상설 + 임시 전시 €14
(리스보아 카드 소지 시 할인) ※ 일요일 14:00 이후 무료
전화 217-823-000 홈피 gulbenkian.pt/museu

르네 라리크의 유리 세공품

# 바이루 알투 & 시아두 지구
## Bairro Alto & Chiado

바이루 알투는 '높은 구역'이라는 뜻의 이름처럼 가파른 골목에 집들이 다닥다닥 붙어 있다. 주로 서민이 거주하던 이곳에는 술집과 파두가 유행했다. 언덕을 오르는 데 힘이 드는 건 숨 막히는 삶의 열기 때문일지도 모른다. 영겁의 시간을 쌓아 만든 수도원의 돌담을 지나 시아두 지구로 가 보자. 유서 깊은 카페 브라질레이라에서는 사색에 잠긴 어느 소설가를 만난다. 낡은 부티크와 현대적인 브랜드들의 쇼윈도 사이로 포르투갈의 젊은이들이 이질감 없이 섞인다. 어쩌면 바이루 알투와 시아두를 여행한다는 건 시간을 걷는 것과도 같다.

해가 지면 바이루 알투와 시아두 지구에 사람들이 모여든다. 레스토랑과 바, 펍에 불이 켜지고 화려한 밤이 시작된다. 들뜬 사람들은 많으나 취객은 거의 없다. 모두 예술가가 사랑하는 이곳을 즐길 준비가 되어 있기 때문이다.

Sightseeing ***

1

## 카르무 수도원 Convento do Carmo

1389년 누누 알바레스 페레이라 성인이 지은 가르멜회 성당이자 수도원이다. 호시우 광장에서 보면 수도원이 얼마나 가파른 언덕에 있는지 알 수 있다. 초기 공사만 두 번 무너졌고 세 번째에는 리스본에서 가장 유명한 건축가와 석공, 특수 석회 작업자도 불러 당대 가장 주목할 만한 고딕 성당과 수도원을 만들었다. 1755년 대지진에도 뼈대와 회랑, 예배당 등 많은 부분이 살아남았다. 입구 비석에는 '이곳에 방문하는 모든 이가 신실한 기독교인이다'라고 고딕 문자가 적혀있다. 당시 교황이 40일의 면죄부를 부여한다는 뜻이다. 지붕 없는 성당이지만 뼈대만 보더라도 당시 웅장함과 세련됨을 상상할 수 있다. 여름에 리스본을 방문했다면 야외 공연 일정을 살펴보자.
예배당은 현재 고고학 박물관으로 사용되고 있다. 기적적으로 남은 수도원 예술품들을 전시하고 있다. 그중 페르디난드 1세 석관은 정교한 조각이 특징이다. 조각품과 고대 토기, 페루에서 온 아동 미라 등 다양한 시대의 유물을 전시하고 있다.

주소 Largo do Carmo
위치 상 호케 성당에서 도보 5분
운영 **6~9월** 월~토 10:00~19:00
**10~5월** 월~토 10:00~18:00
**휴무** 일요일, 1/1일, 부활절, 5/1, 12/25
요금 성인 €5, 학생 €4
(리스보아 카드 소지 시 할인)
전화 213-478-629
홈피 www.museuarqueologicodocarmo.pt(웹에서만 접속 가능)

### more & more 누누 알바레스 페레이라 Nuno Álvares Pereira의 엑스칼리버?!

페레이라 총사령관은 승계 전쟁으로 카스티야(현.스페인)에게 포르투갈을 뺏길지 모를 위기에서 구해낸 기사다. 1385년 8월 포르투갈 중부 알주바로타Aljubarrota 전쟁에서 승리해 주앙 1세를 도왔고 대항해시대로 이어졌다. 아우구스타 개선문에 동상이 서 있을 정도로 큰 공로다.
그는 어렸을 때 영국 판타지 소설 〈아더왕〉을 감명 깊게 읽었다. 왕이 대마법사 멀린이 준 보검 엑스칼리버처럼 훌륭한 검을 갖고 싶었다. 어느 날 산타렘Santarem 대장장이인 페로농 바즈Fernão Vaz의 솜씨가 뛰어나단 소문을 듣고 자신의 오래된 칼을 들고 찾아갔다. 며칠 후 검을 찾으러 간 페레이라는 '백작이 되면 칼값을 달라'는 말만 듣고 가져왔다. 포르투갈 독립에 공을 세운 기사는 주앙 1세로부터 백작 작위를 받았고 대장장이에게 후한 값을 치렀다. 1422년 아내가 죽은 뒤 수도사가 되었고 카르무 수도원에 머물렀다. 어느 날 누군가 와서 물었다. "다시 카스티야가 침공한다면 자네는 수사인가? 군인인가?" 페레이라는 그의 갑옷을 주저 없이 꺼내 군인의 모습을 보였다. 이 검은 수도원 회랑에서 볼 수 있다. 세르타 성당에 있는 검과 함께 복제품이다. 진품은 군사박물관에 있다. 황동으로 된 검은 어른 허리까지 길이보다 크다. 칼 몸에 룬 문자로 구멍을 내서 가볍게 만들었다. 적의 칼이 구멍에 끼여 무장 해제되는 용도도 있다. 칼날에 새긴 각인도 가볍게 하는 데에 도움이 된다. 내용은 '사람 위에 가장 높은 하나님(Excelsus super omnes gentes Dominicus)'으로 그의 신실함과 간절함이 엿보인다.

Sightseeing ★★☆

❷

# 상 호케 성당 Igreja de São Roque

1506년 리스본이 흑사병으로 고통받자 마누엘 1세는 치유의 성인, 상 호케 유해 성물을 모시기 위한 성당을 지었다. 베네치아에 있던 성유물을 가져와 전염병 희생자들 묘지 옆에 만들었는데 지금의 성당 자리다. 1573년 예수회 본부로 사용하면서 '가장 비싼' 성당으로 재건축되었다. 중세 가톨릭이 그랬듯 신자를 모으기 위해 성상과 성화에 정성을 쏟았다. 다행히 리스본 대지진에도 피해가 덜해 오늘날에도 볼 수 있다.

성당은 본당과 예배당 8개로 구성되어 있다. 본당 제단에는 아기 예수와 성모마리아가 있고 예수회 주요성인 4명이 함께 있다. 천장 그림은 프로이센 목재에 그린 묵시록의 한 장면이다. 8개 예배당 중 '바로크 예술의 걸작'으로 불리는 상 주앙 예배당은 놓치지 말자. 1742년 포르투갈 왕이 로마에서 주문했는데 당시 유럽에서 가장 비싼 예배당이었다. 완공까지 5년을 기다려 배 3척에 실어 가져왔다. 금과 은, 라피스 라줄리, 마노 등을 사용했다. 상 호케 예배당은 원래 성소가 있던 자리다. 상 호케 성당과 이어지는 박물관은 예수회 건물이다. 각종 성물함과 상 호케의 일생이 그려진 패널, 오리엔탈 작품 등이 전시되어 있다

| | |
|---|---|
| 주소 | Largo Trindade Coelho |
| 위치 | 지하철 바이샤 / 시아두<br>Baixa / Chiado 역에 하차 |
| 운영 | **4~9월** 월 14:00~18:00<br>화 · 수 · 금~일 10:00~19:00<br>목 10:00~20:00<br>**10~3월** 월 14:00~18:00<br>화~일 10:00~18:00<br>**휴무** **박물관** 1/1, 성 일요일, 5/1, 12/25 |
| 요금 | 성당 무료, 박물관 €2.5<br>(리스보아 카드 소지 시 €1) |
| 전화 | 213-235-380 |
| 홈피 | mais.scml.pt/museu-saoroque |

묵시록을 주제로 그린 천장

상 주앙 예배당

상 호케 예배당

자비의 성모 피에타 예배당

성녀 안나와 성모 마리아의 예배당

Sightseeing ★☆☆

③

## 시아두 국립 현대미술관

MNAC(National Contemporary ART museum of Chiado)

1755년 대지진으로 손상된 상 프란시스쿠 수도원São Francisco da Cidade 건물에 프랑스 건축가 장 미셸 빌모트Jean-Michel Wilmotte가 설계를 맡아 1994년 문을 열었다. 그는 프랑스 루브르 박물관, 영국 대영박물관과 인천국제공항 내부 설계를 맡는 등 세련되고 현대적인 디자인으로 두각을 드러낸 건축가다. 회칠 없이 민낯인 교차형 궁륭과 벽돌을 쌓아 거칠한 벽면을 그대로 살린 내부가 인상적이다. 높은 층고를 활용해 개방형으로 층을 나눠 작품을 다양한 시선으로 관람할 수 있는 점도 좋다.

미술관은 19~20세기 현대작품을 전시한다. 아마데오Amadeo de Souza-Cardoso와 콜룸바누Columbano Bordalo Pinheiro, 주제José de Almada Negreiros 등 포르투갈 대표 현대 작가 회화와 조각을 만날 수 있다. 기획전도 개최하고 있으므로 누리집에서 확인하고 마음에 드는 전시가 있다면 들러 보자. 옥상 정원과 카페에서 브런치나 점심을 먹는 것도 좋다.

| | |
|---|---|
| 주소 | Rua Serpa Pinto, 4 |
| 운영 | 화~금 10:00~13:00 14:00~18:00 |
| | 토~일 10:00~14:00 15:00~18:00 |
| | ※ 폐관 30분 전까지 입장 가능 |
| | **휴무** 월요일, 1/1, 부활절, 5/1, 12/25 |
| 요금 | 성인 €4.5, 학생 €2.5 |
| | (리스보아 카드 소지 시 무료) |
| 전화 | 213-432-148 |
| 홈피 | www.museuartecontemporanea.pt |

Sightseeing ★★☆

④

## 카몽이스 광장 Praça Luís de Camões

16세기 서사 시인인 루이스 지 카몽이스Luís de Camões가 세상을 떠난 지 300주년을 기념해 세운 광장이다. 4m 높이에 있는 청동 동상은 궁정 의상을 입고 모험가 바스쿠 다 가마를 따라 신대륙을 항해한 대서사시 〈오스 루지아다스Os Lusíadas〉를 들고 있다. 받침대에는 포르투갈 문학사 주요 인물 8명이 서 있다. 광장은 시아두 중심에 있다. 매일 행위예술가 공연이 열리고 카페와 식당에는 사람들로 북적인다. 여행객을 위한 상점도 많아 기념품을 사기 좋다. 유나이티드 컬러 오브 베네통United Colors of Benetton 건물 4층에 있는 유럽 초기 고풍스러운 엘리베이터도 함께 둘러보자.

주소 Largo Luís de Camões　　위치 지하철 바이샤 / 시아두 Baixa / Chiado 역에 하차 또는 카르무 수도원에서 도보 5분

Plus spot 카페 아 브라질레이라 A Brasileira

광장 주변은 예술가들이 참새방앗간처럼 드나들던 장소다. 시인 페르난두 페소아Fernando Pessoa의 단골 카페 브라질레이라Brasileira도 이곳에 있다. 1905년, 이름처럼 브라질에서 수입한 커피를 판매했으며 포르투갈 커피, 비카Bica가 시작된 곳이다. 당시 에스프레소 기계가 없고 손님은 많아 커피를 미리 추출해 놓았다. 어느 날 손님이 식고 향이 없는 커피가 맛이 없다고 불평하자 커피를 추출한 튜브(비카,Bica)를 그대로 들고 가 잔에 따라줬고 이후 '비카'라고 불렀다.

Sightseeing ★☆☆

5

## 에스트렐라 바실리카 & 공원 Basílica da Estrela

마리아 1세는 예수에게 후계자를 낳을 수 있게 해 준다면 성도만을 위한 성당을 짓겠다고 약속했다. 그녀에게 응답해 준 예수를 위해 지은 것이 예수 성심의 성당, 즉 에스트렐라 바실리카다. 신고전주의 종탑 2개와 로코코 돔에 올라 전망할 수 있다. 내부에는 브라간사 왕가 무덤 중 유일하게 판테온에 잠들지 않은 마리아 1세 무덤이 있다. 그녀는 포르투갈 첫 번째 여왕이며 많은 업적으로 국민에게 사랑받았다. 무덤 옆 격자창 아래 문을 지나면 세계에서 가장 큰 테라코타 작품을 만난다. 포르투갈 대표 조각가, 마차도 지 카스트로 작품으로 구유를 배경으로 500여 개 조각상이 예수 탄생 장면을 세밀하고 웅장하게 표현하고 있다.
바실리카 맞은편은 한 남작이 땅을 기부해 만든 시민 공원이다. 이국적인 나무와 연못, 전망대, 중국식 정자, 야외 음악당, 카페가 있다.

주소 Praça da Estrela
위치 트램 25, 28번 이용
운영 **바실리카**
08:00~13:00, 15:00~20:00
**공원** 07:00~24:00
전화 213-960-915

Sightseeing ★★☆

6

## 국립 고대 미술관 Museu Nacional de Arte Antiga

국립 고대 미술관은 이름 그대로 고대의 회화, 조각, 도자기 등 예술품을 보관하고 있는 국립 미술관이다. 대항해시대 당시 아프리카, 아메리카, 아시아와 교류한 덕에 풍부한 작품들을 만날 수 있다. 히에로니무스 보슈Hieronymus Bosch의 〈성 안토니우스의 유혹Temptation of St. Anthony〉과 알브레히트 뒤러Albrecht Dürer의 〈성 제로니무스St. Jerome〉가 유명하다. 가장 유명한 작품은 누노 곤사우베스Nuno Gonçalves의 〈상 비센테의 패널화Panels of São Vicente〉다.

주소 Rua das Janelas Verdes
위치 카몽이스 광장에서 도보 26분 또는 트램 25번 이용 16분
운영 화~일 10:00~18:00
**휴무** 월요일, 1/1, 부활절, 5/1, 12/24~25
요금 성인 €6, 학생 €3
(리스보아 카드 소지 시 무료)
전화 213-912-800
홈피 www.museudearteantiga.pt

Sightseeing ★★☆

7

## 핑크 스트리트 Pink Street

시아두 지역 강변에 있는 카이스 두 소드레Cais do Sodré는 오랫동안 항구로 역할을 해왔다. 바다 위 치열한 시간을 보낸 선원들은 뭍으로 돌아와 시아두 골목 품에 안겼다. 카르발류 골목Rua Nova do Carvalho은 선술집과 도박장, 매음굴이 있어 가장 인기가 많았다. 범죄와 매춘으로 피폐해진 홍등가는 2011년 완전히 모습을 바꾼다. 트렌디한 카페와 레스토랑으로 리스본의 나이트 라이프를 책임진다. 현지인과 여행자에게 인기있는 펜상 아모르Pensão Amor는 옛 매음굴에서 카페로 재탄생했다. 고전적인 내부에 키치한 포인트로 놀라는 곳이다. 핑크 스트리트에선 인스타그래머블한 인생 사진을 찍기에 좋다. 바닥에는 카펫처럼 분홍색 페인트를 칠하고 골목 하늘은 성평등을 상징하는 무지개색 우산으로 활기를 더한다.

주소 Rua Nova do Carvalho

Sightseeing ★★★

8

## 타임아웃 마켓 Timeout Market

1892년 생긴 건물은 카이스 두 소드레 부두 인근에 있는 히베이라 시장Mercado da Ribeira이다. 100년이 넘는 역사를 자랑하지만 2000년대에 들어 대형마트에 기능을 내주며 어려움을 겪었다. 2014년 타임아웃 잡지 회사가 인수해 시장 재건을 위해 프로젝트를 진행했고 타임아웃 마켓을 만들었다.

오리엔탈 돔 입구로 들어서면 철제와 유리로 된 거대한 박스형 공간이 나온다. 반은 재래시장, 반은 핫한 식당이 모여 있는 푸드 코트다. 푸드 홀은 포르투갈 유명 레스토랑 28곳, 카페 8곳, 상점 12곳이 각축을 벌인다. 미슐랭 레스토랑부터 포르투갈 전통 식당, 디저트까지 한 번에 해결하자. 2층은 공연과 콘서트를 여는 행사장이다. 마켓 중앙에 있는 테이블에 자리가 없다면 입구 계단을 올라 2층에 올라가 보자. 마켓 구경하며 먹을 수 있는 테이블이 있다.

주소 Avenida 24 de Julho 49　　위치 카이스 두 소드레 역에서 도보 3분

운영 재래시장 06:00~14:00 푸드마켓 19:00~24:00

전화 210-607-403

more more &

### 아주 주관적인 추천 레스토랑

① **미구엘 카스트로 실바**Miguel Castro e Silva :
포르투갈 전통 음식. 바칼라우 요리 추천

② **타르타리아**Tartaria :
미슐랭 2스타 빌라 조야Vila Joya 식당 분점. 참치/아시안 타르타르 추천

③ **엔리케와 페소아**Henrique Sá Pessoa :
미슐랭 쉐프 2명이 운영하는 푸드코너. 돼지고기 샌드위치

Sightseeing ★★☆

9

## 엘엑스 팩토리 LX Factory

시아두와 벨렝 지구 사이에 있는 알칸다라는 산업지대다. 기계음이 뒤섞인 이곳에 2008년 알음알음 현지인과 여행객들이 찾아오기 시작했다. 복합 문화공간 LX Factory를 즐기려는 사람들이다. 1846년 지어진 방직공장Companhia de Fiação e Tecidos Lisbonense을 개조하고 식품 가공회사와 인쇄소를 사들여 확장했다. 단조로운 구조와 인더스트리얼 디자인을 그대로 살려 과거를 보존하고 스트릿 아트로 새로운 공간을 창조했다. 힙한 레스토랑과 카페, 콘셉트 스토어 등 문화 공간이 생겨났다. 포르투갈 사람들은 이곳에서 커뮤니티를 형성하고 전에 없던 재미가 생겼다. 예술과 건축, 멀티미디어, 패션, 음악 등 다양한 이벤트로 활기를 불어넣었다. 일요일에는 마켓이 열리니 참고하자.
가장 인기 있는 장소는 레르 데바가르 서점Livraria Ler Devagar이다. 오래된 인쇄공장이 서점으로 변모했다. 책을 읽거나 커피를 마시고 이야기를 나눈다. 2층 깊이 들어가면 LP 가게가 있다. 보물찾기처럼 희귀 음반을 찾는 손님도 많다. 감각적인 내부에서 인생 사진은 덤이다.

주소 Rua Rodrigues de Faria 103
위치 15E 트램/버스 이용 칼바리우(Calvário) 하차 후 도보 2분
운영 09:00~22:30 (가게마다 상이)
홈피 lxfactory.com

### more & more 정크 아티스트, 아르투르 보르달루 Artur Bordalo II

1987년 리스본에서 태어난 작가는 할아버지Real Bordalo를 존경해 보르달루 2세로 활동하고 있다. 환경에 관심이 많은 그는 정크 아티스트다. 플라스틱과 타이어, 각종 폐기물로 멸종 위기 동물을 만든다. 인간이 버린 쓰레기가 동물에게 미치는 영향력과 경각심을 높이기 위해서다. 2012년부터 쓰레기 60톤 이상을 이용해 23개 나라에 약 200개 작품을 제작했다. LX Factory에 있는 작품은 꿀벌이다. 제로니무스 수도원 인근 벨렝 문화센터에도 그의 작품, 너구리가 있다. 보르달루 팬이라면 첫 작품 중 하나인 GeckoPátio da Cabrinha 2와 알칸타라 테라Alcatara Terra 역 앞에 있는 물고기들부터 차근차근 둘러보자.

# 벨렘 지구
## Belém

벨렘은 대항해시대의 영광을 고스란히 보여 준다. 세상의 끝에 대한 두려움에도 바다로 향하고 폭풍에 배가 난파되어도 다시 출발했다. 끝없는 시도 끝에 바스쿠 다 가마는 인도 항로를 발견했고 마젤란은 지구가 둥글다는 것을 증명했다. 많은 사람들이 항해를 시작하고 희귀한 물건들이 포르투갈로 들어왔다. 부유한 나라는 예술로 꽃피었다. 제로니무스 수도원에는 무사 귀환을 바라는 간절한 기도가 남아 있고 발견 기념비에는 용기가 새겨져 있다. 벨렘 탑은 리스본 사람들을 지켰으며 그들은 벨렘 궁전에 부를 남겼다. 리스본에서 가장 기념비적인 곳, 벨렘 지구로 떠나 보자.

Sightseeing ★★★

❶

# 제로니무스 수도원 Mosteiro dos Jerónimos

1415년 모로코 세우타를 정복한 뒤 '항해 왕자' 엔리케는 해양 탐사에 몰입했다. 그리스도 기사단장인 그는 단원을 이끌며 해양 탐사를 나섰는데 이들을 지원하기 위한 산타 마리아 성당을 지었다. 바스코 다 가마가 인도 원정을 나서기 전 이곳 성소에서 밤새 원정대의 안녕과 성공을 빌기도 했다. 1496년 마누엘 1세는 즉위한 지 1년 만에 로마 교황청에 수도원 건립 허가를 요청했다. 산타 마리아 성당이 낡기도 했지만, 자신에 이어 아비스 왕조가 계속 통치하기를 바라며 왕가 무덤으로 쓸 생각이었다. 1497년 바스코 다 가마가 출정하고 2년 뒤 인도항로 개척에 성공해 후추와 향신료를 가지고 귀환했다. 인도항로를 통해 아프리카와 동방에서 들어오는 물품은 5% 세금을 받았는데 환산하면 1년에 황금 약 70kg에 해당하는 액수다. 1502년 해상 권력을 중시한 왕은 풍부한 자금을 바탕으로 성당 옆에 제로니무스 수도원을 지었다. 왕가의 영원한 안식과 탐험가들의 심리적 위안을 주기 위해서였다. 길이 300m, 석회석으로 만들어 사제의 로만 칼라처럼 새하얗다. 완공까지 100년이 걸린 수도원은 '대항해시대 상징', '마누엘 양식으로 된 걸작', '유네스코 세계문화유산', '탐험가들의 안식처'로 표현된다.

주소 Praça do Império
위치 코메르시우 광장에서 트램 이용 25분
운영 **5~9월** 09:30~18:00
**10~4월** 10:00~17:30
**휴무 수도원** 월요일, 1/1, 부활절, 5/1, 6/13, 12/25
요금 성인 €10, 학생 €5
수도원+벨렝 탑 통합 입장 €12
(리스보아 카드 소지 시 무료)
전화 213-620-034
홈피 www.mosteirojeronimos.pt

**Tip**

리스본 필수 여행지인 수도원은 대기줄이 긴 편이다. 리스보아 카드가 있으면 전용 패스트 트랙으로 조금 빨리 입장할 수 있으니 참고하자. 대기할 때 차양을 위한 모자나 양산, 물을 준비하면 좋다.

**남문 Portal Sul**

성당 남문은 수도원에서 가장 많은 스포트라이트를 받는다. 높이 32m, 폭 12m로 건축가 주앙 지 카스티요Joao de Castilho가 설계했다. 화려한 마누엘 양식과 레이스처럼 섬세한 조각이 특징이다. 유대 신비주의 카발라에 나오는 생명의 나무를 바탕으로 인물을 배치했다. 최상단 중앙에 대천사 미카엘이 있고 그 아래 성모마리아가 아기 예수를 안고 있다. 주변은 선지자들이 둘러싸고 하단에 엔리케 왕자를 비롯한 인간계를 표현하고 있다. 문 위 반원형 부조에는 아비스 왕조 문장이 있고 양 갈래에 성 제로니무스 일생 중 두 장면이 있다. 왼쪽은 성인이 사막에서 고행하던 중 사자 발에 있는 가시를 빼주는 장면, 오른쪽은 예수의 수난상 앞에 무릎을 꿇고 가슴을 치는 성인이다.

**산타 마리아 성당 Igreja de Santa Maria de Belém**

바스쿠 다 가마와 항해사들이 인도로 떠나기 전날 안식을 누렸던 곳이기에 더욱 의미가 있다. 성당을 받치고 있는 6개 기둥은 마치 나무가 가지를 뻗은 듯하다. 꽃과 덩굴, 열매로 장식해 생명력마저 느껴진다. 기둥과 연결된 지붕은 갈래가 많은, 즉 지지대가 많은 늑재 궁륭이다.

**제단 Altar**

본 예배당에는 예수 그리스도의 수난과 동방박사가 경배하는 제단화가 있다. 예배당은 왕실 무덤으로 사용하는데 마누엘 1세와 마리아 여왕, 주앙 3세와 카타리나 여왕의 석관이 있다. 맞은 편 2층 공간은 성가대석으로 십자가에 못 박힌 그리스도상이 있다. 이곳에서 성당 전체를 조망하기 좋다.

**바스쿠 다 가마 석관 Túmulo de Vasco da Gama**

바스쿠 다 가마가 인도를 개척한 지 400주년 되던 해인 1894년에 왕실 무덤으로 사용하던 성당에 대항해시대 위인의 무덤을 놓았다. 십자가와 선박, 혼천의 부조가 있는 석관은 인도항로를 개척한 바스쿠 다 가마 무덤이다.

**more more & 제로니무스 수도원 둘러보기**

제로니무스 수도원을 바라보면 산타 마리아 벨렝 성당Igreja de Santa Maria de Belém과 옛 수도사 생활관Antigo Dormitorio 건물로 나뉜다. 수도원은 성당 뒤로 가려져 있다. 포르투갈 첫 르네상스 작품으로 알려진 서문이 입구다. 오른쪽은 성당, 왼쪽은 생활관이다. 생활관은 현재 고고학 박물관과 해양 박물관으로 활용되고 있다.

### 카몽이스 석관 Túmulo de Luís de Camões

월계관과 악기, 펜이 새겨진 석관은 시인 카몽이스 무덤이다. 제로니무스 성인을 상징하는 사자가 바스쿠 다 가마와 카몽이스 석관을 받치고 있다. 시인의 유골 진위에 대해선 소문이 많다. 1800년대 무덤을 옮기며 확인한 결과 카몽이스의 유골로 알려졌으나 어느 부분인지 밝히지 않으면서 소문은 이어지고 있다.

### 성물 안치소 Sacristia

성당 내부와 남문을 만든 주앙 지 카스티요가 설계했다. 예배당을 축소한 듯 자연주의 상징들로 꾸민 기둥과 궁륭을 가까이 볼 수 있다. 벽면에는 제로니무스 성인의 삶을 그린 유화 14점이 전시되어 있다.

### 수도원 회랑 Claustro

마누엘 양식을 잘 표현한 회랑은 수도원의 하이라이트다. 마누엘 1세의 이름을 딴 이 양식은 동물과 식물, 로프, 산호 등 자연에서 모티브를 얻었다. 회랑을 따라 이어진 12개 문은 선원과 순례자들이 참회했던 고해 성소다. 2개는 Senhor dos Passos 예배당에 포함되어 10개 문만 보인다. 한 변이 55m로 된 정사각형 광장은 다시 모서리가 연결되어 있어 안정감을 준다.

### 페르난두 페소아의 무덤 túmulo de Fernando Pessoa

회랑 1층 북쪽에 포르투갈이 사랑한 시인 페르난두 페소아의 무덤이 있다. 기념비에는 그의 이명(異名)으로 쓴 명언들이 새겨져 있다.

Sightseeing ★★☆

❷

## 해군 박물관 Museu da Marinha

해양왕 엔리케의 동상을 시작으로 대항해시대의 배 모형과 조각품, 인도와 아시아, 극동 지역의 기념품, 생활용품, 지도 등이 전시되어 있다. 해군의 제복과 최초로 대서양을 횡단한 '산타 크루즈' 수상비행기도 유명하다. 18세기에 마리아 1세를 위해 만든 아멜리아Amelia호는 꼭 놓치지 말자. 독일의 카이저 빌헬름 2세와 영국의 엘리자베스 2세도 승선했을 만큼 화려하고 아름답다. 박물관 내부에 있는 여왕의 선실은 아멜리아호에 있던 선실을 재구성해 놓은 것이다.

| | |
|---|---|
| 주소 | Praça do Império |
| 위치 | 제로니무스 수도원에서 도보 1분 |
| 운영 | 5~9월 10:00~18:00<br>10~4월 10:00~17:00 **휴무** 월요일 |
| 요금 | 성인 €6.5, 학생 €3.25<br>(리스보아 카드 소지 시 할인) |

항해왕자 엔리케와 대항해시대 지도

**Tip 해양 박물관 주요 전시물**

① **휴대용 제단** 오크 나무로 만든 휴대용 제단으로 15세기 후반 가브리엘 호에서부터 사용되었다.

② **'성 가브리엘' 카라벨선 모형** 삼각돛을 이용해 항해하는 배로 13세기에는 어업용으로 쓰이다가 15세기부터 아프리카 탐험에 사용되기 시작했다.

③ **바스쿠 다 가마 함대의 뱃머리** 대천사 라파엘이 장식되어 있다. 1849년, 리우 데 자네이루에서 폭풍에 손상된 바스쿠 다 가마 함대를 증기선을 이용해 옮겨 왔다.

④ **여왕의 선실** 아멜리아 호에 있던 여왕이 사용하던 선실이다. 오밀조밀 꾸몄지만 필요한 물품은 다 있다. 가운데 쇼파 쿠션을 분리하면 목욕탕이 된다.

### more more & 대항해시대, 미국에서 발견된 포르투갈인 낙서 Réplica da Pedra de Dighton

1680년 미국 메사추세츠 주 버클리 마을 강가에 사암이 발견되었다. 한 면에 암각이 있는 돌이었다. 비문에는 "MIGUEL CORTE REAL v[oluntate] DEI hic DUX IND[iorum] 1511"라고 적혀있다. 1511년 포르투갈인 미구엘 코르테 레알이 돌에 쓴 낙서다. 1501년 항해사 가스파 코르테 레알Gaspar Corte Real은 해양 항로 개척을 위해 아조레스 제도로 나갔지만 돌아오지 않았다. 1502년 5월 미구엘은 배 3척으로 원정대를 꾸려 수색에 나섰으나 그도 돌아오지 않았다. 178년 뒤 그의 이름과 포르투갈 항해 상징인 정방형 그리스도 십자가 낙서가 미국에서 발견되어 신대륙 역사의 한 페이지를 장식했다. 복제품이 해군 박물관 광장 앞에 전시되어 있으니 함께 둘러보자.

Sightseeing ★☆☆

3

## 고고학 박물관 Museu Nacional de Arqueologia

옛 수도사 생활관Antigo Dormitorio 건물은 고고학 박물관이다. 제로니무스 수도원 건너에 있다. 박물관은 1893년 유명한 포르투갈 고고학자 레이치 바르콘셀로스Leite de Vasconcelos가 주도해 만들었다. 약 3,200개 고고학 유적을 가지고 있으며 1930년부터 시작된 고고학 발굴 작업으로 찾은 유물이 대부분이다. 철기시대 장식과 금세공, 무어인 유물과 장례 유물을 전시해 포르투갈 고대 역사를 찬찬히 짚어볼 수 있다. 특히 로만 모자이크와 조각품이 인상적이다.

주소 Praca do Imperio
위치 제로니무스 수도원에서 도보 1분
운영 화~일 10:00~18:00 **휴무** 월요일
요금 성인 €5, 학생 €2.5
(리스보아 카드 소지 시 무료),
고고학 박물관 + 제로니무스 수도원
통합권 €12
홈피 www.museuarqueologia.pt

라틴어를 사용하는
루스타니아인의 암석 비문

포르투갈 조상으로 알려진
이베리아 반도 중서부 루시타니아
사람 석상이다

로마시대에 만든 미노타우르스
모자이크

신에게 술을 바칠 때 쓰던
그릇의 바닥 장식

Sightseeing ★☆☆

4

## 바스쿠 다 가마 정원 Jardim Vasco da Gama

태국식 정자, 살라

미노루 니이즈마
Minoru Niizuma
〈눈의 성 Castle
of the Eye〉

아폰수 알부케르크 정원

벨렝 지구가 가진 방대한 역사와 여행지를 둘러보다 보면 지치기 마련이다. 파스테이스 지 벨렝(p.130)에서 나타를 사서 바로 앞 공원에서 쉬어보자. 제로니무스 수도원과 마차 박물관, 발견기념비가 인근에 있다. 조경 건축가에 의해 만들어진 공원은 오렌지 나무로 둘러싸여 있다. 중앙에는 잔디 광장과 놀이터가 있어 가볍게 소풍을 즐기기 좋다. 태국식 정자, 살라Sala는 포르투갈과 태국 간 수교 500년을 기념해 태국 왕실에서 선물했다. 500년 전 포르투갈 항해사들이 밟아온 항로를 따라 배를 타고 도착했다. 정원이 붐빈다면 바로 옆 아폰수 알부케르크 정원Jardim Afonso de Albuquerque에서 쉬어도 좋다. 중앙에 20m 높이 기념비는 대항해시대에 포르투갈을 부국으로 만든 인도 식민지에 총독 아폰수 지 알부케르크 동상이다.

주소 Rua Vieira Portuense, 1300
위치 제로니무스 수도원에서 도보 2분

Sightseeing ★★☆

**5**

# 아트 건축 테크놀로지 미술관 MAAT

예술과 건축, 과학을 아우르는 미술관Museum of Art, Architecture and Technology을 말한다. maat는 대서양을 횡단하다가 연안에 들어선 고래처럼, 혹은 야트막한 구릉인 듯 자리한다. 영국 건축사 AL_A의 아마다 리베트Amanda Levete가 자연과 인간의 조화를 바탕으로 설계했다. 축구장 5배 크기인 건물에 1만 5천여 개 타일을 붙여 빛이 나는 조약돌 같기도 하다. 해가 뜨고 질 때는 황금빛으로 물들어서 또 하나의 태양을 만든다.

미술관 앞 광장은 포르투갈 전통 보도인 칼사다 포르투게사를 응용했다. 보도 중앙에 1999년 북미 예술가 로렌스 와이너Lawrence Weiner가 주철로 새긴 작품, 〈빛의 양쪽에 배치〉가 있다. 작품명 'Places on Each Side of the Light'가 각각 영어와 포르투갈어로 새겨져 있다. 바지선이 정박하던 오래된 부두 앞에도 영구 전시 작품이 있다. 페드로 카브리타 레이스Pedro Cabrita Reis가 만든 설치미술이다. 밤에 네온 조명이 켜져 오묘한 분위기를 만든다. 미술관 내 상설 전시는 없다.

붉은 벽돌로 된 건물은 20세기 초중반 에너지를 담당했던 화력발전소 '테주 센트럴 Tejo Central'다. 포르투갈 에너지 회사인 EDP 재단은 그을음이 숱한 산업 유산을 전기 박물관으로 재탄생시켰다. 20세기 산업 건축의 대표적인 예로 아르누보와 고전주의를 담은 외관이 인상적이다. 내부에는 발전소 터빈과 부속 기계가 사용하던 모습 그대로 남아있다.

주소 Avenida Brasília
위치 제로니무스 수도원에서 15E 이용 10분, 발견기념비에서 도보 15분
운영 10:00~19:00 **휴무** 화요일
요금 €9 (maat + Central) 학생 €6
전화 210-028-130
요금 누리집 maat.pt

Sightseeing ★★☆

**6**

## 마차 박물관 Museu Nacional dos Coches

포르투갈 마지막 왕비인 아멜리아는 1905년 왕실 승마학교를 개조해 마차 박물관을 만들었다. 16세기 후반부터 19세기 중반까지 포르투갈뿐 아니라 유럽 왕실과 귀족이 쓰던 마차를 모았다. 오늘날 디자인과 기술력을 따져 차량을 사는 것처럼 왕족과 귀족들은 부와 권력의 상징으로 호화로운 디자인을 선호했다. 고급 목재에 그려진 금빛 문양과 정교한 조각 장식이 아름답다. 특히 영국 엘리자베스 2세가 포르투갈에 방문했을 때 탄 마차와 교황 클레멘트 11세 마차가 유명하다.

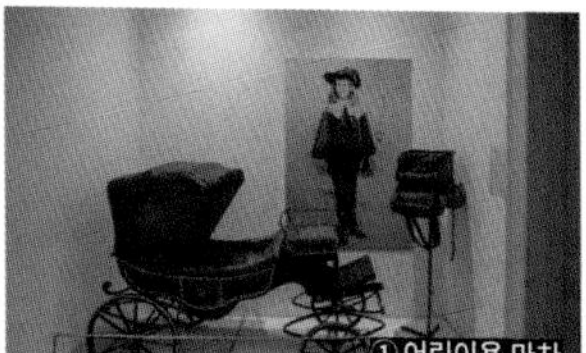

① 어린이용 마차

② 교황 클레멘트 11세 마차 Pope Clement XI Embassy Coach Lisboa

③ 엘리자베스 2세 마차Crown Carriage

주소 Praça Afonso de Albuquerque
위치 제로니무스 수도원에서 도보 9분
운영 화~일 10:00~18:00 ※ 폐관 30분 전까지 입장 가능
**휴무** 월요일, 1/1, 부활절, 5/1, 12/25
요금 구관 €4, 신관 €8(리스보아 카드 소지 시 무료)
전화 213-610-850 홈피 www.museudoscoches.pt

**Tip 주요 전시 마차**

① 아이의 산책을 위한 마차로 궁전 정원에서 사용했다.
② 리스본의 부유와 영광을 나타낸다.
③ 주앙 6세가 런던에 있을 때 만들었다. 엘리자베스 2세가 포르투갈에 방문했을 때 마지막으로 사용하였다.

Sightseeing ★☆☆

**7**

## 벨렘 궁전 Palácio de Belém

공식적인 현 포르투갈 대통령 관저다. 16세기에 지어져 수십 년 동안만 왕궁으로 사용되었다. 19세기 후반 개조되어 1911년 공화국 소유가 되었다. 대통령이 궁전에 머물 때는 국가 문장이 새겨진 초록색 깃발을 걸어 놓는다. 실제 대통령이 머무는 궁전이라 토요일만 가이드 투어를 통해 방문할 수 있다. 내부 아줄레주와 상들리에가 인상적이다. 18세기 후반 마리아 1세가 만든 정원과 2002년 포르투갈 대표 현대 예술가 파울라 레구Paula Rego의 그림이 있는 예배당도 있다. 대통령 박물관에는 국기와 역대 대통령 초상화, 세계 지도자들로부터 받은 선물들이 볼 만하다.

주소 Praça Afonso de Albuquerque, Belém Lisboa
위치 제로니무스 수도원에서 도보 5분
운영 **궁전** 가이드 투어 토 10:30, 11:30, 14:30, 15:30, 16:30
**박물관** 화~일 10:00~18:00 **휴무 궁전** 일~금요일 **박물관** 월요일
요금 **궁전 + 박물관** €5, **박물관** €2.5 홈피 **궁전** www.museu.presidencia.pt

Sightseeing ★★★

8

# 아주다 궁전 & 아주다 보타닉 정원

Palácio Nacional da Ajuda & Jardim Botânico da Ajuda

포르투갈에서 베르사유 궁전처럼 호화로운 사치를 만나고 싶다면 아주다 궁전으로 가 보자. 이곳에서 브라간사 왕조의 화려한 생활을 만날 수 있다.

16세기 한 목자가 동굴에서 성모 마리아의 이미지를 발견했고 그 자리에 성모 마리아의 예배당을 지어 아주다(포르투갈어로 '도움을 주는 사람'이라는 뜻)라고 불렀다. 18세기 주앙 5세는 그곳에 여름 궁전을 새로 지었으나 1755년 리스본 대지진 이후 호세 1세는 현재의 아주다 궁전으로 거처를 옮겼다. 1794년 심각한 화재가 발생했지만, 1795년 바로크와 신고전주의 양식으로 다시 짓기 시작한다. 하지만 금융, 정치적 문제 그리고 프랑스 나폴레옹 군대의 침공으로 왕궁 건설은 미완성으로 남았다. 그래서 궁전의 뒤쪽에는 다듬어지지 않은 벽이 남아 있다. 궁전에 생기를 불어넣어 준 건 동 루이스 1세와 사보이의 공주 마리아 피아다. 겨울 가든, 도자기의 방, 응접실, 중국의 방 등 모두 그녀의 작품이다.

왕궁의 뒤로 이어진 길을 따라 내려가면 아주다 보타닉 정원이 나온다. 아주다 궁전의 일부로 포르투갈에서 가장 오래된 식물원이다. 약 5,000종의 식물이 있으며 1808년 나폴레옹이 1,500여 종을 표본화해서 파리로 가지고 갔다. 오래된 나무와 바로크 양식의 분수, 그리고 벨렝 지구와 테주 강이 내려다보이는 전망이 좋다.

주소 Largo da Ajuda

위치 제로니무스 수도원에서 도보 20분 또는 버스 10분

운영 **궁전** 목~화 10:00~18:00
**정원** 4~10월 10:00~17:00
(주말 10:00~18:00)
5~9월 10:00~18:00
(주말 09:00~20:00)
11~3월 10:00~17:00

**휴무** **궁전** 수요일, 1/1, 부활절, 5/1, 12/25
**정원** 12/25~1/1

요금 **궁전** 성인 €5, 학생 €2.5
(리스보아 카드 소지 시 무료)
**정원** 성인 €2, 학생 €1

전화 213-637-095

홈피 **궁전** www.palacioajuda.pt
**정원** www.jardimbotanicodajuda.com

more more &

### 영국의 애프터눈 티 문화가 포르투갈에서 왔다?

포르투갈 공주 카타리나는 영국의 찰스 2세와 혼인 협정을 하고 어마어마한 지참금을 가지고 영국에 갔다. 지참금에는 인도의 뭄바이 섬, 아프리카의 탕헤르 등 각종 무역 특혜와 금전이 포함되어 있었다. 영국에 도착한 카타리나는 차 한 잔을 부탁했으나 영국에는 차가 없었다. 안타까웠던 여왕은 애프터눈 티를 소개했고 음주에 속이 아프던 영국인들은 매우 반겼다. 또한 그녀는 포르투갈 사람들이 인도의 발렌시아 오렌지를 수입해서 만든 마멀레이드, 탕헤르 오렌지인 탠저린을 스페인에 전파하기도 했다.

Sightseeing ★★★

9

## 발견 기념비 Padrão dos Descobrimentos

"가자, 더 넓은 세상으로" 마치 뱃머리에 선 엔리케 왕이 용감하게 외치고 있는 것 같다. 타구스 강 연안에 위치한 발견 기념비는 1960년, 해양왕 엔리케의 사후 500주년을 기념해 만들었다. 대항해시대의 대표적인 상징 중 하나다. 탑 정면에 보이는 칼은 항해왕자 엔리케 아버지 주앙1세의 칼이다.

내부에는 전시관과 전망대로 오를 수 있는 엘리베이터가 있다. 전망대는 별도의 요금을 지불해야 한다. 광장에는 검은색과 빨간색 인조 석회암으로 장식한 '바람의 장미' 즉, 나침반이 있다. 직경 50m의 커다란 나침반 안에는 세계지도와 항해 경로 등을 표시해 놓았다. 여행자들은 세계지도에 위치한 자신들의 나라에 발을 딛고 사진을 찍는다.

| | |
|---|---|
| 주소 | Av. de Brasilia |
| 위치 | 벨렝 탑에서 도보 11분 |
| 운영 | **3~9월** 10:00~19:00<br>**10~2월** 화~일 10:00~18:00<br>**휴무 10~2월** 월요일, 1/1, 5/1, 12/25 |
| 요금 | **전망대 + 전시** €6, **전시** €3<br>(리스보아 카드 소지 시 할인) |
| 전화 | 213-031-950 |
| 홈피 | www.padraodosdescobrimentos.pt |

## more more & 어쩐지 궁금해? 대항해시대, 이 사람은 알고 가자!

1. **인판테 동 페드루**Infante D.Pedro 주앙 1세와 필리파 여왕의 둘째 아들이자 해양왕 엔리케의 형이다.
2. **필리파 렝카스트 여왕**D. Filipa de Lencastre 동 엔리케와 동 페드루의 어머니로 탐험대의 유일한 여자 승선원이다.
3. **루이스 카몽이스**Luiz Vaz de Camoes 포르투갈의 대표 시인으로 우리에겐 카보 다 호카의 석비에 남긴 글로 유명하다. “여기 육지가 끝나고 바다가 시작된다.” 그는 초상화에서 항상 오른쪽 눈을 감고 있다. 무어인과의 전투에서 오른쪽 눈을 잃었기 때문이다. 이 탐험대와 함께하며 남긴 대서사시 「우스 루지아다스」가 유명하다.
4. **누노 곤사우베스**Nuno Gonçalves 화가. 그의 손에는 팔레트가 들려 있다.
5. **페드루 누네스**Pedro Nunes 지도 제작자. 그의 손에는 혼천의가 들려 있다.
6. **질 이아네스**Gil Eanes 서북 아프리카 개척의 첫 성과를 낸 탐험가로 서사하라 중간에 있는 보자도르 곶을 발견했다.
7. **주앙 곤사우베스 자르코**João Gonçalves Zarco 마데이라를 발견한 탐험가다.
8. **인판테 동 페르난두**Infante D. Fernando 주앙 1세의 막내아들이며 무어인에게 포로로 잡혀갔다가 모로코에서 죽음을 당했다.
9. **인판테 동 엔리케**Infante D. Henrique 항해왕 엔리케로 불리며 대항해시대의 시초를 다졌다. 해양 학교와 선박업 등 모든 기초를 다져 놓았고 대서양과 아프리카 개척을 이루었다. 해양 강국 포르투갈은 엔리케의 손에서 시작되었다. 그의 손에는 자신이 개발한 쾌속선, 카라벨 범선을 들려 있다.
10. **동 아폰수 5세**D. Afonso V 포르투갈의 왕이었고 엔리케를 지지하며 그의 탐험에 도움을 주었다.
11. **바스쿠 다 가마**Vasco da Gama 아프리카 남부를 지나 인도항로를 개척한 탐험가다. 70년이 넘도록 항해하며 이루어 낸 쾌거다. 인도와의 향신료 무역은 포르투갈을 부유하게 만들었다.
12. **페드루 알바레스 카브랄**Pedro Álvares Cabral 브라질을 발견한 탐험가다.
13. **페르디난트 마젤란**Ferdinand Magellan 처음으로 지구를 한 바퀴 돈 탐험가다. 마젤란 해협을 발견하였다.
14. **바르톨로뮤 디아스**Bartolomeu Dias 아프리카의 최남단 ‘희망봉’을 발견한 탐험가다. 희망봉의 발견이 인도항로 개척을 위한 발판이 되었기에 매우 중요한 발견이었다.

Sightseeing ★★★

⑩

# 벨렘 탑 Torre de Belém

테주 강 하구에 위치한 벨렘 탑은 리스본을 보호하기 위한 요새였다. 1층은 정치범 수용소, 2층은 포대, 3층은 망루와 세관으로 사용했다. 주앙 2세는 카스카이스와 벨렘 탑, 맞은편에 상 세바스티앙 탑을 설치하여 리스본을 방어했다. 하지만 19세기에 들어서 전쟁의 위험에서 벗어나자 용도를 잃었다. 이후 세관, 우체국, 전신국, 등대 등으로 다양하게 활용되었다. 1983년 대항해시대 탐험대의 출발 지점이기도 했다. 이러한 역사적 배경과 화려한 마누엘 양식을 바탕으로 유네스코 세계문화유산으로 지정되었다.
드레스를 입은 귀부인처럼 보인다고 하여 '테주 강의 귀부인'으로 불린다. 낮에는 고상하고 기품 있는 모습이지만 밤에는 고혹적인 자태로 변해 사람들의 마음을 사로잡는다. 마성의 매력을 가진 그녀를 만나러 가 보자.

| | |
|---|---|
| 주소 | Av. da India |
| 위치 | 제로니무스 수도원에서 도보 14분<br>또는 트램 15번 이용 |
| 운영 | **5~9월** 화~일 10:00~18:30<br>**10~4월** 화~일 10:00~17:30<br>※ 폐관 30분 전까지 입장 가능<br>**휴무** 월요일, 1/1, 부활절, 5/1, 12/25 |
| 요금 | 성인 €6, 학생 €3<br>수도원 + 벨렘 탑 €12<br>(리스보아 카드 소지 시 무료) |
| 전화 | 213-620-034 |
| 홈피 | www.torrebelem.pt |

② 지하 감옥

① 대포

## & 벨렝 탑 코스별 포인트

도개교를 지나 벨렝 탑 안으로 들어서면 17개의 ① 대포가 있는 보루에 들어선다. 아래로 연결된 계단은 ② 지하 감옥이고 위로 연결된 계단은 탑과 전망대로 이어진다. 전망대에는 ③ 마누엘 양식으로 지은 남쪽 외관과 가장자리에 있는 ④ 포탑, ⑤ 회랑을 구경할 수 있다. 회랑의 정면에는 예수를 안고 있는 ⑥ 성모 마리아상이 있다. 탑의 위층으로 올라가려면 신호를 기다려야 한다. 계단은 한 사람이 오르내리기도 비좁기 때문이다. 첫 번째로 만나는 방은 ⑦ 총독의 방이다. 방과 연결된 포대에서 볼 수 있는 ⑧ 코뿔소 조각은 놓치지 말아야 한다. 그 위로 ⑨ 왕의 방, 접견실, ⑩ 예배당, ⑪ 탑의 정상이 나온다. 밖으로 나와 북벽의 모서리 중앙을 보면 천사 미카엘과 상 비센테 성인의 조각이 벨렝 탑을 지키고 있다.

3

4

5

6

8

9

① **대포** 바닥은 중심에서 바깥쪽으로 약간 경사지게 만들었다. 포병의 안전한 위치를 확보하고 강물이 탑 안으로 들어오는 것을 막기 위해서다.

② **지하 감옥** 왕에 대한 충성심을 의심받아 갇힌 작가, 스페인과 협력했다는 종교재판소의 총독이자 주앙 왕의 손자, 스페인과 음모를 꾸민 브라가의 대주교 등 약 100여 명의 정치범을 수용한 곳이다. 허리를 90도로 굽혀서 들어가야 하는 감옥은 만조 때에는 강물에 잠기게 되어 중앙에 있는 직사각형의 구멍으로 숨을 쉬어야 했다.

③ **마누엘 양식** 밧줄, 해조류, 십자가 등의 패턴으로 돌을 조각했다.

④ **포탑** 무어 스타일의 망루로 총을 들고 군사들이 머물던 곳이다.

⑤ **회랑** 중앙의 작은 회랑은 대포가 있는 보루와 연결된다. 대포를 발사했을 때 나는 연기를 배출한다.

⑥ **성모 마리아상** 선원들의 안전한 귀가를 염원하는 조각이다. 왼손에 들고 있는 포도는 성체성사(천주교 미사 시 예수의 피를 뜻하는 포도주를 마시는 것)를 상징한다.

⑦ **총독의 방**Governor's Room 총독이 업무를 보던 곳으로 천장이 둥글고 2개의 포탑이 있다. 가운데 팔각형의 우물은 빗물을 모으는 탱크로 사용했다. 전쟁에 대비하기 위해 주지사의 집은 항상 벨렝 탑 근처에 지었다.

⑧ **코뿔소 조각** 1514년, 인도에서 마누엘 1세에게 외교 선물로 코뿔소를 보냈다. 벨렝탑에 내려진 코뿔소를 보고 만든 조각이다. 대영박물관에 전시된 알브레트 뒤러의 판화 작품도 이때 영감을 받았다. 리베이라 궁전에 있는 동물원에 있다가 바티칸 교황 레오 10세에게 선물로 보내졌는데 풍랑을 만나 물에 빠졌다. 후에 시체를 찾아 박제했다.

⑨ **왕의 방**King's Room 베네치아 공법으로 만든 아름다운 발코니는 수비대가 공격을 방어할 때 사용했다.

⑩ **예배당**Chapel 우아한 베네치아 공법으로 만들어졌다. 반원의 벽난로도 함께 있다.

⑪ **탑의 정상**Tower Terrace 벨렝 지구를 360도로 관람할 수 있다. 강 건너편의 상 세바스티앙 탑의 유적을 볼 수 있다. 테주 강으로 적들이 쳐들어오면 양쪽의 탑에서 사력을 다해 적을 물리쳤을 그들 생각에 잠시 경건해진다.

Sightseeing ★★☆

⑪

## 베라르두 박물관 MCB/Museu Coleção Berardo

2007년 6월 벨렝문화센터(CCB, Centro Cultural de Belém)로 문을 열었다. 포르투갈 사업가 조 베라르두Joe Berardo가 미국과 유럽에서 수집한 컬렉션 약 1,000점으로 전시했다. 개관 초기부터 많은 관람객이 모여 지역 사회가 가진 문화적 기갈을 해소한 CCB는 본격적인 현대 미술관으로 자리매김했다. 현대 미술의 거장 앤디 워홀, 마그리트, 잭슨 폴록, 제프 쿤스부터 피카소, 달리, 몬드리안 등 유명 작가 작품 약 4,000점이 전시되어 있다. 대표작품으로는 앤디 워홀 〈Ten-Foot Flowers〉와 〈주디 갈랜드의 초상화Portrait of Judy Garland〉, 로이 리히텐슈타인 〈Interior with Restful Paintings〉 등이 있다. 특히 1,800만 유로 이상 가치가 있는 박물관 최고의 작품, 피카소 〈안락의자에 앉은 여인Femme Assise dans un Fauteuil〉는 놓치지 말자. 2층에는 1900~1960년대, 지하 1층에는 1960~2010년대에 활동한 작가들의 작품을 전시하고 있다.

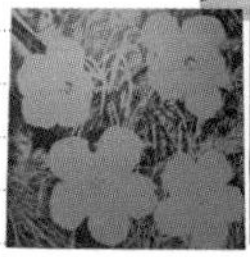

주소 Praça do Imperio
위치 제로니무스 수도원을 나와 분수 정원의 오른쪽에 보이는 흰 건물이다.
운영 10:00~19:00 ※ 폐관 30분 전까지 입장 가능
**12/24 · 31** 10:00~14:30, **1/1** 12:00~19:00 **휴무** 12/25
요금 €5, 토요일 무료
전화 213-612-878 홈피 www.museuberardo.pt

Sightseeing ★☆☆

⑫

## 샹팔리마우드 재단 병원 Champalimaud Foundation

신경과학과 암 분야에서 세계적인 기술력을 보호하고 생의학 연구프로그램을 가진 전문 의학 재단이다. 포르투갈에서 가장 부유한 사람 중 한 명인 안토니우 드 소머 샹팔리마우드가 만들었다. 재단 병원이 여행객들에게 유명해진 건 인도 건축가 찰스 코레아Charles Correa가 설계한 회랑과 야외원형극장 건축Champalimaud Centre for the Unknown 때문이다. 콘크리트로 된 유선형 건물과 로마식 원형극장, 대서양을 향해 만든 인피니티풀까지 관람할 수 있다. 가장 많은 여행객이 방문하는 벨렝지구에서 여유를 즐기고 싶다면 이곳을 추천한다. 테주강을 마주한 카페 겸 레스토랑에서 시간을 보내도 좋다.

주소 Avenida Brasília
위치 벨렝탑에서 도보 4분
운영 08:00~20:00
요금 무료
전화 210-480-200

Plus spot

### 참전용사 기념비
### Monument to the Overseas Combatants

식민지 전쟁에서 숨진 포르투갈 군인 9천여 명을 기억하는 기념비다. 역삼격형 기둥 두 개 사이로 참전용사들의 평안과 평화를 기원하는 영원한 불꽃이 있다.

# 외곽 지역
## Suburbs of Lisboa

리스본의 또 다른 매력을 찾아 외곽으로 나가 보자. 근대사를 간직한 그리스도 기념비와 4월 25일 다리를 찾아 가거나 현대식 건물과 세련된 호텔, 말끔한 정장을 입은 포르투갈의 젊은 세대가 모여 있는 오리엔테 기차역과 쇼핑몰, 바스쿠 다 가마 타워를 둘러보는 것도 좋다.
아이와 함께하는 여행이라면 세치 히우스 터미널 옆에 있는 동물원이나 바다와 밀접한 포르투갈답게 많은 종류의 해양 생물이 있는 오셔나리오(해양 수족관)도 추천한다. 아이뿐만 아니라 어른에게도 충분히 즐거운 추억이 될 것이다.

Sightseeing ★★☆

❶

## 그리스도 기념비 Cristo Rei

테주강 어디서나 보이는 그리스도 기념비 '크리스투 헤이'는 도시를 향해 팔을 벌리고 있다. 그 품에 안겨 있는 리스본은 안도감으로 매일을 살아가는 것 같다.

1940년 파티마에서 열린 회의에서 기념비에 대한 제안이 논의됐다. 제2차 세계대전 때 많은 희생이 따르지 않도록 해 준 그리스도에게 감사하는 기념비였다. 당시 독재정권 통치자 살라자르 총리가 승인하면서 1959년 5월 완공되었다. 브라질 리우데자네이루에 있는 유명한 그리스도상을 모티브로 만들었다. 방향으로 보면 브라질 예수상과 포르투갈 예수상은 서로 마주 보고 있다고 한다. 75미터나 되는 받침대 위는 엘리베이터를 타고 오를 수 있다. 상위 전망대에서 28m나 되는 예수상을 올려 볼 수 있다. 1959년에 만들어진 기념비는 건립 50주년을 맞아 교황 베네딕토 16세가 방문했다.

주소 Av. Cristo Rei 27A
위치 카이스 두 소드레 Cais do Sodré 역에서 페리를 타고 Cacilhas에서 내린 뒤 101번 버스 종점에서 하차
운영 **여름** 월~금 09:30~18:30, 토 · 일 09:30~19:00
**겨울** 09:30~18:15,
**1/1** 10:00~18:15, **12/24** 09:30~13:00,
**12/25** 14:30~18:15
요금 엘리베이터 이용 시 €5.5
전화 212-751-000

포르투갈 성지 파티마에서 가져온 철 십자가

Sightseeing ★☆☆

❷

## 4월 25일 다리 Ponte 25 de Abril

1966년에 완성된 다리는 원래 독재자 '살라자르 다리'였다. 1974년 4월 25일 무장한 군대가 봉기하자 시민들이 군인의 총포에 붉은 카네이션을 꽂아 무혈 혁명으로 끝이 났다. 이날을 기념해 '4월 25일 다리'라 부른다. 미국 샌프란시스코의 금문교를 보는 듯한 이 다리는 같은 건축사에서 지었다. 현무암으로 된 기둥이 강바닥 80m 아래까지 내려가 있어 세계기록을 보유하고 있다.

위치 카이스 두 소드레 Cais do Sodre 선착장에서 배를 타고 강을 건너거나 선착장에서 벨렘 방향으로 걸어가면 아마루 부두가 나온다.

Sightseeing ★★☆

3

# 알마다 Almada

카이스 두 소드레 항구에서 배를 타고 테주강을 건너면 그리스도 기념비가 있는 알마다 지구에 도착한다. 리스본 시내에 비해 한적해 여유를 즐기기 좋다. 반나절 시간이 난다면 여행 중 여행을 즐겨보면 어떨까. 강변에 있는 긴잘 거리Rua do Ginjal를 15분 동안 걸으며 스트릿 아트를 감상해보자. 일몰에 아름다운 폰투 피날Ponto Final 레스토랑에서 식사하고 리오 정원에서 쉬어가자. 보카 두 베투Boca do Vento 엘리베이터를 타면 언덕 위로 순식간에 올라간다.

위치 카이스 두 소드레(Cais do Sodré) 선착장에서 카실랴스(Cacilhas) 선착장으로 배를 타고 이동

스트릿아트

폰투 피날 레스토랑

보카 두 베투 엘리베이터

### 리오 정원 Jardim do Rio

테주강에서 이는 작은 파도소리를 듣고 알마다 화강암 절벽을 배경으로 쉴 수 있는 공원이다. 해변도 있어 여름에는 가벼운 수영을 즐길 수도 있다. 단, 밀물과 썰물이 있으니 안전에 유의하자.

### 세르카의 집 Casa da Cerca

17세기에 지어진 세르카 궁전으로 당시 토목 건축의 독특한 사례로 알려졌다. 1988년 시의회에 인수되고 5년 뒤 현대미술센터로 다시 문을 열었다. 현대미술을 연구하고 실험적인 작품을 알리는데 목표로 하고 있어 간혹 난해할 수 있다. 로맨틱한 미술센터 뒤로 식물원이 있다. 화강암 언덕 위에 계단식 정원으로 계절마다 꽃밭을 가꾼다. 작지만 아늑한 온실도 있다. 테라스와 카페에서 테주강 전망을 다양하게 볼 수 있다.

주소 Rua da Cerca
위치 카실랴스 선착장에서 도보 20분
운영 10:00~17:30 월요일 휴무
요금 무료
전화 212-724-950

Sightseeing ★★☆

4

# 프론테이라 궁전 Fronteira Alorna

1675년, 프론테이라 후작인 주앙 드 마스카레냐스가 여름 별장으로 지은 궁전이다. 궁전과 정원 모두 포르투갈 전통 타일인 아줄레주로 꾸며져 있어 포르투갈에서 가장 아름다운 궁전으로 손꼽힌다. 내부 관람은 가이드 투어로 진행된다. 도서관과 예배당, 귀족 가문이 사용하는 여러 방을 둘러볼 수 있다. 특히 국토회복운동을 그린 아줄레주는 1669년부터 1673년까지 있었던 전쟁 목격담을 바탕으로 만든 독특한 패널이다.

궁전 앞마당은 비너스의 정원이다. 레이크하우스는 1층 '기사의 호수Tanque dos Cavaleiros'와 2층 '왕들의 갤러리Galeria dos Reis'로 나뉜다. 1층에는 우화적 인물 8명과 7가지 고전 인문학(문학, 산술, 음악, 논리, 수사학, 기하학, 천문학)을 의인화한 아줄레주로 꾸며져 있다. 2층은 포르투갈 왕의 흉상이 전시되어 있다.

주소 Largo São Domingos de Benfica 01
위치 세치 히오스(Sete Rios)에서 770번 버스 이용 Palácio Marquês Fronteira 하차
운영 09:30~18:00 일요일 휴무
요금 궁전+정원 €12 정원 €6
전화 217-782-023
홈페이지 www.fronteira-alorna.pt

Sightseeing ★☆☆

5

## 리스본 수도교 Águas Livres Aqueduct

리스본은 테주강이 흐르지만, 하류에 위치해 바닷물이 섞여 식수가 항상 부족했다. 깨끗한 물을 공급하기 위해 1746년, 리스본 최초로 수로가 만들어졌다. 총길이가 58km, 가장 높은 아치는 아파트 22층 높이다. 아찔한 높이 탓에 비극적인 사건 배경이 되기도 했다. 연쇄살인범 디아고 알베스가 4년 동안 70여 명의 사람을 이곳에서 살해했다. 1841년 그는 교수형을 선고받았고 멋진 전경을 제공했던 수도교 위 아치스 워크Arches Walk는 폐쇄됐다. 수도교로 들어온 물은 망이 다구아Mãe d'Água 저수지에 보관된다. 물 박물관Amoreiras Reservoir 관람 시 저수지 정수장도 함께 둘러볼 수 있으며 수도교는 안전지대인 100m까지만 걸을 수 있다.

주소 Calçada da Quintinha 6
위치 24번 트램 마지막 정류장에서 하차 후 도보 10분
운영 10:00~13:30 월요일 휴무
요금 €4

Sightseeing ★☆☆

6

## 바스쿠 다 가마 타워와 다리 Torre Vasco da Gama & Ponte Vasco da Gama

1998년 3월 29일 개통된 바스쿠 다 가마 다리는 테주강 위에 지어 리스본 시내와 포르투갈 북부를 연결한다. 유럽과 인도를 잇는 항로를 발견한 지 500주년을 기념해 착공했다. 총 17km로 인천대교보다 조금 짧다. 공사비만 약 1조 원으로 민간 컨소시움에서 40년간 통행료를 받는 조건으로 지었다. 리스본을 나갈 때는 무료이고 리스본으로 들어올 때는 통행료가 발생한다.

바스쿠 다 가마 타워는 높이 145m로 리스본에서 가장 높은 건물이다. 카라벨 범선을 닮은 타워는 현재 호텔로 사용하고 있다. 바스쿠 다 가마 다리와 함께 만국박람회에 맞춰 완공했다. 타워와 해양 수족관을 잇는 케이블카 'Telecabine'은 테주강과 현대적인 엑스포공원Parque das Nações, 바스쿠 다 가마 다리를 조망할 수 있다.

주소 Alameda dos Oceanos, Parque das Nacoes
위치 공항에서 지하철 이용 20분

타워 주변 공원

## 포르투갈 전통 음악, **파두** Fado

'운명' 또는 '숙명'을 뜻하는 라틴어 파툼Fatum에서 나온 말이다. 기원이 언제부터였는지 알 수 없지만 19세기 리스본에서 가장 가난하고 천대받던 선술집과 매춘업소를 중심으로 파두가 전해졌다. 음률보다 가사 중심인 음악으로 종교계에선 이를 막기 위해 노력했다. 가사 대부분이 치정을 폭로하거나 비방, 속어가 난무해서다. 그러나 풍자극에 파두가 합쳐지면서 대중적인 인기를 막을 수 없었다. 20세기에 정기간행물 출간과 해외 순회공연이 늘어나면서 대중화되었다. 1926년 파두는 새로운 전환을 맞는다. 군사 쿠데타로 잡은 살라자르 정권은 3F(파두, 풋볼, 파티마) 정책으로 국민을 우민화시켰다. 파디스타와 연주자들은 국가 허가를 받은 자만 활동할 수 있고 가사 중 사회정치 주제는 금지되고 향수나 사랑처럼 무관한 내용은 통과되는 검열이 이뤄졌다. 박물관에 금지(Proibida) 표시된 가사가 전시되어 있다. 점점 사우다지(Saudade)를 담은 파두가 남아 전통음악을 대표하게 됐다. 사우다지는 향수와 애증, 갈망과 같은 정서를 담고 있다. 우리나라로 치면 '한(恨)'과 비슷하다. 생계를 위해, 한때는 개척하기 위해 바다에 운명을 맡기고 떠난 사람과 남은 사람이 나눈 감정을 파두로 표현했다.

파두는 리스본과 코임브라로 나뉜다. 위에 언급한 사우다지를 노래하는 파두는 리스본이다. 코임브라는 대학도시답게 청춘을 노래하거나 사랑을 고백하는 세레나데가 주를 이룬다. 대학 교복인 검은 슈트에 검은 망토를 두른 모습이다.

## 클루베 지 파두 Clube de Fado

한 자리 차지하려면 예약을 꼭 해야 할 정도로 많은 사람이 찾는 명실공히 최고의 인기 파두 하우스다. 스타일리시한 내부 인테리어와 실력파들의 파두 공연은 잊을 수 없는 포르투갈의 밤을 만들기 충분하다. 공연이 보통 밤 10~11시에 시작하므로 식사 후 방문해 간단한 음료를 마시며 즐겨 보자.

| | |
|---|---|
| 주소 | Rua São João da Praça 94 |
| 위치 | 카테드랄(대성당)에서 도보 2분 |
| 운영 | 20:00~02:00 |
| 요금 | 메인 €22.5~, 음료 €15~(1병) |
| 전화 | 218-852-704 |
| 홈피 | www.clube-de-fado.com |

## 카페 루소 Café Luso

1927년에 오픈한 카페 루소는 1939년 현재의 위치인 바이루 알투의 브리토 페레이레 궁전Palace Brito Freire으로 이전했다. 포르투갈의 유명 장식가인 페레이라 다 실바가 만든 세라믹 패널이 인상적이다. 1부는 민속공연, 2부는 파두 공연이 이뤄지므로 밤 9~10시 정도에 방문하는 것이 좋다. 세 번의 파두공연은 약 20분간 이어진다.

주소 Travessa da Queimada 10
위치 카몽이스 광장에서 도보 5분
운영 19:30~02:00
요금 메인 €20~
전화 213-422-281
홈피 www.cafeluso.pt

## 아제가 마사두 Adega Machado

1937년에 문을 열어 2012년에 리모델링한 아제가 마사두는 아말리아 호드리게스가 2년 동안 지내며 파두를 들려준 곳이다. 포르투갈 대통령과 재벌 굴벵키안, 스페인 국왕의 아버지, 브라질 대통령 등 유명 인사들이 방문했던 곳이기도 하다.

주소 Rua do Norte n.91 Bairro Alto 1200-284 Lisboa
위치 카몽이스 광장에서 도보 4분 운영 19:30~02:00
요금 메인 €20~ 전화 213-422-282
홈피 www.adegamachado.pt

## Special 4.

# 포르투갈 최고의 간식, **나타** Nata

우리가 에그타르트Egg Tart라고 하는 디저트의 본고장은 포르투갈, 나타다. 정확히는 파스텔 지 나타Pastel de Nata, 커스터드 크림이 들어간 파이다. 중세 수도원/수녀원에는 수도복을 빳빳하게 다리기 위해 풀을 먹였는데 달걀흰자가 들어갔다. 성직자들은 남은 노른자로 케이크나 빵을 만들어 먹었는데 나타도 그중 하나다. 최초로 알려진 조리법은 16세기, 에보라Évora에 있는 산타 클라라Santa Clara 수녀원에서 만들어졌다. 1820년, 포르투갈 페드루 4세와 동생 미겔 왕자와 형제의 난이 벌어지면서 자유 혁명이란 이름으로 내란이 일었다. 가톨릭은 동생 미겔 왕자 편에 섰는데 페드루 4세가 승리한 것. 전국에 있는 수도원과 수녀원은 해체하라는 법령이 떨어지고 리스본 제로니무스 수도원 성직자들도 거리로 내몰렸다. 수도원 바로 옆에 사탕수수 정제 공장이 있었는데 이곳을 개조해 1837년 '파스테이스 지 벨렝'을 열었다. 수도원/수녀원의 비밀 요리법으로 만든 나타가 대중에게 선보이는 순간이었다. 맛을 본 리스본 사람들은 증기선을 타고 벨렝까지 한달음에 찾아왔다. 하루에 5만 개가 넘는 나타를 팔기도 했다. 지금은 비행기를 타고 벨렝을 찾으니 국가 대표 음식이라 할만하다. 나타는 겉이 바삭하고, 속에 부드러운 커스터드 크림이 조화를 이룬다. 취향에 따라 슈가파우더와 시나몬을 뿌려 먹으며 주로 진한 비카Bica 커피와 함께 마신다.

## 파스테이스 지 벨렝 Pastéis de Belém

벨렝의 나타를 먹고 난 뒤 당신은 말하게 될 것이다. 지금까지 먹어 온 에그타르트는 모두 거짓이라고. 이곳 나타는 제로니무스 수도원 비법대로 만들어진 원조다. 1837년에 문을 연 가게는 제조 비법을 단 3명만 알게 하며 '비밀의 방'에서 직접 만든 커스터드 크림을 넣어 굽는다고 한다. 영국 가디언지에도 맛집으로 선정되었다. 나타 인기를 듣고 각국에서 온 여행객들은 마치 이곳이 종착역인 듯 밀려든다. 입구 주변이 북적대더라도 비집고 들어가 보자. 포장하는 줄과 주문하는 줄이 다르다.

| | |
|---|---|
| 주소 | Rua Belem 84-92 |
| 위치 | 제로니무스 수도원에서 도보 3분 |
| 운영 | 10~5월 08:00~21:00 |
| | 5~9월 08:00~22:00 |
| | 12/24~25 · 31 · 1/1 08:00~19:00 |
| 요금 | 나타 €1.3 |
| 전화 | 213-637-423 |
| 홈피 | www.pasteisdebelem.pt |

## 만테이가리아 Manteigaria

파스테이스 지 벨렝에서 아직 비밀 요리법을 고집하는 이유는 방법을 알아도 비율처럼 세심한 부분에서 맛에 차이가 난다는 점이다. 벨렝 나타와 비교했을 때 만테이가리아 나타는 조금 더 단 편. 페이스트리는 바삭하기보다 얇고 겹이 뭉쳐 단단하다. 커스터드 크림이 더 풍부하게 들어 있어 부드럽다. 리스본에 매장이 여럿 있어 쉽게 접할 수 있다.

주소 카몽이스 광장 Rua do Loreto 2 외 5곳
운영 08:00~24:00 (매장마다 상이)
요금 나타 €1.2

## 파브리카 다 나타 Fabrica da Nata

바삭한 페이스트리와 농도 짙은 커스터드 크림이 적당한 단맛을 유지한다. 인테리어도 독특하다.
나타 공장이라는 이름처럼 천장에 레일을 깔고 제빵 틀이 움직인다. 헤스타우라도레스 광장에 있는 가게는 아줄레주와 상들리에로 아름답게 꾸며져 있어 인기가 많다. 포르투에도 매장이 있으니 참고하자.

주소 헤스타우라도레스 광장 Praça dos Restauradores 62-68
아우구스타 Rua Augusta nº 275 A
운영 헤스타우라도레스 광장 08:00~23:00,
아우구스타 08:00~22:00
요금 나타 €1.2

## 콘페이타리아 나시오날 Confeitaria Nacional

1829년에 문을 연 우아한 빵집이다. 진열장에 있는 빵이 종류가 많고 맛있어 보여서 자연스레 들어가게 된다. 따뜻하게 보관하는 일반적인 나타 가게와 달리 이곳은 차갑다. 풍성한 크림과 달걀 맛이 특징. 기회가 된다면 크리스마스 케이크인 볼루 헤이Bolo Rei도 맛보자. 원조 빵집으로 12월에서 4월까지만 판매한다. 1층은 포장 전용이며 스탠딩석이 있고 2층에서는 식사도 가능하다.

주소 Praça da Figueira, 18B
위치 호시우 광장에서 도보 2분
운영 월~목 08:00~20:00,
금 · 토 08:00~21:00, 일 09:00~21:00
요금 빵 €1~2
홈피 www.confeitarianacional.com

Food : Baixa

1

## 테하수 에디토리알 Terraço Editorial

주방기구로 유명한 플룩스Pollux 쇼핑몰에 있다. 1층 내부로 들어가 엘리베이터를 이용해 8층으로 간다. 도회적인 인테리어에 감각적인 가구가 잘 배치되어 고급스러운 분위기다. 4인석과 6인석으로 된 개별 공간이 있고 테라스 좌석도 있다. 산타 주스타 엘리베이터와 카르무 대성당이 한눈에 보이는 바이루 알투 전망이다. 와인 바와 레스토랑으로 운영하지만, 낮에는 커피나 음료를 즐길 수 있다.

주소 Rua dos Fanqueiros, 276
위치 피데이라 광장에서 2분
운영 12:00~24:00 일요일 휴무
요금 메인 12.4~
전화 910-627-435

Food : Alfama

2

## 페치스케이라 콘퀴비스타도르 Petisqueira Conqvistador

일정에 상 조르지 성이 있다면, 혼자 여행 중이라면 는 좋은 대안이 된다. 포르투갈 음식을 타파스로 즐길 수 있는 식당이다. 작은 양이지만 여러 메뉴를 시켜 먹을 수 있어 좋다. 애피타이저인 수프부터 바칼라우나 정어리와 같은 포르투갈 전통 음식, 디저트까지 시킬 수 있다. 샐러드는 양이 많은 편이니 참고하자. 대부분 맛이 좋은 편이지만 소고기와 채소를 그레이비소스에 튀겨낸 피카 파우Pica pau가 인기 있다. 실내는 좁고 2인석 테이블이 9개로 인원수에 따라 변형된다. 실외는 골목에 테이블을 놓은 형태지만 오가는 사람이 적은 편이라 북적이진 않는다.

주소 Tv. de São Bartolomeu 4
위치 상 조르주 성에서 도보 2분
운영 12:00~23:00
요금 포르투갈식 타파스 €4~
전화 218-810-319

Food : Alfama

3

## 투 이 에우 Tu e Eu

알파마 언덕 골목 어느 막다른 골목에 있다. 계단을 따라 오르면 노상에 테이블을 펴놓고 손님들이 앉아있다. 낭만적인 분위기에 골목을 스치지 못한 여행객들이 찾아든다. 여름에는 에어컨이 없어 덥고 내부는 어둡고 좁아서 외부 좌석을 추천한다. 한국 TV 프로그램에서도 소개되어 찾는 이가 많다. 한국인 입맛에 실패는 없다는 이야기다. 포르투갈 음식을 선보이며 문어 샐러드와 정어리구이가 인기 있다. 카드 결제가 되는 날이 거의 없어 현금을 미리 준비하는 것이 좋다.

주소 Escadinhas das Portas do Mar 4
위치 코메르시우 광장에서 도보 5분
운영 12:00~23:00
요금 정어리구이 €11.5
전화 919-485-256

Food : Baixa

4

## 판다 칸티나 Panda Cantina

여행 중 칼칼하고 매콤한 아시안 음식을 먹고 싶다면 판다 칸티나를 고려해보자. 우육면 하나만 고집한 가게로 여행객과 현지인에게 인정받은 식당이다. 우육면은 맵기가 가장 순한 1부터 가장 매운 5까지 있다. 보통 아시아인은 3~4단계를 먹는데 맵찔이(?)라면 3단계를 먹자. 오픈 전에 대기 명단을 작성할 정도로 인기가 많다. 라멘 종류는 소고기, 돼지고기, 두부가 있고 세 가지 모두 넣은 자이언트 판다가 가장 많이 주문한다. 사이드로 나오는 두부튀김은 일찍 다 팔리는 경우가 많다. 따로 먹어도 되고 우육면에 추가해서 먹어도 색다른 맛이다.

주소 Rua da Prata 252
위치 호시우 광장에서 도보 3분
운영 12:00~23:00　요금 자이언트 판다 €12.5

Food : Baixa

5

## 아 프로빈시아나 A Provinciana

자고로 점심시간에 줄 서는 식당이면 맛집일 가능성이 높다. 문을 열기 전에 현지인이 줄 서는 식당이다.
동네 어르신이 와서 가볍게 한잔하기도 하고 포르투갈 음식 종류가 많아 여행객이 이것저것 시켜 먹기 좋다. 10유로가 채 되지 않는 메뉴가 대부분이라 저렴한 편. 맛도 괜찮아 가성비가 좋다. 생선구이나 조개류 음식이 인기 있고 바칼라우는 대구를 염장한 식재료로 짠 편. 고기 메뉴나 포르투갈식 소시지도 맛이 괜찮다.

주소 Tv. do Forno 23
위치 호시우 광장에서 도보 2분
운영 12:00~15:30 19:00~22:00
**휴무** 토~일
요금 포르투갈식 소시지와 달걀 요리 €6.25

Food : Baixa

6

## 봉자르짐 Bonjardim

노란색 건물에 초록색 차양을 둔 가게가 사랑스럽다. 칼사다 포르투게사 도로 위에 야외 테이블을 두고 있어 포르투갈 분위기가 물씬 난다. 가장 인기 있는 메뉴는 로스트 치킨이다. 맥주 한 잔 시키면 포르투갈식 치맥이다. 로스트 치킨은 테이블마다 있는 매콤한 피리피리 소스에 찍거나 뿌려 먹는다. 치킨 1/2 크기도 주문할 수 있어 부담이 없다. 식사로 감자튀김 주문 여부를 묻는데 양이 많으니 고려해서 시키자. 한식을 좋아한다면 밥을 추가하거나 치킨 수프를 추천한다. 닭곰탕에 밥을 말아서 나온다.

주소 Tv. de Santo Antão 11
위치 호시우 광장에서 도보 4분
운영 12:00~23:00
요금 로스트 치킨 1/2마리 €8.8

피리피리 소스

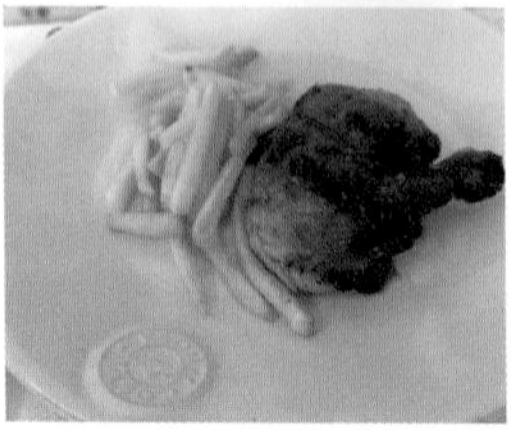

Food : Baixa

7

## 바이샤마르 Baixamar

환한 실내에 분위기 좋은 실외 좌석까지 있는 레스토랑이다. 해산물 요리를 주로 하며 바닷가재 요리를 주문하면 실내에 있는 수조에서 바로 꺼내 요리하는 모습을 볼 수 있다. 천천히 익힌 문어 요리가 가장 대표적이다. 생선구이와 해물밥(Mariscos e Petiscos)도 인기가 많다. 일반적인 포르투갈 식당보다 가격은 살짝 높은 편이다. 밝고 경쾌한 직원들 서비스로 분위기가 좋다. 저녁 식사 시간대에는 찾는 손님이 많아 예약을 추천한다. 구글맵에서 쉽게 예약할 수 있다.

주소 Rua dos Bacalhoeiros 28B
위치 코메르시우 광장에서 도보 4분
운영 화~일 12:00~23:00
월 12:00~15:30 18:00~22:30
요금 해물밥 2인 €45 문어 요리 €16.5

Food : Belém

8

## 파우 파우 케이주 케이주 Pão Pão Queijo Queijo

볼거리가 많은 벨렝 지구를 여행할 때 빠르고 간편한 음식이 필수다. 가게 이름은 '빵 빵 치즈 치즈'라는 뜻으로 피타 랩과 바게트 샌드위치처럼 간편식을 파는 식당이다. 샌드위치나 랩으로 먹을 수도 있고 재료와 빵을 따로 접시에 담아 먹을 수도 있다. 보통 포장해서 공원에서 먹는데 2층이나 야외 좌석에서 먹을 수도 있다. 단, 야외에선 비둘기를 조심해야 한다. 수도원이나 벨렝탑처럼 대기 시간이 긴 여행지에서 기다리면서 먹기에도 좋다.

주소 Rua de Belém 126
위치 제로니무스 수도원에서 도보 2분
운영 화~토 10:00~23:30
일~월 10:00~22:30
요금 피타 랩 €4.35 세트 €10.45

Food : Belém

9

## 아 마리치마 두 레스텔로 A Marítima do Restelo

벨렝탑과 제로니무스 수도원 사이에 있어 점심 또는 저녁 식사로 들르기 좋다. 진열장에 생선과 해산물을 전시할 만큼 신선도에 자신 있는 식당이다. 배가 고프다면 식전 음식으로 생선 수프를 권한다. 해물밥과 바지락 요리 등 해산물 요리는 대부분 맛이 좋다. 재료가 없으면 메뉴를 못 먹을 수도 있다. 유머러스하고 센스있는 서비스를 받을 수 있으며 가격은 주변 식당에 비해 비싼 편은 아니다. 브레이크 타임이 있으니 시간을 꼭 확인하고 가야 한다.

주소 Rua Bartolomeu Dias 110
위치 제로니무스 수도원에서 도보 6분
운영 12:00~16:00 19:00~23:00
일 12:00~16:00 월 휴무
요금 메인 €15~

Food : Almada

10

## 폰투 피날 Fonto Final

리스본 시내에서 테주강 건너 알마다 지역 식당이다. 4월 25일 다리를 배경으로 해안 방파제에 자리하고 있다. 강 하류에 있는 식당은 대서양 방향으로 지는 해를 볼 수 있어 일몰 맛집이다. 조수간만의 차가 있지만 밀물 때는 파도가 테이블 바로 아래에서 찰랑거려 낭만적인 분위기를 더한다. 포르투갈 가정식을 선보이며 송아지찜과 토마토 밥, 생선튀김 등이 유명하다. 거리가 멀지만 찾는 이가 많아 대기 시간이 긴 편이다. 예약도 되지 않아 현장에서 웨이팅 리스트를 작성하고 바로 뒤 리오 정원(p.125)에서 시간을 보내도 좋다.

주소 Rua do Ginjal 72
위치 카이스 두 소드레(Cais do Sodré) 선착장에서 카실랴스(Cacilhas) 선착장으로 배를 타고 이동 후 도보 15분
운영 12:30~16:00 19:00~23:00 **휴무** 화
요금 메인 €16~

11

# 아 진지냐 A Ginjinha

1840년 문을 열어 5대째 이어온 술집이다. 주인인 진지냐 에스피네이라Ginjinha Espinheira 이름으로 '봉구네'같은 동네 바Bar다. 실내에 좌석은 없고 스탠드바만 있다. 바텐더에게 한 잔씩 받아서 마신 뒤 잔을 돌려주는 방식이다. 인정 넘치는 바텐더는 늘 작은 잔에 넘치도록 술을 채워 가게 주변 바닥이 늘 찐득거린다. 손에 묻은 술은 가게 한 쪽에 있는 세면대에서 씻을 수 있다. 체리주에 있던 체리를 넣을지 말지 물어보는데 대부분 술을 더 마시기 위해 빼달라고 한다.

리스본에는 아 진지냐를 시작으로 1890년 문을 연 라이벌, 아 진지냐 셈 히바우스A Ginjinha sem Rivals도 있다. 간판 디자인까지 비슷하게 만든 걸 보면 진짜 경쟁자 같다. 1931년 문을 연 진지냐 루비Ginjinha Rubi, 2011년 급부상 중인 진지냐 두 카르무Ginjinha do Carmo가 있다.

주소 Largo Sao Domingos 8
위치 호시우 광장에서 도보 2분
운영 09:00~23:00
요금 1잔 €1.5

## more & more 체리주 진지냐

갈라시아 수도승으로 있던 프란시스쿠 에스피네이라Francisco Espinheira가 리스본에서 만들었다. 체리에 포도 증류 알코올인 아구아르덴트Aguardente를 혼합하고 설탕과 계피를 넣어 만든 일종의 담금주다. 도수가 센 편이라 첫입에 알코올 향이 강하지만 입맛을 다실수록 체리 향과 단맛이 나는 매력적인 술이다. 오비두스에선 초콜릿 잔에 진지냐를 넣어 마신 뒤 잔을 먹어 달콤하게 마무리한다.

옛날에는 마치 만병통치약처럼 아이들에게 한 잔씩 주던 약술이다. 그 기억이 남은 할아버지, 할머니가 추억을 되새기는 술이 되었다. 여행객에겐 진지냐 한 잔이 포르투갈을 추억하는 술이 될지도 모른다.

Food : Baixa

⑫

## 사크라멘토 Sacramento

카르무 수도원 근처에 위치한 사크라멘토는 현지인이 추천하는 레스토랑으로 다양한 포르투갈 음식을 제공한다. 대구 카르파치오Codfish Carpaccio와 포르투갈 전통 소시지도 맛볼 수 있으며, 특히 이곳에서는 셰프가 공들여 만든 디저트가 인기 있다.

음식이 맛있고 직원들의 서비스도 친절한 편이며, 무엇보다 가격이 합리적이다. 붉은 샹들리에가 걸린 세련된 인테리어가 눈길을 끄는 곳으로 분위기 있는 공간에서 맛있는 음식을 먹으며 여행을 즐겨 보자. 저녁 시간에는 예약을 하고 방문하는 것이 좋다.

주소 Calcada Sacramento 44 1200-394 Lisboa
위치 카몽이스 광장에서 도보 15분
운영 12:30~15:00, 19:30~24:00
요금 €30
전화 213-420-572

Food : Bairro Alto

⑬

## 카바카스 Cabaças

'조롱박'이라는 뜻의 카바카스는 친근감 드는 동네 레스토랑이다. 입구에 들어서면 연기가 자욱한데 돌판 스테이크가 이 레스토랑의 인기 메뉴이기 때문이다. 달궈진 돌판에 스테이크가 올리면 치익거리는 소리에 흥겨워지고 입에 침이 고인다. 또 다른 인기 메뉴인 문어밥은 야들야들한 문어가 큼직큼직하게 들어가 있다.

주소 Rua Gaveas 8/10 1200-208 Lisboa
위치 호시우 광장에서 도보 6분
운영 10:00~15:00, 19:00~24:00
요금 돌판 스테이크 €9.5
전화 213-463-443

Food: Baixa 추천

14

## 이노테카 지 벨렝 Enoteca De Belém

6개의 테이블이 있는 작은 로컬 레스토랑으로 코우베르트부터 웰컴 푸드, 메인까지 맛이 좋은 편이며 특히 스테이크를 추천한다. 능력 있는 소믈리에가 추천해주는 포르투갈 와인도 함께 즐겨 보자. 현지인도 많이 찾으므로 예약은 필수다.

주소 Travessa do Marta Pinto 10
위치 제로니무스 수도원에서 도보 4분
운영 12:00~16:00, 19:00~23:00
요금 송아지 스테이크 €20
전화 213-631-511
홈피 facebook.com/EnotecaBelem/

Food : Baixa

15

## 우마 마리스케이라 Uma Marisqueira

해물밥인 '아호스 지 마리스코Arroz de Marisco'는 마리스코 대회에서 우승을 한 요리다. 벌써 우리나라에도 소문이 나 포르투갈에 숨어 있던 한국인을 만날 수 있는 만남의 장소다. 주인 할아버지가 까칠하기로 유명하지만 마음을 사로잡으면 윙크를 할 정도로 매력이 넘친다. 마리스코도 맛있게 먹고 할아버지도 사로잡아 보자.

주소 Rua dos Sapateiros 177, 1100-577 Lisboa
위치 호시우 광장에서 도보 2분
운영 월~토 12:00~22:00 **휴무** 일요일
요금 해물밥 2인분 €25
전화 213-427-425

16

## 솔라 도스 프레선토스 Solar dos Presuntos

현지인이 추천하는 레스토랑으로 작가, 언론인, 정치인, 배우, 축구선수 등 유명 인사가 애정을 가지고 찾아온다. 여러 층으로 구성되어 있고 큰 규모지만 피크 타임에는 예약을 하고 가는 것이 좋다.

주소 Rua das Portas de st. Antao 150, 1150-269 Lisboa
위치 호시우 광장에서 도보 6분
운영 월~토 12:00~15:30, 21:00~23:00
**휴무** 일요일, 공휴일
요금 메인 €15~
전화 213-424-253
홈피 www.solardospresuntos.com

17

## 라미로 Cervejaria Ramiro

해산물 전문 레스토랑으로 현지인과 여행자들이 섞여 줄을 서서 먹는 곳이다. 아이패드에 있는 메뉴를 클릭하면 자세한 설명이 나오는 최첨단(?) 메뉴판까지 있다. 진열된 해산물을 지정하면 그램당 금액을 계산한다. 거북손 요리와 갑각류, 새우 요리가 유명하다.

주소 Av. Almirante Reis, 1-H 1150-007 Lisboa
위치 호시우 광장에서 도보 12분
운영 화~일 12:00~24:30 **휴무** 월요일
요금 메인 €20
전화 218-851-024
홈피 www.cervejariaramiro.pt

Shopping
❶
## 사르디나 포르투게사 Mundo Fantastico da Sardinha Portuguesa

포르투갈에서 가장 큰 통조림 회사 코무르Comur에서 만든 해산물 통조림 상점이다. 1942년 아베이루 석호 지역에서 정어리Sardina를 수제로 만든 경험을 담아 만들었다. 상점은 리스본 공항을 비롯해 리스본에만 7곳이 있으며 포르투와 아베이루, 신트라 등 주요 도시에도 있다.

서커스장을 방불케 하는 화려한 실내 장식이 눈길을 사로잡는다. 관람차와 회전목마를 설치하고 서커스 단원 복장을 한 직원들이 친절하게 응대한다. 벽면은 통조림으로 장식되어 있다. 가장 인기 있는 상품은 연도별 통조림이다. 선물 받을 사람이 태어난 해의 통조림을 사서 기념품으로 주기에 좋다. 정어리 외에 문어와 새우, 대구 등 해산물 24종이 통조림으로 판매된다.

호시우점
주소 Praça Dom Pedro IV, 39 – 41
위치 호시우 광장
영업 일~월 09:30~22:30
화~목 10:00~22:30
금~토 09:30~23:00
요금 연도별 통조림 €7~

Shopping
❷
## 루자 포르투갈 LUZA PORTUGAL

포르투갈에는 도자기가 유명하다. 소규모 장인과 공장, 매장이 함께 있다. 루자 포르투갈에서는 모양과 스타일에 상관없이 킬로그램 단위로 금액이 정해져 있다. 도자기를 볼 수 있는 혜안만 있으면 좋은 제품을 살 수 있다. 단, 안목이 없어도 갖고 싶은 도자기를 골랐다면 그 상품이 가장 값지다는 걸 잊지 말자. 매장 안쪽에는 19세기 가장 유명한 만화가이자 도예가 보르달로 피네이로Bordallo Pinheiro 작품이 있다. 바다에서 영감받은 시원하고 유기적인 코스타 노바Costa Nova 제품도 권한다.

주소 Rua Capelo 16 위치 비바 포르투게사 건물 코너 맞은편
운영 월~토 10:00~20:00 일 10:00~19:00 요금 1kg €8.9

Shopping
3
## 비다 포르투게사 A Vida Portuguesa

리스본 출신 저널리스트인 카타리나 포르타스Catarina Portas가 2007년 만든 브랜드다. 대량화된 상품보다 자연 친화적이고 지속 가능한 제품을 판매한다. 산뜻한 박하 향이 나는 쿠투Couto 치약은 1932년 6월 쿠투 약사와 치과 의사가 함께 만들었다. 동물실험을 하지 않아 캠페인 성격도 띠고 있다. 알렌테주Alentejo 담요는 수 세기 이어져 내려온 전통 방식으로 만들었다. 훌륭하지만 판매가 어려운 상품은 이곳에서 재조명되어 위기를 극복하게 돕는다. 400종이 넘는 상품은 포르투갈 전국을 돌며 지역에서 생산되는 제품을 고르고 골랐다. 덕분에 포르투갈만의 빈티지가 가득한 공예품들을 쉽게 만날 수 있다. 가기 전 짐 정리를 해 놓고 가자. 가방에 남는 자리가 없어 발을 동동 구를지도 모른다.

| | |
|---|---|
| 주소 | Rua Anchieta 11 |
| 위치 | 카몽이스 광장에서 도보 3분 |
| 운영 | 월~토 10:00~19:30 일 11:00~19:30 |
| 요금 | 쿠투 치약 25g €1.8 |
| 전화 | 213-465-073 |

쿠투 치약

Shopping
4
## 포르카 포르투갈 Força Portugal

포르투갈을 대표하는 인물 중에 국가 대표 축구선수, 크리스티아누 호날두Cristiano Ronaldo를 빼놓을 수 없다. 포르투갈 축구 공식 스토어인 포르카 포르투갈에서 그의 국가 대표 유니폼을 살 수 있다. FC 포르투, 스포르팅 CP와 같이 포르투갈 리그 팀 유니폼과 관련 상품도 구매할 수 있다. 피게이라 광장, 카르무 성당 인근, 아우구스타 거리에 매장이 있다.

피게이라 광장점

| | |
|---|---|
| 주소 | Praça da Figueira 6 |
| 위치 | 피게이라 광장 운영 10:00~23:00 |
| 요금 | 포르투갈 국가대표 유니폼 상의 €29.99 |

Shopping

5

## 클라우스 포르투 Claus Porto

1887년 포르투에서 만든 포르투갈 최초 비누이자 천연 향수 비누다. 오랜 기간 포르투갈 왕실에서 사랑을 받았는데 특히 포르투갈 마지막 왕인 마누엘 2세는 직접 공장에 찾아가 격려하기도 했다. 아프리카에서 버터 나무와 피스타치오 나무 등 천연 유래 성분을 추출해 프로방스 최고급 향료를 배합하고 자연 숙성방식으로 느리게 건조했다. 무르지 않아 보관하기 쉽고 사용감이 부드러우며 향이 오랫동안 지속된다. 아줄레주 타일에서 영감을 받은 아트페이퍼로 비누를 포장해 '당신의 몸을 위한 전통 럭셔리'라는 광고 문구가 확 와 닿는다. 동물실험을 하지 않고 식물성이라 100% 생분해되어 우리와 자연에 모두 좋다. 향수와 향초, 바디 제품까지 다양하며 패키지가 예뻐 기념품으로 좋다. 독특한 향이 많아 시향하고 골라보자.

카르무점

주소 Rua do Carmo 82

위치 호시우 광장에서 도보 1분

운영 10:00~19:00

요금 비누 40g €3.5

Shopping

6

## 베나모르 1925 Benamôr 1925

1925년 리스본에 있는 피부 연구실에서 시작되었다. 석회수에 깨끗하지 않은 물은 다양한 피부 트러블을 만들었고 얼굴 크림Crème de Rosto을 만들었다. 포르투갈 최초 탈모 트리트먼트 'Petroleo'와 최초 선크림 'Bronznalie', 최초 블러쉬 제품을 선보일 정도로 실험적인 브랜드다. 식물성 95%로 파라벤과 방부제를 최대한 적게 사용한다. 재활용이 가능한 알루미늄 케이스로 포장해 자연 친화적이다. 포르투갈 마지막 왕비인 아밀리에Amelie는 왕실 제품으로 인정했고 응원을 아끼지 않았다. 왕비에게 헌정된 '로즈 아멜리Rose Amille 시리즈는 지금까지 많은 사랑을 받고 있다. 가장 인기 있는 제품은, 알란토인 핸드크림Alantoine Creme de Maos으로 선물하기에도 좋다.

주소 R. dos Bacalhoeiros 20A

위치 리스본 대성당에서 도보 5분, 코메르시우 광장에서 도보 4분

운영 월~목 10:00~20:00 금~토 10:00~21:00
일 10:00~19:00

요금 핸드크림 €8.5

Stay : Baixa

1

## 벨라 리스보아 Bella Lisboa

포르투갈 최초이자 포르투갈 숙박업체로 허가받은 한인 민박이다. 건물 공사로 잠시 이전해 폼발 광장 인근에 있다. 공간이 넓어지고 침구가 깔끔하다. 한동안 소규모로 운영되지만, 1인실에서 다인실까지 다양한 객실 종류를 구비하고 있다. 맛있는 한식 조식, 노량진 입시 학원 1타강사 같은 포르투갈 여행 설명에 절로 감동하게 된다. 특별히 제공되는 전기장판은 타지에서 고생한 몸을 지질 수(?) 있다. 건물 1층에 한인 슈퍼마켓인 우리메르카두가, 포르투갈 마켓인 핑구도스가 지척이다.

주소 Rua Artilharia 1, 18 위치 폼발 광장에서 도보 10분
요금 1인실 €80 2인실 €100 다인실 €50
홈피 cafe.naver.com/belalisboa

Stay: Baixa 5성급

2

## 호텔 아베니다 팔라세
Hotel Avenida Palace

리스본의 중심에 위치하고 있는 5성급 호텔이다. 고전적이고 럭셔리한 인테리어와 친절한 서비스로 특별한 경험을 선사한다.

주소 Rua 1 Dezembro 123
위치 호시우 광장에서 도보 2분
요금 스탠더드 €259~
전화 213-218-100
홈피 www.hotelavenidapalace.pt

Stay: Baixa 4성급

3

## 인터나시오날 디자인 호텔
Internacional Design Hotel

뻔하지 않은 편한 디자인으로 세계 럭셔리 호텔 어워드의 리스트에 오르기도 했다. 도시적, 원시적, 동양적, 편안한 스타일의 4가지 테마를 현대적인 감각으로 세련되게 구성해 구경하는 재미까지 있다. 창문을 보면 호시우 광장이 보이는 곳으로 시내를 관광하기 편리하다. 또한 공항버스 정류장이 바로 앞에 있어 여행자에게 최적의 위치이다.

주소 Rua da Betesga 3 위치 호시우 광장에서 도보 2분
요금 €85~ 전화 213-240-990
홈피 www.idesignhotel.com

Stay : Baixa

4

## 리스본 라운지 호스텔 Lisbon Lounge Hostel

포르투갈의 호스텔은 깔끔하고 쾌적하며 예쁘기까지 해 호텔 못지않은 호스텔로 정평이 나 있다. 그중에서 리스본 라운지 호스텔은 상위 레벨을 선점하고 있다. 같은 계열 호스텔인 리빙 라운지도 같은 환경이다.

주소 Rua São Nicolau 41
위치 호시우 광장에서 도보 6분
요금 도미토리 €40~
전화 213-462-061
홈피 www.lisbonloungehostel.com

Stay : Baixa

5

## 데스티네이션 호스텔 Destination Hostel

호시우 기차역 2층에 있어 이동이 편하다. 디자인과 편의성도 뒤지지 않으나 투어나 이벤트가 많은 파티 호스텔이라 시끄러운 편이다. 대신 가성비가 좋다. 겨울에는 난방이 되지 않아 권하지 않는다.

주소 Largo do Duque de Cadaval 17
위치 호시우 광장에서 도보 1분
요금 도미토리 €17~
전화 213-466-457
홈피 destinationhostels.com

Stay : Baixa

6

## 예스! 호스텔 Yes! Hostels

코메르시우 광장 인근에 있어 리스본을 여행하기 좋다. 침대 커튼으로 개인적인 공간이 조성되며 시설이 괜찮은 편이다. 친근하고 친절한 호스트 덕분에 다시 찾는 여행객이 많다. 파티 호스텔이라 밤에는 시끄러운 편이다. 참고하자.

주소 Rua de São Juliao 148
위치 코메르시우 광장에서 도보 2분
요금 도미토리 €52~
홈피 www.yeshostels.com

Stay : Baixa

7

## 센트럴 하우스 리스본 바이샤 The Central House Lisbon Baixa

피게이라 광장이 지척이며 여행지 대부분 걸어서 이동할 수 있다. 침대는 커튼이 있어 독립적인 공간이 있고 객실에 화장실이 포함되어 있어 편하다. 1층에서 조식을 먹을 수 있으나 주방 시설이 없어 조리가 어렵다. 직원은 친절하며 1층 로비에 테이블과 의자가 있어 시간을 보내기 좋다.

주소 R. dos Fanqueiros 300
위치 피게이라 광장에서 도보 1분
요금 도미토리 €40~
홈피 thecentralhousehostels.com

# OUTSKIRTS OF LISBOA

## 리스본 근교 지역

아직 대항해시대의 분위기를 물씬 풍기고 있는 리스본을 충분히 즐겼다면 근교 도시로 눈을 돌려 보자. 신트라, 카스카이스에서 리스본과는 또 다른 매력을 당일치기로 만날 수 있다.

# 신트라 Sintra

서기 8세기, 신트라에는 서고트족이 살았다. 달을 숭배한 사람들은 가장 높은 산을 달의 산, 즉 '세라'라고 불렀다. 신트라는 세라산에 터를 잡고 기대어 살았다. 서고트족이 왕위 계승 문제로 권력이 약화 되었을 때 무어인들이 신트라를 장악했다. 화강암으로 이루어진 산맥에 난공불락 성벽을 만들었다. 건국왕, 아폰수 엔리케도 리스본을 정복한 뒤 무어인의 항복을 받아낼 수 있었다. 포르투갈이 건국되고 신트라는 온화한 기후와 매력적인 정취로 왕족과 귀족들의 사랑을 한 몸에 받았다. 영국 대문호 바이런 경이 친구에게 보낸 편지에서 확인할 수 있다. "마을은 아마도 세계에서 가장 아름다운 곳이 틀림없네. 나는 이곳에 와서 행복하다네." 이후에도 칭송을 멈추지 않았다. 그를 세계적인 작가로 만든 책 〈차일드 해럴드의 순례Childe Harold's Pilgrimage〉를 보면 '위대한 에덴'으로 신트라를 정의했다.
신트라 마을에 있는 왕궁과 별장, 정원 전체를 신트라 문화경관이라 한다. 1995년 마을 전체가 유네스코 세계문화유산으로 지정되었다.

★
**신트라 관광 안내소**
주소 Av. da Republica 23
운영 09:00~19:00(8월 ~20:00)
전화 210-991-882

## 1. 신트라로 이동하기

리스본 호시우 기차역에서 출발하는 포르투갈 국영 CP 열차를 이용하자. (p.150) 리스본에 있는 카이스 두 소드레Cais do Sodré, 엔트레캄푸스Entrecampos, 오리엔트Oriente, 산타 아폴로니아Santa Apolónia, 세테 히오스Sete Rios에서도 기차를 탈 수 있지만 1회 갈아타야 하고 오래 걸린다.
리스본에서 카스카이스나 카보다 호카를 거쳐 신트라로 올 경우, 리스본에서 카스카이스까지 CP 열차로, 이후에는 1253번 버스를 이용해 도착할 수 있다.

## 2. 신트라 안에서 이동하기

신트라 문화유적은 마을 구석구석에 유적이 있어 시내버스를 이용하는 것이 편리하다. 신트라 기차역에서 무어성을 지나 페나 성을 순환하는 버스는 434번(08:50~19:00), 신트라 시내에서 헤갈레이라 별장을 지나 몬세라트를 순환하는 버스는 435번(09:30~18:10)이다. 산꼭대기에 있는 페나 성과 무어성은 버스를 타고 이동하는 것이 좋다. 신트라 왕궁이 있는 시내로 내려와 헤갈레이라 별장까지 도보로 이동할 수 있다. 몬세라트는 걸어서 가기엔 멀다.
리스본 시내 및 근교 열차 교통권으로 신트라 시내버스를 이용할 수 있다. 일명 '신트라 패스'로 불리는 Hop on Hop off 버스는 신트라 시내를 순환하는데 가격이 비싸고 리스본 시내 및 근교 열차 교통권을 사용할 수 있어 권하지 않는다. .

## 3. 추천 코스

리스본 근교 여행으로 신트라를 찾는 여행자가 많다. 신트라 문화경관에 포함된 여행지도 많아 일정을 잘 짜는 것이 중요하다. 가장 유명한 여행지인 페나 성은 인터넷으로 미리 예매하자. 입장권을 구매하는 사람이 많고 입장 시간이 정해져 있어서다. 조금이지만 할인도 된다.
신트라만 둘러보기에도 하루가 모자라다. 유적이나 건축에 관심이 있다면 여유롭게 보내자.

**신트라 기차역에서 434번 버스 이용 → 무어 성 → 페나 성 → 신트라 시내에서 관광 후 435번 버스 이용 → 헤갈레이라 별장 → 몬세라트 → 신트라 왕궁**

### > 신트라 관광명소 요금표

| | | | | |
|---|---|---|---|---|
| 개별권 | 페나 성 | 궁전 + 공원 | 일반 | €14 |
| | | 공원 | | €7.5 |
| | 무어 성 | | | €8 |
| | 신트라 왕궁 | | | €10 |
| | 몬세라트 | | | €8 |
| | 헤갈레이라 별장 | | | €11 |
| 통합권 | 페나 성 + 무어 성 | | | €21 |
| | 페나 성 + 신트라 왕궁 | | | €23 |
| | 페나 성 + 몬세라트 | | | €21 |
| | 페나 성 + 무어 성 + 몬세라트 | | | €28.5 |
| | 페나 성 + 무어 성 + 몬세라트 + 신트라 왕궁 | | | €37.5 |

※ 온라인 구매 또는 리스보아 카드 쿠폰북 소지 시 할인

## more more & 신트라 - 호카곶 - 카스카이스 1일권

기차역 또는 교통권 판매기에서 리스본 시내 및 근교 열차 교통권Train+Bus+Metro One day Ticket을 구매하면 CP라고 적힌 비바 카드Viva Viagem 또는 나베간치Navegante 카드가 나온다. 카드 비용 €0.5와 1일권 €16를 합쳐 총 €16.5다.
리스본에서 신트라로 이동하는 기차, 신트라 내 이스콧투르비Scotturb 버스, 카스카이스에서 리스본으로 오는 기차 모두 이용할 수 있다. 신트라 시내 교통 이용이 잦거나 교통권 사용 방법이 어려운 여행객은 1일권을 이용해도 좋다.

추천 동선
리스본 호시우Rossio 기차역 〉 기차 약 40~50분 이용 〉 신트라Sintra 〉 1253번/1624번 버스 약 40분 이용 〉 호카곶Cabo da Roca 〉 1253번/1624번 버스 약 50분 이용 〉 카스카이스Cascais 〉 기차 약 30분 이용 〉 리스본 카이스 두 소드레Cais do Sodré 기차역

신트라에서 호카곶과 카스카이스로 가는 1253번/1624번 버스는 리스본 시내 및 근교 열차 교통권을 사용할 수 없다. 양방향 모두 같은 정류장을 사용하므로 목적지를 꼭 확인하자.

**1. 리스본 ↔ 신트라 : 기차** (시간표 www.cp.pt 참조. 변동 가능)
운행 시간 리스본 → 신트라 05:41~01:01, 신트라 → 리스본 05:20~00:20 / 총 40분 정도 소요
주요 운행 코스 Lisboa Rossio → … → Queluz-Belas(켈루스 궁전) → … → Portela de Sintra(아제냐스 두 마르행 버스 정류장) → Sintra(종점 신트라 하차)

**2. 신트라 ↔ 호카곶 : 1253번/1624번 버스** (시간표 www.carrismetropolitana.pt 참조, 변동 가능)
운행 시간
① 신트라 → 호카곶(약 50분 소요)

| | Hour | 06 | 07 | 08 | 09 | 10 | 11 | 12 | 13 | 14 | 15 | 16 | 17 | 18 | 19 | 20 |
|---|---|---|---|---|---|---|---|---|---|---|---|---|---|---|---|---|
| **1253번 버스** | min. | 30 | 00 | 00 | 00 | 00 | 00 | 00 | 10 | 10 | 10 | 10 | 10 | 10 | 10 | 00 |
| | | | 30 | 30 | 30 | 30 | 30 | 30 | 30 | 30 | 30 | 30 | 30 | 30 | 30 | |
| | | | | | | | | 50 | 50 | 50 | 50 | 50 | 50 | 50 | | |

| | Hour | 09 | 10 | 11 | 12 | 13 | 14 | 15 | 16 | 17 | 18 | 19 |
|---|---|---|---|---|---|---|---|---|---|---|---|---|
| **1624번 버스** | min. | 00 | 10 | 10 | 10 | 10 | 10 | 10 | 10 | 10 | 10 | 10 |
| | | | | 40 | 40 | 40 | 40 | 40 | 40 | 40 | 40 | 25 |
| | | | | | | | | | | | | 55 |

② 호카곶 → 신트라(약 50분 소요)

| | Hour | 07 | 08 | 09 | 10 | 11 | 12 | 13 | 14 | 15 | 16 | 17 | 18 | 19 | 20 |
|---|---|---|---|---|---|---|---|---|---|---|---|---|---|---|---|
| **1253번 버스** | min. | 17 | 17 | 17 | 17 | 17 | 17 | 17 | 17 | 17 | 17 | 17 | 17 | 17 | 17 |
| | | 47 | 47 | 47 | 47 | 47 | 47 | 37 | 37 | 37 | 37 | 37 | 37 | 37 | 47 |
| | | | | | | | | 57 | 57 | 57 | 57 | 57 | 57 | 57 | |

| | Hour | 10 | 11 | 12 | 13 | 14 | 15 | 16 | 17 | 18 | 19 |
|---|---|---|---|---|---|---|---|---|---|---|---|
| **1624번 버스** | min. | 14 | 14 | 14 | 14 | 14 | 14 | 14 | 14 | 09 | 14 |
| | | 44 | 44 | 44 | 44 | 44 | 44 | 44 | 44 | 39 | |

**3. 호카곶 ↔ 카스카이스 : 1624번 버스** (시간표 www.carrismetropolitana.pt 참조, 변동 가능)
운행 시간
① 호카곶 → 카스카이스(약 35분 소요)

| Hour | 09 | 10 | 11 | 12 | 13 | 14 | 15 | 16 | 17 | 18 | 19 |
|---|---|---|---|---|---|---|---|---|---|---|---|
| min. | 42 | 52 | 52 | 22 | 22 | 22 | 22 | 22 | 22 | 22 | 07 |
| | | | | 52 | 52 | 52 | 52 | 52 | 52 | 42 | 37 |

② 카스카이스 → 호카곶(약 35분 소요)

| Hour | 09 | 10 | 11 | 12 | 13 | 14 | 15 | 16 | 17 | 18 | 19 |
|---|---|---|---|---|---|---|---|---|---|---|---|
| min. | 40 | 10 | 10 | 10 | 10 | 10 | 10 | 10 | 10 | 05 | 40 |
| | | 40 | 40 | 40 | 40 | 40 | 40 | 40 | 40 | 35 | |

**4. 카스카이스 ↔ 리스본 : 기차** (시간표 www.cp.pt 참조. 변동 가능)
운행 시간 카스카이스 ↔ 리스본 05:30~01:30 / 총 40분 정도 소요
주요 운행 코스 Cascais → … → Carcavelos(카르카벨로스 해변) → Oeiras(시인의 언덕, 폼발 궁전) → Caxias (왕실 별장) → Belém(벨렝 지역) → … → Cais do Sodre(리스본 종점 하차)

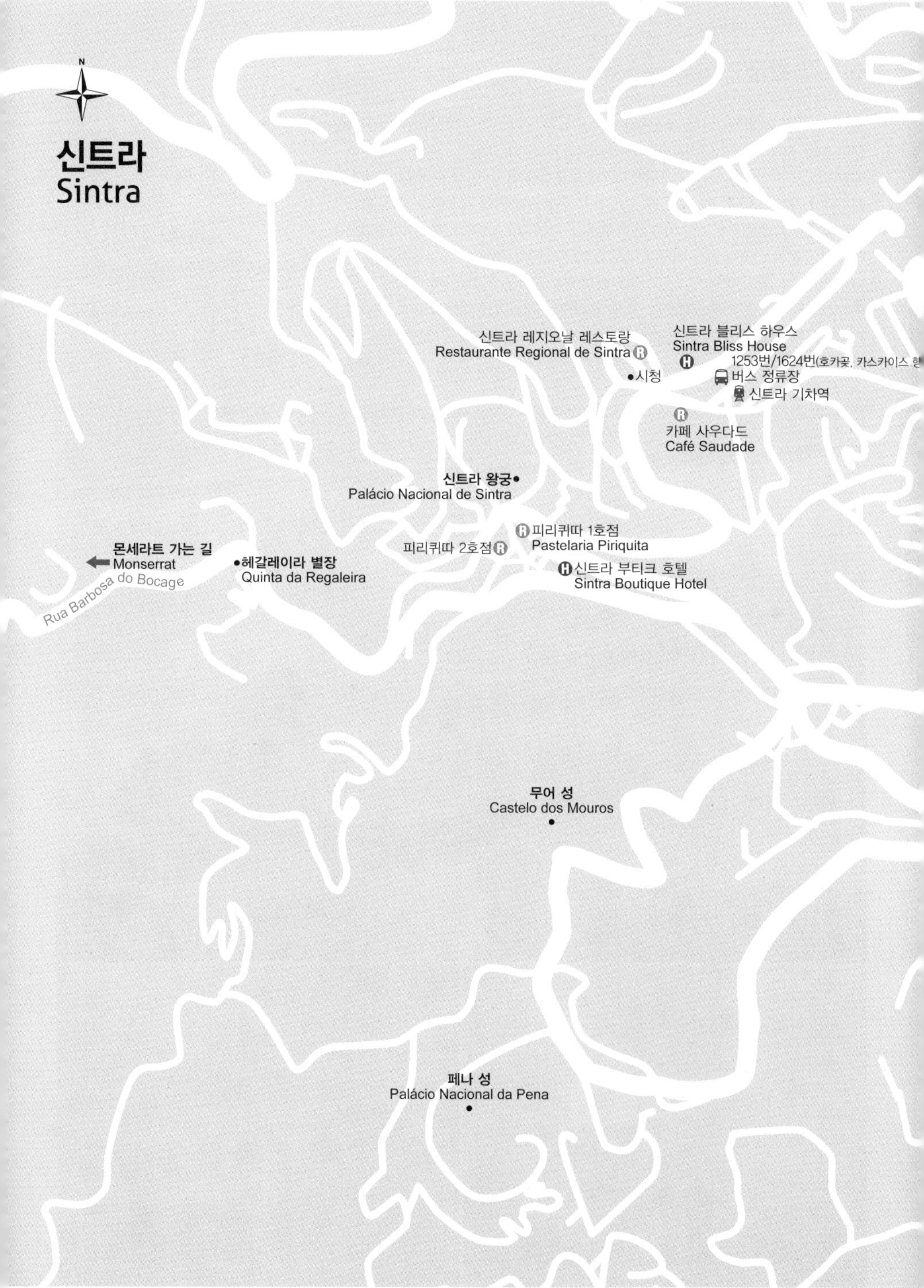
N
신트라
Sintra
신트라 레지오날 레스토랑
Restaurante Regional de Sintra
신트라 블리스 하우스
Sintra Bliss House
1253번/1624번(호카곶, 카스카이스
•시청
버스 정류장
신트라 기차역
카페 사우다드
Café Saudade
신트라 왕궁•
Palácio Nacional de Sintra
피리퀴따 1호점
Pastelaria Piriquita
피리퀴따 2호점
몬세라트 가는 길
Monserrat
•헤갈레이라 별장
Quinta da Regaleira
Rua Barbosa do Bocage
신트라 부티크 호텔
Sintra Boutique Hotel
무어 성
Castelo dos Mouros
페나 성
Palácio Nacional da Pena

Sightseeing ★★☆

1

## 신트라 왕궁 Palácio Nacional de Sintra

포르투갈에서 유일하게 남은 중세 왕궁으로 10세기 무어인(현재 아랍) 총독이 사용했던 건물, 샤웅 다 올리바Chão da Oliva가 있다. 무어인이 머물다 그리스도교가 지배했던 도시라 이슬람 문양이 가미된 그리스도교 양식을 쉽게 볼 수 있다. 말굽형 아치나 아라베스크 장식을 예로 볼 수 있는데 이를 무데하르 양식이라 한다. 왕궁 지붕에 원뿔형 굴뚝 2개 또한 아랍 건축 흔적을 보여준다. 굴뚝 크기가 어마어마한데 덕분에 왕궁 안에선 음식 냄새가 나지 않는다고 한다.

1287년 디니스 왕이 여왕에서 신트라를 선물하며 왕궁을 지었고 마누엘 1세가 증축하면서 마누엘 양식이 더해졌다. 이후 포르투갈 왕실이 전염병을 피하거나 여름 궁전으로 사용했다. 20세기 초, 카를루스 1세와 아멜리아 여왕이 마지막으로 사용했다.

주소 Largo Rainha D. Amelia
위치 기차역에서 434번 또는 435번 버스 이용 5분 정도 소요, 도보 10~15분 정도 걸린다.
운영 09:30~18:00
※ 폐관 30분 전까지 입장 가능
요금 €10(리스보아 카드 소지 시 할인)
전화 219-237-300
홈피 www.parquesdesintra.pt

## & 신트라 왕궁 둘러보기

① **백조 방**Sala dos Cisnes : 14세기, 주앙 1세가 만든 가장 큰 방이다. 연회와 종교행사, 장례식이 열리기도 했다. 영국 랭커스터 가문인 필리파 여왕과의 정략결혼도 이곳에서 주선되었다. 천장에 백조 27마리가 그려져 있고 왕관 백조는 혼담을 나눈 영국 국왕 헨리 4세를 상징한다.

② **까치 방**Sala das Pegas : 주앙 1세가 고위 관리와 정치를 논하거나 외국 대사와 외교를 하던 방이다. 천장에는 까치 136마리가 그려져 있다. 부리로 물고 있는 글자, 'PORBEM'은 주앙 1세의 모토로 '좋다'는 뜻이다. 발에 든 장미는 필리파 여왕의 영국 가문 문장을 상징한다.

③ **문장 방**Sala dos Brasões : 마누엘 1세의 권력을 엿볼 수 있는 방이다. 천장화 가운데에 왕의 문장이 있고 자녀 8명 문장과 수사슴 8마리가 그려져 있다. 영향력이 있는 72개 가문 문장은 당시 포르투갈 권력이 얼마나 광범위한지 알 수 있다. 가장자리에는 그들의 충성심과 노력에 대한 찬사가 담겨 있다. 벽면 전체를 장식한 아줄레주 타일이 인상적이다.

④ **아폰수 4세 방**Câmara de D. Afonso VI : 왕궁에서 가장 오래된 방으로 17세기, 형에 의해 폐위된 아폰수 6세가 유배된 곳이다. 유일하게 철창으로 된 방으로 방문에는 군인이 지키고 있었는데 9년. 이토록 아름다운 궁전에 있으면서도 행복할 수 없던 그의 삶이 안타깝다. 바닥 세라믹 타일은 궁전 초기 모습을 유지하고 있다.

⑤ **팔라틴 성소**Palatine Chapel : 디니스 왕이 지어 아폰수 5세가 머물 때까지 개보수가 되었다. 이슬람 무늬인 아라베스크 바닥과 무데하르 천장에 이국적인 이슬람 문화가 녹아 있다. 예배당 재대 맞은편에 2층 구조물이 있는데 왕과 왕비는 이곳에서 미사를 드렸다.

⑥ **주방**Cozinha : 예부터 신트라는 왕족의 여름 별장이자 사냥터였다. 사냥감으로 연회를 준비하던 주방은 수백 명이 일할 수 있을 정도로 크다. 화구와 수로, 타일로 마감해 청결한 벽면이 돋보인다. 33m 높이인 굴뚝 2개 내부도 볼 수 있다.

⑦ **안뜰과 작은 동굴**Pátio Central e Gruta dos Banhos : 중앙 안뜰은 내부 통로를 통하지 않고 궁전 대부분을 순환할 수 있다. 중앙에 꼬인 밧줄 기둥은 마누엘 양식이다. 꼭대기에 분출구가 있어 분수처럼 물이 뿜어져 나온다. 동굴처럼 벽면에 들어간 공간인 파티오에는 신화나 계절을 아줄레주로 표현했다.

1

2

3

4

5

6

7

왕궁 밖에 있는 프레타 Preta 정원도 잊지 말자.

Sightseeing ★★★

2

# 무어 성 Castelo dos Mouros

10세기경 무어인은 방어를 목적으로 절벽 위에 성을 세웠다. 포르투갈에 대항하여 마지막까지 저항할 수 있었던 것도 난공불락이던 무어 성 덕분이다. 전쟁 중에 물이 부족하지 않도록 빗물을 모아 두는 저장 탱크를 만들었고 음식은 사일로Silo에 보관했다. 화강암 밑에 듬성듬성 파인 구멍을 사일로라고 한다. 집터와 교회, 중세의 묘지가 발굴되어 성안에서의 생활을 알 수 있다. 언덕을 두르고 있는 돌계단은 마치 회색 비늘이 반들거리는 용이 누워 있는 것 같다. 성벽 위의 다양한 포르투갈 국기는 역사 속 왕의 문장을 상징한다. 그중 초록색의 아랍어가 적힌 무어인의 국기도 있다. 언덕의 가장 높은 곳에 있는 왕의 탑Tower of King은 페르난두Fernando 왕이 좋아하는 장소였다. 이곳 봉화대에서 피운 불은 카스카이스에서도 보인다고 한다. 적에게 활을 쏘기 위해 수백 번 오르내렸을 성벽에서 긴박했던 그때를 상상해 보자.

주소 Parque de Monserrate
위치 신트라 왕궁에서 버스 10분
운영 10:00~18:00
※ 폐관 1시간 전까지 입장 가능
요금 €8(리스보아 카드 소지 시 할인)
전화 219-237-300

Sightseeing ★★☆

③

## 페나 성 Palácio Nacional da Pena

페나 성은 달의 산, 세나 꼭대기에 지어졌다. 주앙 2세가 자비의 성모마리아 성소 Igreja Nossa Senhora da Pena를 짓고 후대 왕인 마누엘 1세가 제로니무스 성인을 위한 수도원으로 증축했다. 리스본 대지진으로 폐허가 된 뒤 1838년 페르난두 2세가 아내를 위해 만든 성이다. 독일 귀족 출신인 그는 고향에 있는 건축가를 불러 낭만주의 건물을 지었다. 알록달록한 페나 성은 여느 고상한 성들과는 다르다. 마치 기분이 좋아지는 놀이동산 '페나랜드' 같다.

페나 성은 왕궁과 공원 통합권 또는 공원만 둘러볼 수 있는 관람권을 판매하고 있다. 공원만 볼 수 있는 관람권은 왕궁 내부는 물론 외관에 들어가지 못하므로 왕궁 외관까지 올라가고 싶다면 통합권을 사야 한다. 궁전 내부를 관람하고 테라스로 가서 대서양까지 조망하자. 페나 성을 제대로 볼 수 있는 장소는 공원 내 크루즈 알타(Cruz Alta)다. 세나 산꼭대기에 있는 성을 맞은편 언덕에서 볼 수 있다.

| | |
|---|---|
| 주소 | Estrada da Pena |
| 위치 | 무어 성에서 도보 15분.<br>공원 입구에서 궁전까지 가는 꼬마 기차가 있다. 공원은 면적이 넓으니 일정에 맞춰 둘러 보자. |
| 운영 | **궁전** 10:00~18:00<br>(17:00까지 입장 가능)<br>**공원** 10:00~18:00<br>(17:30까지 입장 가능) |
| 요금 | **궁전 + 공원** €14<br>(09:30~10:30에 구매하면 €13)<br>**공원** €7.5 |
| 전화 | 219-237-300 |

크루즈알타 전망대

## & 페나 성 둘러보기

① **성문**Porta Monumental : 성 입구에 있는 거대한 문은 수도원 때부터 이어져 오고 있다. 방어를 위한 망루가 있고 정면에는 리스본 사라마구 전시관(p.90)에 있는 외벽처럼 피라미드처럼 생긴 사각뿔 돌이 박혀있다. 입구 아치는 여러 마리 뱀이 얽힌 모습을 표현했다. 도개교를 지나면 입구다.

② **트리톤 테라스**Terraço do Tritão : 돌출된 창문을 받치고 있는 신화 속 인물은 트리톤이다. 바다신인 포세이돈 아들로 상반신은 사람, 하반신은 물고기인 인어다. 그가 서 있는 조개에는 산호초가 피어 화려하다.

③ **예배당**Capela : 페나 성 초기 건물인 자비의 성모 예배당이다. 왕실 궁전으로 바뀌기 전까지 예배당은 누구에게나 열려있어 많은 신자가 찾았다. 신트라 석회암으로 만든 제단 위에 주앙 3세와 마누엘 1세 제단화가 있다. 맞은편에 있는 스테인드글라스는 1840년 뉘른베르크에서 만든 작품으로 페르난두 2세를 그렸다.

④ **마누엘리노 회랑**Claustro Manuelino : 대항해시대 중심에 있던 마누엘 1세는 해양 생물과 선박, 이국적인 동식물을 모티브로 '마누엘리노'라는 장식을 만들어냈다. 포르투갈의 독창적인 양식으로 성에서 가장 잘 보여주는 장소다. 1511년부터 3세기 동안 수도승이 수도원으로 돌아가던 길이었다가 이후 왕실 전용 통로로 사용되었다.

⑤ **그레이트 홀**Salão Nobre: 페나 성에서 가장 큰 방이다. 사교와 레저 활동을 위한 방으로 당구실로 사용하려 만들었다. 1940년 당구대를 치우고 소파와 테이블을 둬서 여유로운 공간으로 만들었다. 일본과 중국에서 들여온 도자기 컬렉션이 무역 강국인 포르투갈 면모를 보여준다.

⑥ **식당**Sala de Jantar e Copa : 페르난두 2세가 수녀원 식당을 왕실 식당으로 바꿨다. 24명이 식사할 수 있는 긴 식탁 위에 당시 모습 그대로 장식을 재현해 두었다. 벽면에는 왕실 도자기가 전시되어 있다.

⑦ **동 카를로스 방**Aposentos do Rei D. Carlos : 19세기 말부터 20세기 초까지 집권한 동 카를로스 왕이 머물렀다. 왕이 직접 그린 벽화가 인상적이다. 페나 공원에 있는 목신과 요정들이다. 1908년 코메르시우 광장에서 암살되어 미완성으로 남았다.

⑧ **왕의 욕실**Banho do rei : 동 카를로스 왕은 개인위생에 관심을 가져 19세기 과학을 이용해 방 바로 옆에 욕실을 만들었다. 이 공간은 드레스룸으로도 사용했다.

## 아내를 위해 페나 성을 지은 페르난두 2세

마리아 2세는 브라질과 포르투갈 국왕이었던 아버지에 의해 포르투갈 여왕이 되었다. 1816년 첫 번째 남편과 사별 후 독일 왕자와 결혼했는데 그가 페르난두 2세다. 왕위 계승자가 아닌 그는 1837년 후계자 페드루 5세가 태어나면서 공동 국왕이 되었다. 페르난두 2세는 예술과 과학에 관심이 많고 아내를 지극히 사랑했다. 어느 날 신트라에 방문한 그는 폐허가 된 페냐 수도원을 사비로 사들여 아내를 위한 페냐성을 지었다. 낭만주의 건물이 완공되기 몇 달 전 안타깝게도 마리아 2세는 11번째 아이를 낳다가 생을 마감했다.

7년 뒤인 1860년, 페르난두 2세는 오페라에 출연한 미국 배우 엘리제 프리데리케 헨슬러Elise Friedericke Hensler와 결혼했고 사촌이 그녀에게 에들라 백작 작위를 줬다. 페드난두 2세와 에들라 백작은 페나 공원 내에 '백작 부인 오두막Condessa d' Edla Chalet'을 함께 짓기도 했다. 1885년 사망한 그는 백작에게 페나 성을 유산으로 남겼으나 여론이 좋지 않아 오두막만 남기고 국가에 팔았다.

에들라 백작 부인 오두막Condessa d' Edla Chalet

Sightseeing ★★★

4

# 헤갈레이라 별장 Quinta da Regaleira

포르투 상인 가문인 헤갈레이라 자작부인이 소유하던 별장이다. 1892년 브라질 커피 무역으로 거부(巨富)가 된 카르빌류 몬테이루(Carvalho Monteiro)가 사서 여름 별장으로 재단장했다. 퀸타는 정원이 큰 별장을 말하는데 이곳은 축구장 2개 정도 크기다. 당대 유명한 이탈리아 건축가 루이지 마니니(Luigi Manini)가 지었다. 당시 화제가 된 축 도안은 이탈리아 크레마 시립박물관에 있다. 무대연출가를 겸한 그는 입구를 숨겨놓거나 비밀통로로 연결되는 등 장치를 설치해 '이상한 나라의 앨리스'가 된 듯하다. 별장 인근에 발전기를 돌려 전기 공급을 하고 물을 집안으로 끌어들여 신트라에서는 최초로 전기가 들어오고 욕실에 수도가 연결되었다.

몬테이루가 사망한 후 후손들은 별장을 팔았고 소유주가 여럿 바뀌었다. 제2차 세계대전 중에는 적십자 중심 역할을 했고 1980년대에는 호텔로도 사용되었다. 1987년 신트라가 인수한 뒤 10년 후 대중에 공개되었다.

| | |
|---|---|
| 주소 | Qinta da Regaleira 2710-567 Sintra |
| 위치 | 신트라 왕궁에서 도보 10분 |
| 운영 | 4~9월 09:30~20:00<br>10~3월 09:30~18:00<br>※ 폐관 1시간 전까지 입장 가능 |
| 요금 | 성인 €6, 학생 €4.5 |
| 전화 | 219-106-650 |
| 홈피 | www.regaleira.pt |

### more more & 비밀결사단 프리메이슨(Free mason)?!

프리메이슨은 계몽주의 사상을 가진 사람들 집합으로 중세 길드에서 시작되었다. 가톨릭으로부터 탄압받아 비밀결사단으로 운영되었다. 헤갈레이라 별장과 정원을 꾸민 백만장자 몬테이루도 프리메이슨 단원이었다. '보다 나은 인간과 세계'라는 목표로 전문가와 사업가가 많았다. 명단은 비공개고 정확한 기원도 알 수 없다. 헤갈레이라 별장도 프리메이슨 상징과 건축 규칙이 엿보이기에 가설된 부분이다.

## more & more 헤갈레이라 별장 둘러보기

추천동선

**폭포 호수**Lago da Cascata → **인공 동굴**Túneis do Jardim → **수호자의 문**Portal dos Guardiaes → **입회식 우물**Poço de Iniciação → **헤갈레이라 예배당**Capela da Regaleira → **궁전**Palácio

❶ **폭포 호수**Lago da Cascata : 정원에서 가장 아름다운 장소다. 호수(연못)를 중심으로 인공 동굴과 정원을 연결한다. 연못 위로 연결된 돌다리에서 한 번, 인공 동굴을 통해 아래에서 한 번 감상할 수 있다.

❷ **인공 동굴**Túneis do Jardim : 정원을 가로지르는 비밀통로로 처음 지어진 모습 그대로다. 예배당 지하와 폭포 호수, 수호자의 문, 입회식 우물로 연결된다. 신과 인간의 결합을 상징하는 레다 동굴도 빼놓지 말자.

❸ **수호자의 문**Portal dos Guardiaes : 인공 동굴로 들어가는 입출구다. 문 입구에는 수호자 케르베르스 2마리 조각이 있다. 이탈리아 대문호 단테 〈신곡〉에 나오는 개로 지옥문을 지킨다. 문 앞 광장은 정원에서 가장 넓어 행사나 음악회가 열리기도 한다.

❹ **입회식 우물**Poço de Iniciação : 정원 상부에 있는 우물은 땅속에 만든 원통형 탑이다. 단테 〈신곡〉에 등장하는 9단계 지옥처럼 나선형 계단이 지하 9층까지 나 있다. 바닥에 있는 나침판은 프리메이슨 표식으로 입단식이 열리는 장소였다고 한다. 우물 입구에 사람이 많다면 가짜 돌문을 찾아보자. 중간층에 있는 돌문을 밀면 원통형 탑에 들어갈 수 있다.

❺ **헤갈레이라 예배당**Capela da Regaleira : 궁전 건물 맞은편에 작은 예배당이 있다. 소유주가 바뀌면서 생겼는지 정확한 연도를 알 수 없지만, 가톨릭 예배당이다. 내부에는 프레스코화와 스테인드글라스로 장식되어 있고 바닥에는 대항해시대를 상징하는 혼천의와 그리스도 기사단 십자가가 있다.

❻ **궁전**Palácio : 5층 건물인 별장은 어떤 양식으로 지어졌다고 정의하기 어렵다. 고딕과 르네상스, 무어와 이집트 양식, 마누엘리노까지 다양한 건축양식이 포함되어 기괴하지만 유일한 건축물을 만들었다. 옥상에는 팔각형 파빌리온을 비롯한 불규칙한 탑과 정교한 조각이 어우러진다. 외관은 복원되었으나 내부는 옛 모습이 거의 남아있지 않다. 0층에 있는 식당의 대형 벽난로와 목재로 된 천장, 타일 바닥 정도가 남았다. 2층에 하녀들 침실과 3층 다림질실 등 하인이 사용한 방도 함께다. 궁전은 미국 팝스타 마돈나가 구매에 관심을 가지기도 했다.

1

2

2

3

4

4

5

6

6

Sightseeing ★★☆

5

# 몬세라트 Monserrat

환상 속에 숨겨둔 비밀의 정원을 찾고 있다면 몬세라트로 가자. 우아한 몬세라트 궁전은 1790년 성모 성당이 있던 자리에 영국 상인인 제라드 드 비스메Gerard De Visme가 지었다. 이후 작가이자 미술 평론가였던 윌리엄 벡포드William Beckford 가의 여름 별장으로 사용되었고 20세기부터 국가가 매입해 일반인의 관람이 가능하다. 식물을 모티브로 한 내부 장식과 인도식 무굴 양식의 패널, 분홍빛 마블링이 아름다운 대리석이 이채롭다. 크리스마스 트리라고 불리는 뉴질랜드산 포후투카와Pohutukawa 등 3,000여 종의 이국적인 식물과 나무로 아름다운 정원을 꾸몄다. 덕분에 영화나 드라마 촬영지로도 많이 이용된다.

| | |
|---|---|
| 주소 | Monserrate, 2710-405 Sintra |
| 위치 | 신트라 왕궁에서 버스 15분 |
| 운영 | **궁전** 10:00~18:00 |
| | (17:00까지 입장 가능) |
| | **정원** 10:00~18:00 |
| | (17:30까지 입장 가능) |
| | ※ 폐관 1시간 전까지 입장 가능 |
| 요금 | €8(리스보아 카드 소지 시 할인) |
| 전화 | 219-237-300 |

Sightseeing ★★☆

6

## 아제나스 두 마르 Azenhas do Mar

주소 Miradouro das Azenhas do Mar

아제나스 두 마르는 신트라 근교에 있는 해안 마을이다. 대서양을 마주한 절벽 위에 주황색 지붕을 얹은 집들이 쏟아질 듯 자리한다. 사진 속 장면은 아제나스 두 마르 전망대Miradouro das Azenhas do Mar에서 보는 풍경이다. 마을까지 계단으로 이어져 있어 쉽게 도착할 수 있다. 대서양 파도는 거침없다. 세차게 몰아치는 탓에 해수욕을 하기에는 어렵다. 해안에 방파제를 설치해 만든 대중 수영장이 있어 이곳에서 여름을 즐기는 사람들이 많다. 이용료도 없다. 단, 파도가 높은 날은 수영장까지 파도가 깊이 들어오니 주의하자. 대신 높은 파도를 타는 서퍼라면 인근에 아구다 해변Praia da Aguda과 마구이투 해변Praia do Magoito이 있다.

대중교통을 이용하려면 신트라 기차역에서 1247번, 1248번, 1254번 버스를 이용, 아제나스 두 마르Azenhas do Mar 정거장에서 내린다. 신트라에서 볼트나 우버처럼 차량 공유서비스를 이용하면 훨씬 편하다. 대략 10유로 정도로 3명 이상이라면 고려를 해 볼 만하다.

Food 추천

1

## 카페 사우다드 Café Saudade

고풍스러운 분위기의 카페 사우다드는 가벼운 브런치나 베이커리를 먹기 좋다. 그중에서도 하우스 샌드위치, 수프와 케이자다가 맛 좋다. 카페에서 유명한 케이자다는 1888년 문을 연 공장의 설립자인 '마틸다'의 이름으로 판매하고 있다. 특히 페르난두 2세가 마틸다 케이자다를 좋아해서 신트라 왕궁에서 지낼 때마다 공급했다. 신트라 전통 제조법대로 만들고 있다고 하니 더 특별하게 느껴진다. 쾌활한 직원이 맞아 주는 게스트 하우스도 함께 운영 중이다.

주소 Rua Dr. Alfredo da Costa, 21, 2710-524 Sintra
위치 신트라 기차역에서 도보 1분
운영 여름 08:30~20:00
겨울 08:30~19:00
요금 케이자다 €1.2, 오늘의 수프 €1.9, 하우스 샌드위치 €5~6
전화 219-237-300

Food

2

## 파스텔라리아 피리퀴따
Pastelaria Piriquita

신트라 왕궁 맞은편의 골목을 걸어가다 보면 노란색 타일의 아기자기한 파스텔라리아 피리퀴따가 나온다. 케이자다와 트라베세이루가 유명하다. 바삭한 페이스트리 안에 따뜻한 달걀 크림이 든 트라베세이루는 '베개'라는 뜻처럼 길고 폭신하다.

주소 **1호점** Rua Padarias 1/7 2710-603 Sintra
**2호점** Rua Padarias 18, 2710-591 Sintra
운영 월~화 · 목~금 09:00~19:30
토~일 09:00~20:00 **휴무** 수요일
요금 케이자다 €0.8, 트라베세이루 €1.25, 갈라웅 €1.3
전화 **1호점** 219-230-626

Food

3

## 신트라 레지오날 레스토랑
Restaurante Regional de Sintra

왁자지껄한 현지인과 함께 맛 좋은 포르투갈 음식을 먹고 싶다면 이곳에 가 보자. 점심과 저녁에만 문을 열기 때문에 시간 체크를 잘하고 가야 한다. 시청 바로 옆에 위치하고 있다.

주소 Travessa DO Municipio 2, 2710-592 Sintra
위치 신트라 왕궁에서 도보 7분
운영 12:00~16:00, 19:00~22:00 **휴무** 수요일
요금 메인 €8~20 전화 219-234-444
홈피 regional.pt

Food
4
## 라포사 A Raposa

1888년에 티 하우스로 문을 연 라포사는 고풍스럽던 티 하우스의 분위기를 그대로 살려 2011년 레스토랑으로 변경되었다. 부드러운 조명과 조용히 울리는 외국인의 수다는 친밀감을 더해 준다. 라이브로 진행되는 재즈 음악과 미슐랭 1스타 셰프의 요리까지 마법 같은 신트라에서의 완벽한 저녁 식사가 완성된다.

주소 Rua Conde Ferreira 29, 2710-556 Sintra
운영 13:00~23:00
요금 메인 €10~ 전화 219-243-440

© A Raposa

Stay
1
## 신트라 블리스 하우스 Sintra Bliss House

시청 가까이에 위치한 신트라 블리스 하우스는 신트라 부티크 호텔에서 운영하는 B&B다. 호텔 수준의 퀄리티에 깔끔하고 저렴한 가격에 묵을 수 있어 여행객들에게 인기다.

주소 Rua Dr. Alfredo Costa 15/17 2710-524 Sintra
요금 €80~
전화 219-244-541
홈피 sintrablisshouse.com

Stay 4성급
2
## 신트라 부티크 호텔 Sintra Boutique Hotel

시내 중심부에 위치한 신트라 부티크 호텔은 고급스러운 인테리어와 서비스를 갖추고 있다. 달빛이 비추는 테라스에서 차 한잔을 하거나 새벽에 일어나 안개 낀 정원을 거닐어도 좋겠다. 동화 같은 신트라에서의 하루를 완벽하게 만들어 준다.

주소 Rua visconde de Monserrate 48, 2710-591 Sintra
요금 €130~
전화 219-244-177
홈피 sintraboutiquehotel.com

# 호카곶 Cabo da Roca

유럽 대륙 최서단에 있다. 중세 유럽은 세상의 중심이 본인들에게 있다고 믿었고 해가 지는 서쪽 끝에 있는 포르투갈, 호카곶이 세상의 끝이라 믿었다. 망망한 대서양을 바라보며, 대륙의 끝에 서서 포르투갈 사람들은 무슨 마음이었나. 포르투갈 역사에 최전성기 '대항해시대'를 만든 모험가들은 포르투갈이 세상의 끝이 아닌 시작이라고 생각을 전환했다. 생을 돌아보고 새로운 계획을 정하기에 더없이 좋은 호카곶에서 의미있는 시간을 가져보자.

## 호카곶으로 이동하기

### ① 신트라에서 호카곶

신트라 기차역에서 1253번/1624번 버스를 이용하며 요금은 버스 기사에게 낸다. 6시 30분부터 20시까지 운행하며 약 50분 걸린다.

### ② 카스카이스에서 호카곶

카스카이스 기차역 인근 쇼핑센터 지하에 시외버스 터미널이 있다. 1624번 버스를 이용하며 요금은 버스 기사에게 낸다. 9시 40분부터 19시 40분까지 운행하며 약 35분 걸린다. (p150 & 신트라-호카곶-카스카이스 1일권 참고)

Sightseeing ***

1

# 호카곶 Cabo da Roca

tvN 예능 프로그램 〈꽃보다 할배〉에서 배우 신구 분이 한 번은 가보고 싶다던 세상의 끝이다. 유럽 대륙 최서단이자 해가 지는 서쪽 끝이다. 고대인들은 이곳을 이승과 저승의 경계라고 생각했다 한다. 당시에는 바다 너머에 괴물이 살아서 뱃사람들을 잡아먹는다거나 끝이 절벽이라 바다 폭포에 떨어져 죽는다고 했었다. 두려움을 떨쳐내고 떠난 모험가들은 신대륙을 발견했고 지구는 둥글다고 증명했다.
호카곶 입구인 관광 안내소를 지나면 포르투갈에서 두 번째로 오래된 등대를 만난다. 1772년 불을 밝혔으나 손상이 많이 되어 1842년 새로 지었다. 140m 높이인 화강암 절벽을 따라 걸으면 십자가 기념비를 만난다. 포르투갈 시인 카몽이스가 적은 시구 '여기 땅이 끝나고 바다가 시작된다'라고 적혀있다. 그는 항해사 바스쿠 다 가마와 인도항로를 개척하고 돌아와 쓴 책 〈우스 루지아다스〉로 국민 영웅이 된 시인이다. 만약 당신의 일상이 지루하거나 도전을 시작하려 한다면 그의 말은 더없이 좋은 핑곗거리가 되어줄 것이다.
늦봄에서 초여름이면 막사국 카르포브로투스(Ice Plant / Hottentot Fig) 꽃이 피어 호카곶을 수놓는다. 포르투갈이 아프리카를 발견하고 식민지에서 가져온 다육 식물이다. 번식이 쉽지 않으나 포르투갈 해안에서 흔히 볼 수 있는 식물이다.

주소 Estrada do Cabo da Roca s/n

위치 관광 안내소 앞에서 하차한다. 배차가 자주 있지 않으므로 내리자마자 다음 버스 시간을 확인하자.

호카곶 관광 안내소에서 일정 금액을 내고 세상의 끝에 온 인증서를 받을 수 있다.

늦봄에서 초여름에 피는 막사국 카르포브로투스(Ice Plant / Hottentot Fig). 포르투갈이 아프리카를 발견하고 식민지에서 가져온 다육식물이다.

# 카스카이스 Cascais

리스본 근교 어촌마을인 카스카이스는 테주강 하류에서 수도 리스본을 지키는 군사적 요충지였다. 19세기, 포르투갈 왕실에서 여름 휴양지로 삼았고 제2차 세계대전 동안 정부에서 중립을 선언해 유럽 군주들이 이곳에 정착했다. 안락한 해안 휴식처였으나 각국 첩보원들이 정보 전쟁을 하던 장소이기도 하다. 카지노와 포뮬러원으로 고급 관광지인 카스카이스 에스토릴 지역은 영화 〈007, 여왕 폐하 대작전〉이 촬영되었다. 지금은 깔끔한 해변과 편의시설을 갖춘 고급 리조트 도시로 사랑받고 있다.

★
**카스카이스 관광 안내소**
주소 Rua visconde da luz 14
운영 월~토 09:00~19:00,
일·공휴일 10:00~18:00
전화 214-868-204

## 1. 카스카이스로 이동하기

### ① 리스본에서 카스카이스

리스본, 카이스 두 소드레Cais do Sodré역에서 기차로 종점인 카스카이스Cascais역에 도착한다. 5시 30분부터 익일 1시 30분까지 운행하며 약 40분 걸린다.

### ② 호카곶에서 카스카이스

호카곶 관광 안내소 앞 버스 정류장에서 1624번 버스를 이용하며 요금은 버스 기사에게 낸다. 9시 42분부터 20시 37분까지 운행하며 약 35분 걸린다.
(p.150 & 신트라–호카곶–카스카이스 1일권 참고)

## 2. 카스카이스 안에서 이동하기

카스카이스 기차역에서 지옥의 입까지 해안선을 따라 버스가 다닌다. 7시 30분부터 21시 15분까지 운행 10~15분 간격으로 운행한다. 1월 1일과 12월 25일은 쉰다. 시간이 여유롭다면 해안선 산책을 권한다.

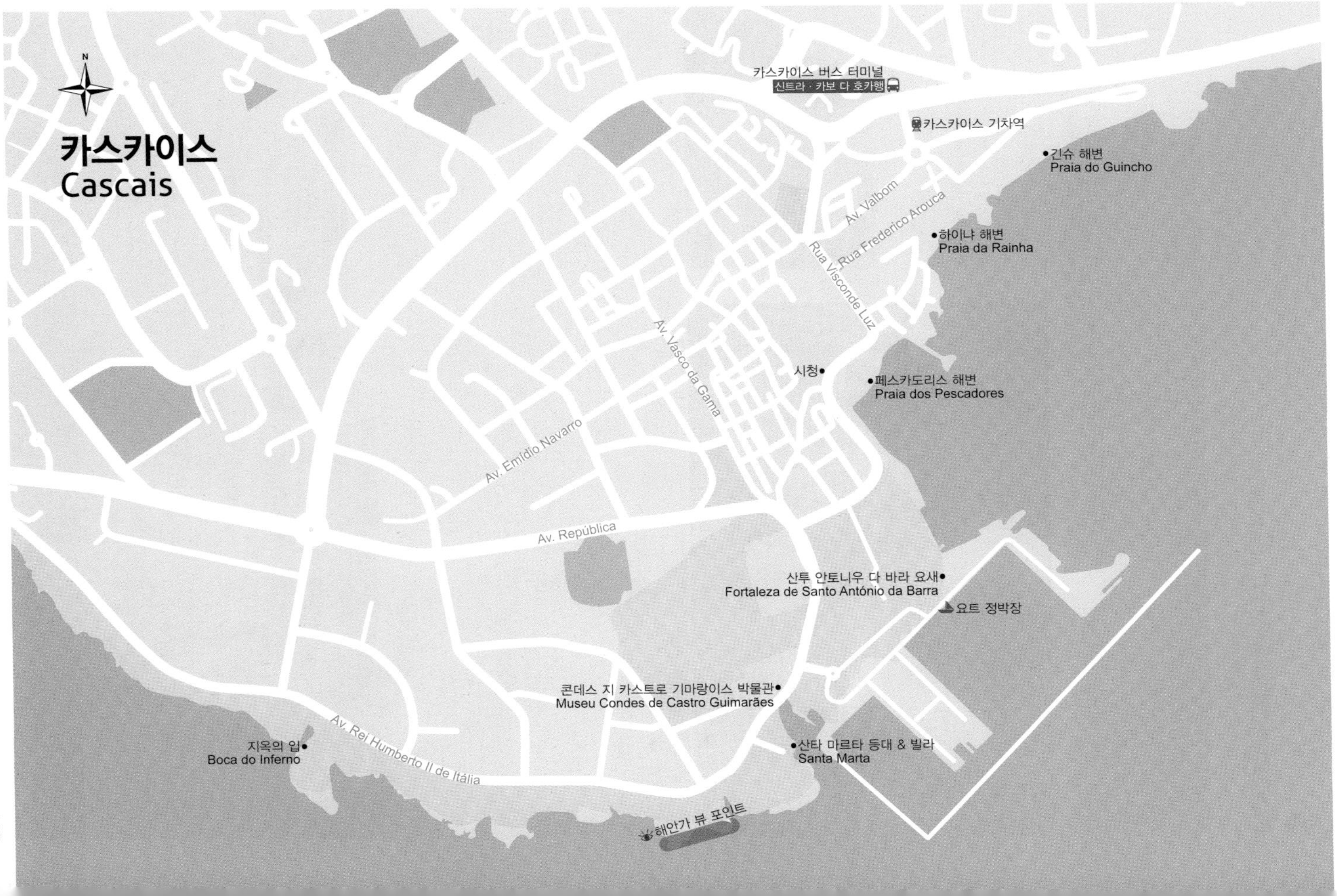
카스카이스
Cascais
N
카스카이스 버스 터미널
신트라 · 카보 다 호카행
카스카이스 기차역
긴슈 해변
Praia do Guincho
하이냐 해변
Praia da Rainha
Av. Valbom
Rua Frederico Arouca
Rua Visconde Luz
시청
페스카도리스 해변
Praia dos Pescadores
Av. Vasco da Gama
Av. Emídio Navarro
Av. República
산투 안토니우 다 바라 요새
Fortaleza de Santo António da Barra
요트 정박장
콘데스 지 카스트로 기마랑이스 박물관
Museu Condes de Castro Guimarães
산타 마르타 등대 & 빌라
Santa Marta
지옥의 입
Boca do Inferno
Av. Rei Humberto II de Itália
해안가 뷰 포인트

Sightseeing ★★★

1

# 카스카이스 해안 산책 Praia de Cascais

걷는 것만으로 힐링이 되는 도시다. 바다를 생업으로 살아온 사람들은 호탕하고, 고급 휴양지답게 가게 직원들은 친절하다. 코스를 짜서 해안을 따라 곳곳에 숨은 유적과 박물관, 자연을 관찰해 보자. 아침 일찍 해안가를 돌며 조깅하는 사람들을 따라 지옥의 입까지 다녀오면 어느새 이마에 맺힌 땀을 식히려 바다에 발을 담그고 만다. 카스카이스는 여행자에게 쉼표와 같은 도시다.

**콘데스 지 카스트로 기마랑이스 박물관**
Museu Condes de Castro Guimarães

주소 Av. Rei Humberto II de Italia, Parque Marechal Carmona
운영 화~일 10:00~13:00, 14:00~17:00
**휴무** 월요일, 공휴일
전화 214-815-304

**지옥의 입** Boca do Inferno

주소 Av. Rei Humberto II de Italia

## more more & 카스카이스의 해안 산책 코스

① **하이냐 해변**Praia da Rainha 여왕의 해변이라는 뜻. 좁은 골목 안에 숨어있어 아는 사람만 찾는다.

② **시내 중심가** 시청 앞마당에 정통 칼사다 포르투게사가 있다. 상점과 카페, 레스토랑 밀집 지역.

③ **페스카도리스 해변**Praia dos Pescadores 어촌에 루이스 왕의 여름 별장이 세워지며 고급 휴양지가 됐다.

④ **산투 안토니우 다 바라 요새**Fortaleza de Santo António da Barra 리스본 방어 거점으로 1580년 알바 공작이 요새를 세워 군대를 양성했다. 지금은 해양 연구소로 사용되고 있다.

⑤ **요트 정박장** 고급 휴양지답게 호화 요트가 많다.

⑥ **콘데스 지 카스트로 기마랑이스 박물관**Museu Condes de Castro Guimarães 유려한 곡선과 화려한 문양, 다양한 디자인의 타일로 만든 낭만주의 건축물이다.

⑦ **파울라 레구 미술관** Casa das Histórias Paula Rego 포르투갈 화가 파울라 레구 작품을 전시한 미술관이다. 신트라 왕궁 굴뚝에서 영감을 얻은 피라미드형 탑 2개가 인상적이다. 포르투갈 건축가이자 건축계의 노벨상인 프리츠커상을 수상한 에두아르두 소투 드 모라Eduardo Souto de Moura가 설계했다.

⑧ **산타 마르타 등대와 빌라**Santa Marta 1902년 건축가 라울 리노가 만들었다. 지금은 시의 소유이며 프로젝트 전시관으로 이용 중이다.

⑨ **해안가** 해안 도로를 따라 이어지는 바위 위로 3m나 됨직한 파도가 부딪친다.

⑩ **지옥의 입**Boca do Inferno 해안 절벽 사이로 난 동굴이다. 뱃사람들이 동굴을 보고 지옥으로 가는 입구 같다고 했다.

# PORTO

## 대서양 입구의 영원한 항구 포르투

2

국명의 어원인 포르투는 부두를 뜻하는 'Port'에서 유래되었다. 도우루 강 하구에 위치한 항구도시 포르투는 이웃 나라와의 교역을 통해 일찍이 상업의 중심지가 되었다. 대항해시대를 연 엔리케 왕의 출생지이자 포르투갈의 오래된 도시로 다양한 건축양식의 진화를 살펴볼 수 있다.

낭만의 도시라 하면 프랑스에는 파리, 체코에는 프라하를 떠올리듯이 포르투갈에는 포르투가 있다. 동 루이스 1세 다리 아래로 도우루 강이 흐르고 그 위로 크루즈가 지나간다. 세계문화유산으로 지정된 히베이라 지구의 건물은 파스텔빛이 바래 빈티지한 분위기를 자아낸다. 산지의 포도가 무르익으면 빌라 지 노바 가이아의 와이너리에서는 빈 오크통을 채운다. 도시에서 가장 높은 곳에 있는 클레리구스 탑의 종이 울리고 노을을 닮은 오렌지빛 지붕 위로 새가 날아오른다. 당신만 있다면 이곳은 완벽한 포르투가 된다.

### 포르투에서 꼭 해야 할 일

- 소설 『해리포터』 흔적 찾기(세상에서 가장 아름다운 서점인 렐루 서점과 조앤 K. 롤링 작가가 『해리포터』 시리즈를 집필하던 카페 마제스틱).
- 상 벤투 기차역에서 푸른 아줄레주 감상하기.
- 모루 공원이나 세라 두 필라르 수도원에서 동 루이스 1세 다리 야경 보기.
- 빌라 지 노바 가이아 지구의 와이너리에서 포트 와인 체험하기.
- 해 질 녘에 크루즈를 타고 도우루 강과 히베이라 지구 구경하기.

Combatentes
Casa da Música
Marquês
Carolina Michaelis
Lapa
Faria Guimarães
Trindade
Bolhão
Campo 24 Agosto
Aliados
São Bento
Jardim do Morro
General Torres
Câmara de Gaia
Rua 5 de Outubro
Rua Vanzeleres
Praça Mousinho de Albuquerque
카사 다 뮤지카
Casa da Música
Rua de Júlio Dinis
Rua de Cedofeita
Rua do Rosário
Rua Miguel Bombarda
Rua de Manuel II
Rua Carmo
Rua Clerigos
Rua de Trás
Rua das Flores
Rua Nova Alfândega
Rua Cais de Gaia
Rua do Rei Ramiro
Av. Ramos Pinto
Av. Diogo Leite
Rua de Serpa Pinto
Rua do Choupelo
Av. da República
Av. Dom Afonso Henriques
Av. dos Aliados
Rua Fernandes Tomás
Rua de Sá da Bandeira
Rua Santa Catarina
Rua Entreparedes
Rua 31 Janeiro
Rua de Climo Vila
Rua Cais Ribeira
수퍼메르카도 첸
Supermercado CHEN
나타스 도우루
NATAS D'Ouro
가든 포르투
Garden Porto
콘페이타리아 두 볼량
Confeitaria do Bolhão
알마스 성당
Capela das Almas
갤러리 호스텔
Gallery Hostel
리베르다지 광장
Praca da Liberdade
포즈 두 도우루 Foz do Douro
+ 마토지뉴스 Matosinhos 방향
시청사
Câmara
Municipal
소아레스 도스 레이스 국립미술관
Museu Nacional Soares dos Reis
카페 마제스틱
Cafe Majestic
카르무 성당
Igreja do Carmo
카페 산티아고 F
Café Santiago F
크리스털 궁전 정원
Jardins do Palacio
de Cristal
렐루 서점
Livraria Lello
브라장
Brasão Cervejaria
Coliseu
클레리구스 성당 & 탑
Igreja e Torre dos Clérigos
산투 알폰소 성당
Igreja de Santo Ildefonso
로맨틱 박물관
Museu Romantico
da Quinta da Macieirinha
루프탑 플로레스
Looptop Flores
사진 미술관
Centro Portugues
de Fotografia
상 벤투 역
Estação São Bento
가젤라 Gazela
도우루 강
Rio Douro
칸티나 32
Cantina 32
타트바 디자인 호스텔
Tattva Design Hostel
비토리아 전망대
Miradouro de
Vitoria
카테드랄(대성당)
Sé Cathedral
동 루이스 1세 다리 전망
비밀 스폿
인판테 다리
Ponte do Infante
상 프란시스쿠 성당
Igreja de Sao Francisco
큐빅 광장
긴다르 푸니쿨라 탑승장
Funicular dos Guindais
볼사 궁전
Palacio da Bolsa
동 루이스 1세 다리
Ponte Dom Luís I
마리아 피아 다리
Ponte de D. Maria Pia
상 니콜라우
Adega São Nicolau
히베이라 광장
Praca da Ribeira
포르투 뷰 바이 파티오 25
Porto View apartments by PÁTIO 25
세하 두 필라르 수도원
Mosteiro da Serra do Pilar
카스 지 가이아 케이블 카
Cais de Gaia
샌드맨 와인 하우스
Sandeman Wine House
킨타 두 노발
Quinta do Noval
그라함 와이너리
Graham's
Porto Lodge
브리니 Blini
모루 공원
Jardim do Morro
크로프트 와이너리
Croft Port
오프리 와이너리
Offley
페레이라 와이너리
Ferreira Cellars
테일러 와인 하우스
Taylor's Port Wine House
1 Rua Jorge Viterbo Ferreira
2 Rua Infante Dom Henrique
3 Galeria Paris
4 Candido Reis
5 Rua Carmelitas
6 Rua Barão de Forrester
7 Rua Ferreira Borges
8 Rua Dr. Sousa Vitebo
9 Rua São Bento da Vitoria
10 Rua Passos Manuel
11 Rua do Bonjardim
12 Rua Mouzinho da Silveira
13 페드루 도스 프랑고스 Pedro dos Frangos
14 와인 퀴 바 Wine Quay Bar
15 ODE 포르투 와인 하우스 ODE Porto Wine House
16 맥도날드 McDonald's Imperial
17 메이아 두지아 Meia.dúzia
18 인터콘티넨털 Intercontinental Porto Palacio das Cardosas
19 딕소 오포르투 호스텔 Dixo'S Oporto Hostel
20 카사 두 인판테 Casa do Infante
21 볼량 시장 Mercado do Bolhão
22 카렘 와인 하우스 Calem
N
포르투
Porto

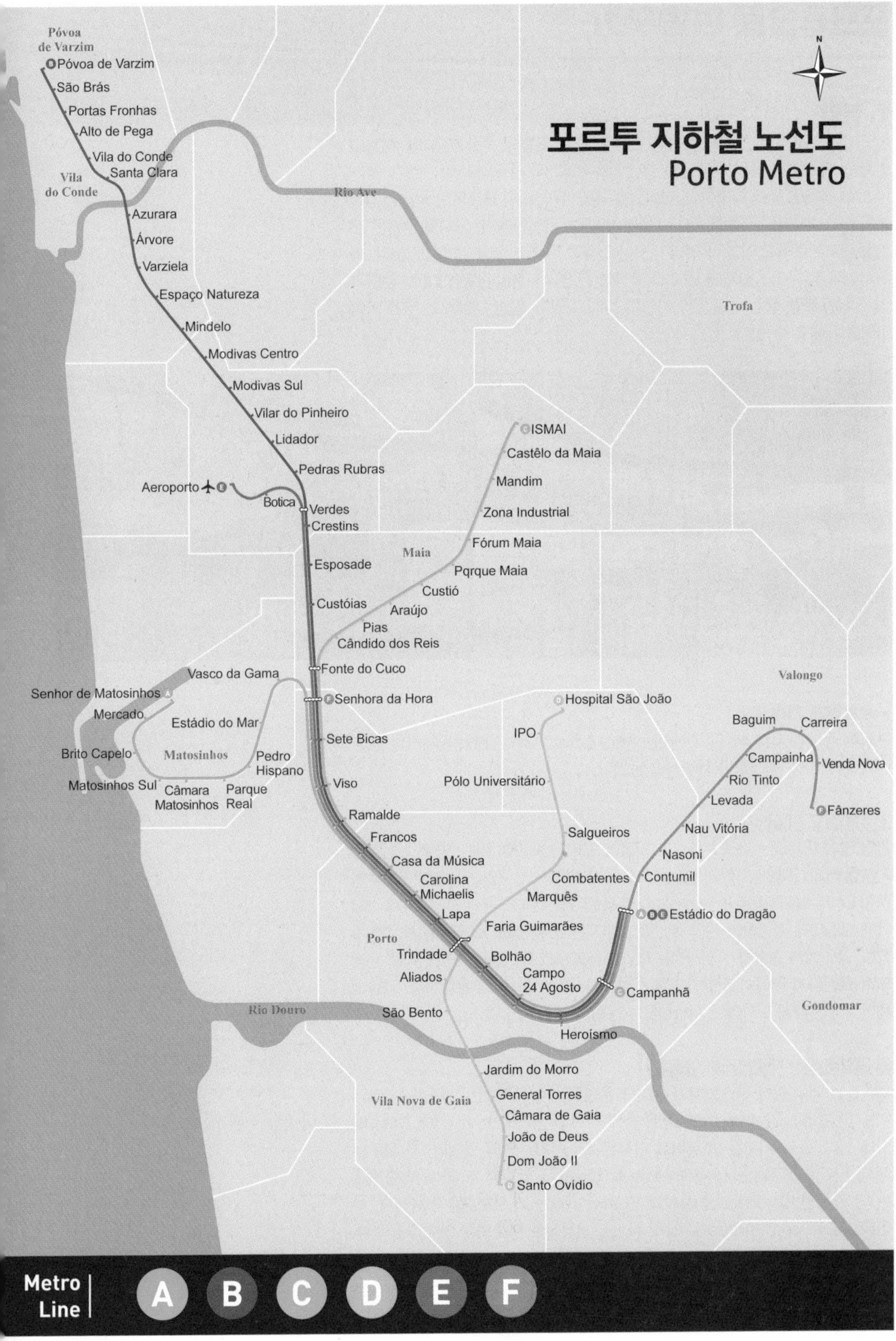
포르투 지하철 노선도
Porto Metro
N
Póvoa de Varzim
Vila do Conde
Rio Ave
Trofa
Maia
Valongo
Matosinhos
Porto
Rio Douro
Vila Nova de Gaia
Gondomar
Póvoa de Varzim
São Brás
Portas Fronhas
Alto de Pega
Vila do Conde
Santa Clara
Azurara
Árvore
Varziela
Espaço Natureza
Mindelo
Modivas Centro
Modivas Sul
Vilar do Pinheiro
Lidador
Pedras Rubras
Aeroporto
Botica
Verdes
Crestins
Esposade
Custóias
Fonte do Cuco
Senhora da Hora
Sete Bicas
Viso
Ramalde
Francos
Casa da Música
Carolina Michaelis
Lapa
Trindade
Aliados
São Bento
Faria Guimarães
Bolhão
Campo 24 Agosto
Heroísmo
Campanhã
Estádio do Dragão
Contumil
Nasoni
Nau Vitória
Levada
Rio Tinto
Campainha
Baguim
Carreira
Venda Nova
Fânzeres
ISMAI
Castêlo da Maia
Mandim
Zona Industrial
Fórum Maia
Pqrque Maia
Custió
Araújo
Pias
Cândido dos Reis
Vasco da Gama
Senhor de Matosinhos
Mercado
Estádio do Mar
Brito Capelo
Pedro Hispano
Matosinhos Sul
Câmara Matosinhos
Parque Real
Hospital São João
IPO
Pólo Universitário
Salgueiros
Combatentes
Marquês
Jardim do Morro
General Torres
Câmara de Gaia
João de Deus
Dom João II
Santo Ovídio
Metro Line
A
B
C
D
E
F

# 포르투으로 이동하기

## 1. 공항

한국에서 포르투로 연결되는 직항 노선은 없다. 유럽의 주요항공사를 이용해 환승한 뒤 포르투의 국제공항인 프란시스쿠 지 사 카르네이루Francisco de Sá Carneiro 공항을 통해 입국한다. 터미널은 1동만 운영되며 포르투갈 항공인 TAP 항공사와 대부분의 유럽항공사는 물론 부엘링, 라이언에어, 이지젯과 같은 저가항공도 취항하고 있다. 터미널이 작아 입출국 수속이 오래 걸리지 않는다. 샤워시설과 정수기가 설치돼 있고 입국장에 은행과 ATM, 관광 안내소, 렌터카 업체, 레스토랑, 통신사 등 편의시설이 갖춰져 있다. 공항 내에서는 무료 와이파이를 사용할 수 있다.

### > 공항에서 시내 이동

포르투 공항에서 시내까지의 거리는 11km 정도로 가까운 편이며 지하철, 공항버스, 공항셔틀, 택시를 이용해서 이동한다.

**① 지하철로 이동하기**

가장 많이 이용하는 대중교통으로 저렴하고 이동 시간이 짧다. 공항과 연결된 지하철역에는 대부분 역무원이 상주해 있어 교통카드 구입이 어렵지 않다. 지하철 E선의 에어로포르투Aeroporto 역에서 탄 뒤 트린다지Trindade 역까지 가서 목적지에 맞게 환승하면 된다. 트린다지까지는 30분 정도 소요되며 시청과 가깝다. 공항에서 출발하는 지하철은 05:56~00:42(토~일 05:57 첫차)에 운행되며 트린다지 역에서 출발하는 지하철은 06:16~00:44에 운행된다. 공항에 새벽이나 밤늦게 도착해도 지하철을 이용할 수 있어 편리하다.

**② 공항버스 or 대중버스로 이동하기**

Get bus 외 다양한 버스회사가 참여해 운영하는 공항버스는 지하철 Aliados 역을 연결한다. 07:45~21:00(공항 출발)까지 운행되며 1~2시간에 1대로 배차돼 있다. 소요 시간은 25분이고 가격은 €5~13로 비싼 편이다. 자세한 운행시간 및 티켓구매는 사이트(getbybus.com)에서 확인할 수 있다. 대중버스는 탑 근처인 Cordoaria 정류장과 연결하는 601번과 602번을 이용하자. 사이트(www.stcp.pt/en/travel/timetables)에서 line 601 또는 602를 선택 후 Show를 클릭하면 자세한 시간표를 확인할 수 있다.

③ 공항셔틀로 이동하기
벤 형태의 공항셔틀은 Airport to Door 서비스로 숙소 앞까지 이동한다. 홈페이지를 통해 예약한 뒤 입국장을 나와 우측에 공항셔틀 대기 장소에서 승차한다. 시내 중심의 상 벤투 역에서 하차한다. 1인 편도 €5, 왕복 €9로 가격은 비싸지만 숙소가 시내에서 멀거나 짐이 많다면 이용해 보자. 숙소에서 원하는 목적지까지 운행하는 Door to Door 서비스도 있다.
홈피 www.goinporto.com

④ 택시로 이동하기
24시간 이용 가능하지만 다른 교통수단과 이동 시간이 비슷할 뿐 아니라 요금이 €30 정도 발생해 이용하는 사람은 많지 않다. 평일 밤이나 주말, 공휴일에는 할증 요금이 추가된다. 택시 대신 승차 공유서비스 우버Uber와 볼트Bolt, 프리나우Free Now를 이용하자. 저렴하고 편리하다.

⑤ 심야버스로 이동하기
포르투 공항에서 트린다지 앞 버스 정류장, 지하철 Aliados 역 앞 버스정류장을 연결하는 3M번 심야버스는 01:00~05:00까지 매시 정각에 운행된다. 공항에서 시내로 들어오는 버스는 매시 30분에 운행되며 30분 정도 소요된다. 티켓은 버스 기사에게 구입하며 €2.5로 저렴한 편이다.

## 2. 버스
포르투 대표 터미널은 아틀란티쿠 버스 터미널Garagem Atlântico로 포르투갈 대부분의 도시는 물론 스페인 마드리드와 산티아고 콤포스텔라 등 주요 도시에서 출발한 버스가 정차한다. 상 벤투 기차역 뒤 언덕에 위치하고 있어 리베르다데 광장까지 내리막길이다. 리스본에서 이동할 경우 3시간 30분 정도 소요되며 환승하는 노선도 있으므로 꼭 스케줄을 확인하자.

## 3. 기차
포르투 시내 중심에는 상 벤투São Bento 역과 장거리 기차가 정차하는 캄파냐Campanha 역이 있다. 브라가나 기마랑이스, 아베이루와 같은 근교는 상 벤투 역에서 출발하며 리스본이나 코임브라 등 장거리 주요 도시에서 올 경우 캄파냐 역에 도착한다. 캄파냐 역에서 시내로 이동하려면 상 벤투 역으로 가는 기차로 환승하거나 지하철을 이용해 목적지까지 이동해야 한다.

★
**근교 기차표 구매하는 방법**
1 스크린 밖 왼쪽의 유니언 잭을 누른 뒤 'Comprar Bilhete CP Urbanos Porto'를 클릭한다.
2 지역의 정확한 목적지를 선택한다. 아베이루의 경우 'Linha de Aveiro'를 선택.
3 편도일 경우 'Bilhete Meio', 왕복일 경우 'Bilhete Inteiro'를 누른다.
4 몇 장의 표를 구매할지 정해서 누른다(10장인 경우 1장을 추가로 받을 수 있다).
5 지역과 금액을 확인하고 지불하면 티켓이 나온다(카드 결제 시 'Cartão Bancário'를 선택한다).
※ 안단테나 근교 지역 티켓은 사용 전에 정류장 옆에 있는 단말기에 찍고 교통수단을 이용해야 한다.

# 포르투 안에서 이동하기

대부분의 관광 명소가 구시가 안에 위치해 있어 도보로 관람이 가능하다. 도우루 강가를 제외한 대부분의 시내가 언덕으로 되어 있으니 힘들다면 트램을 이용하자. 이동 목적이 아니라도 언덕과 언덕 사이를 누비는 빈티지 옐로우 색의 22번 트램은 타보는 것을 추천한다. 신시가 근처에 위치한 카사 다 뮤지카나 도우루 강 끝에 있는 해변처럼 거리가 먼 관광지는 지하철이나 트램을 이용할 수 있다. 해변 이동 시 상 벤투 건너편 버스 정류장에서 500번 버스를 이용하며 해변이 길게 이어져 있어 마음에 드는 해변에서 하차할 수 있다.
시간이 여유롭다면 해변까지 자전거를 타고 이동해 보자. 대여 시 반드시 여권을 소지해야 하며 카드나 현금으로 €200를 보증금으로 지정하면 된다. 스쿠터도 대여 가능하다.

**자전거 대여**Vieguini
**주소** Rua Nova da Alfândega 7(볼사 궁전 아래 도우루 강가)
**운영** 09:00~19:00
**요금** 2시간 €5, 4시간 €8, 6시간 €10,
1일(09:00~19:00) €12, 24시간 €14(2명 이상일 경우 할인)
**전화** 914-306-838
**홈피** www.vieguini.pt

★
**[1번 트램 시티 투어]**
**포르투에서 가장 가까운 바다,**
**포즈 두 도우루 Foz do Douro**
포르투는 강 하류에 위치하고 있어 쉽게 대서양과 만날 수 있다. 해 질 녘에 산책을 하거나 여름에 해수욕을 즐기기에도 좋다.
운영 09:30~20:38(인판테 출발)
09:53~20:08
(파세이루 알레그리 출발)
위치 상 프란시스쿠 성당 앞 트램 정거장 인판테Infante에서 1번 트램을 타고 종점인 파세이루 알레그리 Passeio Alegre에서 하차. 약 25분 소요.
요금 트램 1회권 €3, 2일권 €10

## 1. 대중교통 티켓 구입

### › 안단테 카드

안단테 카드는 포르투에서 사용하는 충전식 교통카드로 €0.6를 내고 카드를 구매한 뒤 필요한 만큼 충전해서 사용한다. 잔액은 매표기에 카드를 인식하면 확인할 수 있으며 1개의 카드로 2명이 사용할 수 없으므로 인원수에 맞게 구입해야 한다. 목적지의 해당 존에 따라 구입할 카드가 달라진다(아래 표 참조). 무임승차를 하거나 노란색 펀칭기에 각인을 하지 않으면 €100 정도의 벌금이 부과된다. 카드는 두꺼운 종이 재질로 되어 있으므로 구겨지지 않도록 잘 보관하자.

안단테 카드

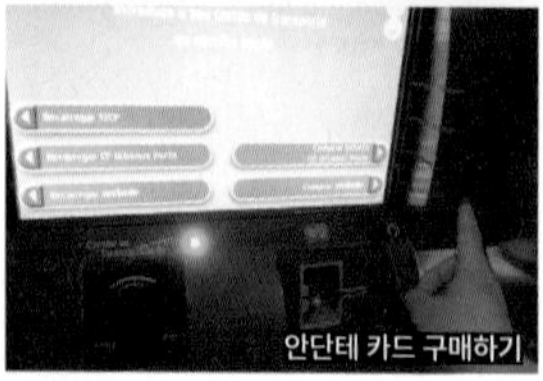
안단테 카드 구매하기

**안단테 카드 구매하는 방법**
① 스크린 밖 왼쪽의 **유니언 잭(영국 국기)**을 누른 뒤 'Comprar Andante'를 누른다.
② 다음 화면에서 **24시간권**은 'Comprar Titulo Diario', **1회권**은 'Comprar Titulo de Viaje'를 누른다.
③ 목적지를 선택한다.
④ 동전 넣는 구멍에 동전을 넣는다.

| 안단테 아줄Andante Azul (1회 이용 시) (카드보증금 = €0.6) | | | 안단테 투어Andante Tour | |
|---|---|---|---|---|
| Z2 (시내 대부분) | Z3 | Z4 (공항) | 24시간 | 72시간 |
| 1시간 내 환승 무료 | | 1시간 15분 내 환승 무료 | | |
| €1.3 | €1.7 | €2.15 | €7 | €15 |

### 2. 포르투 카드

포르투 카드

여행자를 위한 시티 카드로 11곳의 관광지 무료입장이 가능하고, 11곳의 관광지 요금 50%를 할인받을 수 있다. 뿐만 아니라 크루즈와 레스토랑, 투어 등 100개 이상의 장소에서 사용 가능하며 교통권도 포함돼 있다. 공항과 시내에 위치한 관광 안내소에서 구입 가능하며 1일권(€13), 2일권(€20), 3일권(€25), 4일권(€33)으로 나뉜다. 카드 앞면에 개시 일자를 적고 사용하면 된다. 자세한 사용처는 홈페이지를 통해 확인할 수 있다.

**홈피** www.visitporto.travel

## 근교로 이동하기

근교에 위치한 브라가Braga와 기마랑이스Guimarães, 아베이루Aveiro로 여행을 해 보자. 시간과 편의성을 고려했을 때 기차를 이용하는 것이 좋다(티켓 구매 p.175 참고).

## 추천 코스

**상 벤투 역**
매력적인 이야기를 품은 아줄레주를 감상해 보자.

**클레리구스 탑**
탑 위에 오르면 포르투를 한눈에 담을 수 있다.

**렐루 서점**
세상에서 가장 아름다운 서점. 귀여운 그림책이나 사진집을 구입하는 건 어떨까.

**카페 마제스틱**
고풍스러운 인테리어는 왕족의 초대를 받아 연회장에 앉아 있는 듯한 느낌을 준다.

**히베이라 지구**
노을과 함께 물든 히베이라에서 로맨틱한 저녁 시간을 보내자.

**볼사 궁전**
활발했던 경제의 주축인 볼사 궁전. 무역 상인으로 꽉 차던 그때를 상상해 보자.

**빌라 지 노바 가이아의 와이너리**
농익어가는 와인을 맛보고 여행의 긴장을 풀자.

**동 루이스 1세 다리**
에펠 탑을 여러 개 겹쳐 놓은 듯 우리에게 익숙한 매력의 다리다.

Special 1.

# 편하고 재미있는 **포르투 교통수단 이용하기**

골 깊은 협곡 사이에 도우루 강이 흐른다. 포르투는 이 골짜기에 발달한 도시다. 산비탈을 따라 집을 짓고 살다 보니 언덕 마을과 강가 마을 사잇길 경사가 가파르다. 독특한 환경 탓에 교통수단도 다양해 이동하는 재미가 있다. 언덕을 오르내리는 푸니쿨라와 케이블카, 강 위에 크루즈를 만나보자.

## 1. 100년 이상 운영 중인 긴다이스 푸니쿨라 Funicular dos Guindais

푸니쿨라는 경사가 가파른 구간에 철로를 설치하고 차량을 밧줄로 당겨 운영하는 강삭철도다. 긴다르 푸니쿨라는 포르투에서 고도차가 가장 큰 바탈랴와 히베이라 사이를 3분 만에 잇는다. 1891년에 만들어져 2004년에 새 단장을 했다. 최대 25명이 탈 수 있지만, 15명 정도 승차한다. 수평 조절 기능이 있어 경사와 상관없이 평행을 유지해 안락하다. 언덕 위 상부 정류장은 찾기 어렵다. 성벽 길 건너 지하철 입구처럼 생긴 '푸니쿨라 도스 긴다이스 바탈랴Funicular dos Guindais Batalha'를 찾아보자.

주소 Rua da Ribeira Negra 314
운영 4~10월 일~목요일 08:00~22:00 금~토요일 08:00~24:00,
11~3월 일~목요일 08:00~20:00 금~토요일 08:00~22:00
요금 성인 편도 €4 왕복 €6, 어린이(4~12세) 편도 €2 왕복 €3(포르투 카드 50% 할인)
전화 808-205-060

하부 정류장

상부 정류장 입구

## 2. 5분 동안 즐기는 하늘 산책 카이스 지 가이아 케이블카 Cais de Gaia Cable car

도우루 강변과 언덕 위 모로 공원Jardim do Morro을 연결하는 카이스 지 가이아 케이블카다. 빌라 노바 지 가이아 지역은 케이블카를 제외하면 상하로 이동하는 교통수단이 없어 유일한 대안이다. 해발 3m에서 63m까지 단 5분 만에 오른다. 캐빈에는 8명이 탈 수 있고 1시간에 탑승객 850명을 태울 수 있어 대기는 없는 편이다. 포르투 중심인 히베이라 지구를 마주하고 있어 전경이 좋다.

주소 상부 정류장 Rua Rocha Leão 236, 하부 정류장 Avenida de Ramos Pinto 331
운영 4월 하순~9월 하순 10:00~20:00, 3월 하순~4월 하순 · 9월 하순~10월 하순10:00~19:00, 10월 하순~3월 하순 10:00~18:00 **휴무** 12/25
요금 성인 편도 €7, 왕복 €10 / 어린이(5~12세) 편도 €3.5, 왕복 €5 / 패밀리 티켓 (어른 2명 + 어린이 2명) 왕복 €22.5
전화 223-741-440
홈피 www.gaiacablecar.com

## 3. 낭만은 도우루 강을 따라 흐른다
### 포르투 크루즈 Porto Cruz

도우루 강에는 다양한 크루즈가 운행한다. 영국에 포트와인을 운송하던 전통 배, 라벨루Rabelo부터 대형 크루즈까지 배 크기에 따라 투어도 다르다. 라벨루를 개조한 크루즈는 강에 놓인 6개의 다리 아래를 지난다. 동 루이스 1세 다리를 출발해 2002년에 만들어진 인판테 다리Ponte do Infante, 1877년 구스타브 에펠이 철도 전용으로 설계한 마리아 피아 다리Ponte de D. Maria Pia, 1991년 완성된 상 주앙 다리Ponte de São João, 1995년에 차량 전용으로 만든 프레이쇼 다리Ponte do Freixo를 둘러본다. 다시 시작점으로 돌아와 반대로 아라비다 다리Ponte da Arrábida를 지나는 50분 코스다. 해 질 녘에 맞춰 크루즈 투어를 한다면 더욱 로맨틱한 시간을 가질 수 있다.
포트와인과 식사를 포함한 3시간 크루즈 코스와 원데이 크루즈 코스도 있다. 평온한 뱃길을 따라 도우루 밸리의 와인 산지와 운하, 댐에 관심이 있다면 원데이 크루즈를 권한다. 아침 일찍 배를 타고 출발해 조식과 중식을 제공하며 포치뉴 댐에서 배가 20m 하강, 발레라 댐에서 32m 하강, Bagauste 댐에서 27m 하강해 강을 거슬러 오른다. 와이너리로 이동해 포트와인 생산과정을 둘러보고 버스로 포르투로 돌아오는 일정이다.
크루즈 체험을 하고 싶다면 관광 안내소 또는 히베이라 광장 주변의 크루즈 업체 부스에서 이용권을 구매할 수 있다. 주전부리를 따로 챙기는 것을 추천하며 여름철에는 선글라스나 모자, 양산을 준비하자.

★
**크루즈 업체**

① **Rota do Douro** Av. Diogo Leite 438, V.N Gaia Port / 10:00~12:30, 14:00~18:30 / €15~ / 223-759-042 / 홈피 rotadodouro.pt
② **Douro Azul** Rua Miragaia 99 Porto / 09:30~18:00 /€15~ / 223-402-500 / 홈피 www.cruzeiros-douro.pt
③ **Douro Acima** Rua Canastreiros, 40-42 Porto / 10:00~18:30 / €18~ / 222-006-418 / 홈피 www.douroacima.pt

# 빌라 노바 지 가이아 지구
## Wine Spot

포르투의 하이라이트인 빌라 노바 지 가이아는 낮부터 밤까지 하루 종일 머물러도 좋다. 와이너리로 차곡차곡 쌓인 마을을 돌아다니다 마음에 드는 곳에 들어가 시음해 보자. 괜찮은 와인을 한 병 사 강가로 내려와서 잔디밭에 자리를 잡고 레스토랑에서 흘러나오는 공짜 음악과 함께 물들어 가는 도우루 강을 감상하는 것도 좋다.

강가를 오르는 케이블 카, 와인과 음악, 거기에 동 루이스 1세 다리에 하나둘씩 불이 켜지면 빌라 노바 지 가이아 지구의 낭만적인 장치는 비로소 완성된다.

# 포르투 전통 와인, **포트 와인** Port Wine

포트와인은 주정 강화 와인이다. 발효 중인 와인에 주정이 높은 브랜디를 첨가해 알코올 도수를 강화했다. 보통 와인은 8~13% 정도지만, 포트와인은 18~20% 정도로 높은 편이다. 와인 고유의 단맛은 그대로 살려 맛이 좋다.

백포도로 빚은 화이트 포트White Port와 적포도를 1년에서 3년 동안 단기 숙성시켜 투명하게 붉은빛이 도는 루비 포트Ruby Port, 오크에 오랫동안 숙성시켜 짙은 붉은빛이 도는 토니 포트Tawny Port 등이 있다. 포도의 질이 좋은 해의 포트와인을 빈티지 포트라고 한다.

## & 18세기 와인 세계에 혜성처럼 나타난 포트와인!

우리나라에 목화씨를 들여온 문익점처럼 포르투갈에는 포도씨를 들여온 프랑스 귀족 앙리 드 부르고뉴Henri de Bourgogne가 있다. 11세기 레콩키스타(국토회복운동)에서 포르투갈 북부에 있던 이슬람 세력을 물리쳐 포르투갈 백작이 되었다. 부르고뉴 백작은 고국에서 포도 씨를 가져와 포르투갈 북부 도우루 밸리Douro Valley에 재배했다. 도우루 강이 흘러 습도가 높고 가파른 경사로 물 빠짐이 좋아 오늘날 세계적인 와인 산지가 되었다.

1328년 프랑스 샤를 2세가 후계자 없이 사망하자 프랑스와 영국에 있던 왕족들이 왕권을 두고 다투기 시작했다. 영국은 프랑스에게 양모 공급을 막고, 프랑스는 영국에게 와인 공급을 막았다. 그렇게 프랑스와의 100년 전쟁으로 와인을 구할 수 없던 영국은 포르투의 질 좋은 와인을 발견했다. 곧장 배에 실어 영국으로 가져왔는데 너무 숙성되어 맛이 떨어졌다. 프랑스 와인은 35km 정도인 도버 해협만 건너면 되지만 포르투에선 먼 길이라 식초가 됐다. 숙성을 막기 위해 영국의 독한 브랜디를 섞게 됐고 지금의 포트와인이 탄생했다. 기존 와인보다 단맛이 뛰어나고 브랜디 풍미까지 즐길 수 있어 영국 사람들은 포트와인이 환호했다.

## ❶ 테일러 와인 하우스 Taylor's Port Wine House

테일러는 1692년에 문을 연 가장 오래된 포트 와인 와이너리다. 영국 브랜드로 설립된 이래 단 한 번도 다른 곳에 인수된 적 없이 계속 이어져 왔다. 다른 건 신경 쓰지 않고 오로지 최고의 포트 와인을 만들겠다는 그들의 노력은 생산된 와인의 80% 이상을 프리미엄 와인으로 만든다. 지난 3세기 동안 포트 와인 랭킹 상위에 등록되었고 올해의 와인으로 인정받는 등 세계적으로 많은 사랑을 받고 있다. 국제 경매시장에서도 다른 포트 와인보다 더 높게 평가받고 있다. 영국의 와인 비평가 마이클 브로드벤트Michael Broadbent는 테일러 30주년 기념 멘트에서 "나에게 있어 테일러는 상위 포지션을 가지고 있으며 포트 와인계의 라투르Latour(샤토 라투르라는 세계에서 최상급 와인)다"라고 평했다. 와이너리는 세련되고 고급스러운 내부와 높은 수준의 와인 덕분에 국가 공식 행사 및 기업 행사도 진행한다. 서커스 홀을 방불케 하는 화려한 내부의 시음장은 외부의 정원과 연결되어 있고 빌라 지 노바 가이아를 조망할 수 있다.

주소 Rua do Choupelo, 250, 4400-088 Vila Nova de Gaia
위치 빌라 데 노바 가이아 강변에서 골목을 따라 도보 10분
운영 11:00~18:00
※ 폐관 1시간 30분 전까지 입장 가능
**휴무** 12/25
요금 투어 + 포트 와인 2잔 시음 €20 (포르투 카드 소지 시 할인)
전화 223-742-800
홈피 www.taylor.pt/pt/visite-taylors/as-caves

**Tip 테일러 레스토랑 Três Séculos**

직원의 말로는 런치 타임보다 디너 타임을 추천하니 투어 후에 레스토랑도 이용하고 오자. 테라스에서 보는 아름다운 야경은 덤이다.
운영 12:30~15:00(매일), 19:30~22:00(월~토)
요금 메인 €17~

## ② 샌드맨 와인 하우스 Sandeman Wine House

스코틀랜드 출신의 세르주 샌드맨Seroge Sandeman이 설립한 이후 주인이 많이 바뀌었다. 100년 전에는 보기 드문 체계를 지닌 와인 하우스로 와인 통에 로고를 찍는 등 포르투에서 와인을 최초로 브랜드화한 곳이다. 정문 옆 연도 표시는 범람한 도우루 강의 수위를 표시한 것이다.

주소 Largo de Miguel Bombarda, 3, 4400-222 Vila Nova de Gaia
위치 빌라 노바 지 가이아 강변에 있다.
운영 **3~10월** 10:00~12:30, 14:00~18:00
**11~2월** 09:30~12:30, 14:00~17:30
요금 클래식 투어 €19
전화 223-740-534 홈피 www.sandeman.com

## ③ 카렘 와인 하우스 Cálem

1859년에 문을 열어 4대째 가족들이 이어 오는 카렘 와이너리는 동 루이스 1세 다리를 지나 첫 번째로 위치해 있다. 카렘의 차별성은 파두와 함께하는 와이너리 투어다. 초저녁의 로맨틱한 이벤트는 투어 이후 시음을 하면서 포르투갈 전통 음악인 파두를 듣는다. 저장소 안의 울림이 고스란히 감동으로 다가온다.

주소 Av. Diogo Leite 344, 4400-111 Vila Nova de Gaia
위치 빌라 노바 지 가이아 강변, 동 루이스 다리 가장 가까이에 있다.
운영 와이너리 **5~10월** 10:00~19:00 **11~4월** 10:00~18:00
파두 공연 + 와이너리 투어
**5~10월** 화~일 18:00 **11~4월** 화~일 18:30 **휴무** 월요일
요금 클래식투어 €17, 파두 공연 + 와이너리 투어 €25
전화 223-746-660 홈피 www.calem.pt

## ④ 킨타 두 노발 Quinta do Noval

킨타 두 노발은 1715년 설립해 가장 오래된 와이너리다. 도우루 밸리에서 고급 포트와인을 생산하는 포도밭, 시마 코르구Cima Corgo 지역에 와이너리가 있다. 145ha(헥타르) 부지에서 자란 포도로 와인을 생산하며 품질이 좋은 해에만 '나시오날 빈티지 포트'를 생산한다. 현지에선 한화로 약 130만 원 정도이며 우리나라에선 400만 원에 선보인 적도 있다. 와인과 브랜디를 잘 배합해 100년까지 보관할 수 있어 '불멸의 와인'으로 불린다.
빌라 노바 지 가이아 지구 강변에 있는 다른 와인 하우스처럼 와이너리 투어는 없지만, 도우루 강을 배경으로 포트와인을 마시기엔 더없이 좋은 와인 바다.

주소 Avenida de Diogo Leite 256
위치 빌라 노바 지 가이아 강변에 있다.
운영 10:30~19:00 요금 포트와인 시음 €4~
전화 223-770-282 홈피 www.quintadonoval.com

Sightseeing ***

1

# 동 루이스 1세 다리 Ponte Dom Luís I

어느 도시에서나 지역을 나타내는 랜드마크가 있는데, 포르투는 동 루이스 1세 다리가 그렇다. 도우루 강 하류에 있는 6개 다리 중 하나로 포르투 올드타운과 와이너리가 즐비한 빌라 노바 지 가이아를 연결한다.
에펠탑과 더불어 유명한 철골 구조물이다. 에펠 탑을 닮았다고 생각했다면 당신은 예리한 사람이다. 구스타브 에펠의 비즈니스 파트너인 테오필 세이리그 Théophile Seyrig가 디자인했다. 도우루 강은 유속이 빠르고 강바닥이 자갈로 되어 있어 다리를 놓기 어려운 환경이다. 홍수가 나면 수위도 20m나 높아져 교각 설치에 어려움이 있었다. 결국 강에 교각을 설치하지 않고 강둑의 화강암 지반 위에 아치를 놓아 만들었다. 건설 당시 다리 기둥과 기둥 사이가 172m로 세계에서 가장 길었다. 철골 다리 상부와 하부로 구성되어 있는데 사이에 아치가 두 다리를 지지한다. 1886년 11월 상부 다리가 개장된 이후 말이나 노새가 끄는 마차가 지나다녔고 통행료를 받았다. 2년 후 하부 다리까지 개장되고 1908년, 상부에는 전기 트램이 다니기 시작했다. 1944년에 와서 통행료는 없어졌다. 교통량이 증가해 다리 4개가 차례로 생겨나면서 위로는 대성당과 모로 정원을 오가는 전철이 다니고 아래는 자동차 전용이다. 두 곳 모두 보행자도로가 있다. 상단 다리에서 보는 도우루 강은 히베이라 지구와 빌라 지 노바 가이아를 양쪽에 두고 바다를 향해 구불구불한 길을 흘러간다. 노을이 질 때의 풍경이나 야경은 놓치지 말아야 할 경관이다.

주소 Av. de Vimara Peres
위치 상 벤투 역에서 도보 6분

## 건축가 에펠과 테오필

테오필 세리그는 다리 설계를 하는 독일 건축가다. 1868년 10월 구스타브 에펠Gustave Eiffel과 함께 에펠 앤 컴퍼니Eiffel and Company를 설립하고 1877년 에펠과 함께 포르투 마리아 피아 다리를 건설한다. 동 루이스 1세 다리가 마리아 피아 다리와 비슷한 이유도 두 사람이 함께 만들었기에 영향을 받았다고 알려져 있다. 1878년 세계박람회에 전시된 건축모델도 도면 작업에 참여한 공로가 인정되었다. 이후 테오필은 에펠과 헤어지고 벨기에 회사 소시에테 윌브록Societe Willebroeck에서 근무하며 동 루이스 1세 다리를 건설한다. 에펠도 같은 다리에 설계도를 제출했지만, 비용이나 운반 면에서 테오필의 설계가 선택되었다.

## 동 루이스 1세 다리를 관람하기 좋은 비밀 스폿

포르투 주요 명소인 만큼 평일과 주말 상관없이 이곳을 찾는 관광객이 많다. 모루 공원이나 세하 두 필라르 수도원에서 보는 노을과 야경도 좋지만, 북적대는 인파가 고민이라면 이곳으로 가자. 긴다이스 푸니쿨라 정류장 인근에 있는 두키 지 롤레 주차장Parque de estacionamento Duque de Loulé이다. 세하 두 필라르 수도원과 마주한 절벽에 있어 시야가 확 트인다. 위치 상 해가 지는 모습은 볼 수 없지만 일몰 분위기와 야경, 웅장한 수도원과 활기찬 모루 공원을 한눈에 볼 수 있다. 난간에 돌의자도 있어 전망대 역할을 톡톡히 한다. 인적이 드문 늦은 밤에는 위험하니 야경 관람 후 바로 이동하고 여러 명이 동행해 방문하도록 하자.

Sightseeing ★★★

❷

## 세하 두 필라르 수도원 Mosteiro da Serra do Pilar

1530년대부터 1세기 동안 아우구스티누스를 위한 수도원으로 세워졌다. 빌라 노바 지 가이아 지구 가장 높은 언덕이었으나 동 루이스 1세 다리가 세워지고 전철 노선 확장 공사로 인해 현재 수도원 자리만 남아있다. 남북 전쟁 동안에는 지리상의 이유로 나폴레옹 군대 주둔지가 되면서 많이 파손되었다. 수도원은 한 세기 동안 건축해 다양한 양식이 섞여 있어 독특한 분위기를 자아낸다. 특히 포르투갈에서 유일한 원형 교회당이 그렇다. 원형 건물 두 개가 있는데 교회와 이오니아식 기둥 36개로 만든 원형 회랑이다. 현재 내부는 공개되지 않아 원형 교회당 외부만 볼 수 있다. 수도원은 동 루이스 1세 다리를 배경으로 한 일몰과 야경을 한눈에 볼 수 있어 유명하다.

주소 Serra do Pilar, 4430 Vila Nova de Gaia

위치 상 벤투 역에서 도보 20분, 모루 공원Jardim do Morro 역에서 하차 후 오르막길 3분

Sightseeing ★★★

❸

## 모루 공원 Jardim do Morro

세하 두 필라르 수도원 아래 있는 공원이다. 1927년 만들어져 지금까지 유지되고 있다. 늦은 오후가 되면 현지인은 물론, 여행객들이 모이기 시작한다. 일몰과 야경을 감상하기 위해서다. 경사가 완만한 잔디밭에 앉아 유네스코 세계문화유산으로 지정된 포르투 올드타운 풍경을 바라보자. 그 뒤로 해가 진다. 해가 넘어갈 때는 모두 환호와 박수를 보내며 하루를 마무리한다. 공원에 올라오기 전에 빌라 노바 지 가이아에 있는 와이너리에서 포트와인을 사서 오면 금상첨화다. 해가 지고 서로의 여행을 위해 축배를 드는 시간이다.

주소 Jardim do Morro, 4430-210 Vila Nova de Gaia

위치 모루 공원Jardim do Morro 역에서 하차 후 도보 1분

## 올드 시티 & 히베이라 지구
**Historic Spot**

포르투를 일컬어 빈티지한 도시라고 한다. 올드 시티와 히베이라 지구가 주는 빈티지에는 지나간 시간이 주는 편안함과 포근함, 그리고 그리움이 있다. 바래진 페인트색과 콘크리트는 햇볕에 그을려 노르스름하다. 이방인을 물끄러미 바라보다 미로 같은 골목으로 사라지는 아이들과 입고 있는 넉넉한 옷만큼 마음이 넓은 포르투 아저씨와 아주머니의 미소가 푸근하다. 그리고 포르투갈에게 부귀영화를 안겨준 주인공, 해양왕 엔리케가 태어나고 각국의 수입품들로 채워지던 부두와 도우루 강가에서 거나하게 취하던 황금시대의 상징인 올드 시티와 히베이라 지구로 떠나 보자.

Sightseeing ★★★

❶

## 볼사 궁전 Palácio da Bolsa(Stock Exchange Palace)

볼사 궁전이 있는 곳은 원래 성 프란시스쿠 수도원이 있던 자리인데 1932년 미겔과 페드루 4세의 왕권 싸움인 미겔리스타 전쟁에서 불탔다. 그 후 왕권을 되찾은 여왕 마리아 2세는 통화 거래 기념관 건립을 주장하던 상업 협회에 땅을 주어 신고전주의 양식의 볼사 궁전을 만들었다. 1842년에 짓기 시작해 1850년에 완공되었고 내부 장식은 1910년에 비로소 완성되었다. 60년 동안 만든 내부 인테리어는 당시의 풍요로움과 화려함을 그대로 보여 준다.

그중에서도 무도장으로 사용된 아랍 홀Salão Árabe과 환전을 담당하던 국제 홀Pátio das Nações이 유명하다. 아랍 홀은 건축가 구스타보가 16년 동안 만든 곳으로 스페인 그라나다에 있는 알람브라 궁전에서 영감을 받았다. 18kg의 금으로 장식된 무어식 회벽이 인상적이다. 국제 홀은 아파트 3층 높이에 금속과 유리로 만든 돔 천장과 웅장한 크기를 자랑하는 회랑이다. 상공회의소와 증권거래소로 이용되었고 포르투갈과 우호적인 관계인 무역협정 20개국의 국장으로 꾸며져 있다.

궁전 앞에 있는 엔리케 동상은 그의 죽음 500주년을 기념해 1960년에 만들어졌다. 동상 뒤쪽의 빨간색 건물은 페레이라 보르게스 마켓Mercado Ferreira Borges이었으나 현재 Hard Club이라는 라이브 뮤직 클럽으로 바뀌었다.

| | |
|---|---|
| 주소 | Palacio da Bolsa Rua Ferreira Borges 4050-253 |
| 위치 | 상 벤투 역에서 도보 10분 |
| 운영 | **4~10월** 09:00~18:30<br>**11~3월** 09:00~13:00, 14:00~17:30 |
| 요금 | 성인 €12, 학생 €7.5<br>(포르투 카드 소지 시 할인) |
| 전화 | 223-399-013 |
| 홈피 | www.palaciodabolsa.com |

**Tip 알아두면 유용해요**

① 가이드 투어로만 입장 가능하다(약 30분 소요).

② 내부 레스토랑 O Comercial(월~금 12:30~15:00, 19:30~23:00, 토 19:00~24:00 운영, 점심 €19, 저녁 €25, 예약 추천).

국제 홀

Sightseeing ★★☆

❷

## 상 프란시스쿠 성당 Igreja de São Francisco

포르투의 성당 중 가장 호화로운 성당인 상 프란시스쿠 성당은 1245년에 건축되기 시작했다. 외부는 고딕 양식, 내부는 바로크 양식의 중세 건축물이다. 기둥과 천사, 동물 등의 장식이 금으로 치장되어 있다. 가장 유명한 장식물은 예수의 가계도를 나뭇가지 모양으로 조각해 놓은 〈이새의 나무Tree of Jesse〉다. 1996년에는 성당 전체가 유네스코 세계문화유산으로 등재되었다. 지하 박물관에는 기독교 지하무덤인 카타콤과 수도원 유물이 보관되어 있다.

주소 Rua Infante Dom Henrique, 4050-297
위치 볼사 궁전에서 도보 2분
운영 3~6 · 10월 09:00~18:00
7~9월 09:00~20:00
11~2월 09:00~17:30
요금 €9(포르투 카드 소지 시 €7)
전화 222-062-125
홈피 www.ordemsaofrancisco.pt

Sightseeing ★☆☆

❸

## 카사 두 인판테 Casa do Infante

1394년 알폰소 왕의 지시로 지어진 건물로 해양왕 엔리케가 태어난 곳이다. '인판테Infante'는 왕위 계승자가 아닌 왕자를 이르는 말로 왕자가 태어난 집이란 뜻이다. 포르투갈은 유독 엔리케 왕자와 관련이 많은데 그는 항로 개척과 무역에 힘쓰며 대항해시대를 이루어 낸 장본인이기 때문이다. 이후 최초의 세관으로 변경되었다가 현재는 시립 역사 박물관으로 사용되고 있다.

주소 Rua da Alf-ndega, 10, 4050-029
위치 볼사 궁전에서 도보 4분
운영 화~일 09:30~13:00, 14:00~17:30
※ 폐관 30분 전까지 입장 가능
**휴무** 월요일, 공휴일
요금 €2.2(포르투 카드 소지 시 무료)
전화 222-060-435
메일 casadoinfante@cm-porto.pt

Sightseeing ★★★

4

# 히베이라 광장 Praça da Ribeira

포르투의 가장 중심인 히베이라는 도우루 강을 따라 길게 뻗은 카이스 다 히베이라Cais da Ribeira 거리를 말한다. 1389년부터 생기기 시작한 이곳은 포르투에서 가장 오래된 지역이다. 바다로 향하는 도우루 강의 끝에 있어 무역이 활발한 지역인 덕에 자연스레 사람들이 모여 집을 짓고 카페와 상점이 생겨났다. 광장에서 동 루이스 1세 다리로 가다 보면 일렬로 늘어선 알록달록한 건물들이 있다. 오랜 세월 지켜 낸 포르투갈 전통 가옥의 아름다운 모습을 인정받아 동네 전체가 세계문화유산으로 등재되었다. 히베이라 광장의 중심에는 17세기에 만들어진 정육면체의 분수가 있다. 광장 주변으로 행위 예술자가 있어 볼거리가 많고 카페와 음식점이 즐비해 밤에 야경을 즐기기에 좋다. 강변에는 포르투의 전통 배인 라벨로Rabelor가 떠 있다. 포르투의 포트 와인을 영국으로 실어 나르던 배로 지금은 개조해서 크루즈로 사용하고 있다.

카테드랄에서 히베이라까지 내려오는 골목은 비밀 통로처럼 얽혀 있고 골목마다 다른 모습을 보여 주어 정처 없이 걷기 좋다. 밤에는 골목이 위험한 편이니 낮에만 찾도록 하자.

주소 Cais da Ribeira, 4050-510

위치 볼사 궁전에서 도보 5분

## 코르도아리아 & 신포르투 지구
**Art Spot**

예술이 응집해 있는 코르도아리아와 신포르투 지구는 세월을 덧입은 건축물과 거장의 흔적, 빼어난 경치, 판타지 소설의 계단과 상상 이상의 현대건축이 잘 어우러져 있다. 당신의 예술적 감성을 채워 줄 수 있는 놀랍도록 세심하고 풍부한 문화에 빠져 보자.

Sightseeing ***

1

## 렐루 서점 Livraria Lello

종이 냄새가 주는 편안함과 책이 주는 느긋함을 좋아하는 사람이라면 서점처럼 좋은 곳이 없다. 그곳이 세상에서 가장 아름답다고 손꼽히는 렐루 서점이라면 성지가 따로 없을 것이다. 1881년 렐루Lello 형제의 서점은 포르투의 일반 건물에 철근 콘크리트를 사용해 아르 누보 양식의 이국적인 외관으로 꾸며졌다. 서점 내부에 들어서면 2층으로 올라가는 계단이 쭉 뻗어 있다. 파리의 라파예트 백화점에서 영감을 받았다는 붉은 카펫과 유연한 곡선의 난간이 어우러져 환상적인 분위기를 연출한다. 계단은 목재로 만든 것처럼 보이지만 석회 문양에 나무색을 칠한 것이다. 덕분에 계단을 오를 때 삐걱대는 소리가 나지 않는다. 계단 뒷면 구석구석에 자리 잡은 문양 또한 매혹적이다.

2층 천장에는 스테인드 글라스로 꾸며진 대장장이 그림에 모노그램으로 'Decus in Labore'라고 새겨져 있다. 서점의 모토인 이 문장은 '노동의 존엄성'이라는 뜻이다. 2층 양쪽 난간과 1층 유리장 안에 전시된 책은 렐루 서점에서 가장 오래된 것이다. 1층 마룻바닥에는 책을 담은 수레를 끌 수 있는 조그마한 선로가 놓여 있다. 2층에는 커다란 유리창 앞에 세 테이블 정도 놓고 카페를 운영 중이다.

렐루 서점은 '해리포터 서점'이라는 애칭을 가지고 있다. 『해리포터』 시리즈를 지은 조앤 K. 롤링 작가는 신혼을 포르투에서 보냈고 해리포터가 다니는 마법 학교의 계단을 렐루 서점의 계단에서 영감을 받았다고 한다. 호그와트의 마법서를 사는 것처럼 동화책이나 그림책을 구매해도 좋은 추억이 될 것이다.

주소 Rua das Carmelitas 144, 4050-161
위치 클레리구스 성당의 정면을 바라보고 오른쪽 도로를 따라 5분 정도 언덕을 오르면 회색의 외관이 보인다.
운영 09:30~19:00
**휴무** 1/1, 부활절, 5/1, 6/24, 12/25
요금 €3(입장권은 서점 앞 간이 건물에서 구매. 책 구매 시 입장료 환불)
전화 222-002-037
홈피 www.livrarialello.pt

Sightseeing ★★★

❷

## 카르무 성당 Igreja do Carmo

성당 정면에서 바라보면 하나의 큰 건물처럼 보이지만 총 세 채로 구성되어 있다. 왼쪽에 있는 단순한 외관의 카르멜리타스Carmelitas 성당과 오른쪽에 있는 화려한 바로크 양식의 카르무Carmo 성당이 합쳐져 있다. 가운데의 집은 녹색 철문은 집이다. 세상에서 가장 좁은 건물이라고 할 정도다. 카르무 성당의 수도승과 카르멜리타스 성당의 수녀가 육체적 순결을 지켜야 하기 때문에 성당 사이에 집을 둔 것이다. 성당 옆면의 아줄레주 작품은 1912년에 카르멜리타스 수도회 기사단 창립에 관한 이야기를 나타낸 것이다.

주소 Rua do Carmo, 4050-164
위치 렐루 서점에서 1분만 언덕을 올라가면 왼쪽 대각선으로 카르무 성당의 푸른색 아줄레주 벽면이 보인다.
운영 **월 · 수** 08:00~12:00, 13:00~18:00
**화 · 목** 09:00~18:00
**금** 09:00~17:30 **토** 09:00~16:00
**일** 09:00~13:00
**공휴일** 09:00~12:00
전화 222-078-400

Sightseeing ★★★

3

# 클레리구스 성당 & 탑 Igreja e Torre dos Clérigos

언덕의 가장 높은 곳에 위치한 클레리구스 탑과 성당은 포르투의 랜드마크다. 1754년 클레리구스 형제회를 위해 포르투갈에서 활동하던 이탈리아 건축가이자 화가인 니콜라 나소니Nicolau Nasoni가 10년 동안 지었다. 도시 최초의 바로크 양식 건물로 지어질 당시에는 포르투갈에서 최고의 높이를 자랑했다. 75.6m로 나선형 계단을 15분 정도 올라가면 전망대가 나온다. 여기서 내려다보는 도우루 강과 올드 시티, 빌라 지 노바 가이아의 풍경은 탄성을 자아낸다. 탑을 오르는 인원이 한정되어 있으므로 사람이 적은 아침에 가는 것이 좋다.

주소 Rua S–o Filipe Nery Porto 4050-546

위치 시청사 광장 끝에 위치한 페드루 4세 동상을 바라보았을 때 왼쪽 언덕 끝에 있다.

운영 **성당 · 탑 · 박물관** 09:00~19:00
12/24, 12/31 09:00~14:00
12/25, 1/1 11:00~19:00
**탑 야간** 19:00~23:00

요금 **성당** 무료 **박물관 · 탑** €8
**탑 야간**(19:00~23:00) €5
**볼사 궁전+클레리구스 탑 통합권** €21
(포르투 카드 소지 시 50% 할인)

전화 222-001-729

홈피 www.torredosclerigos.pt/en

Sightseeing ★★☆

4

## 소아레스 도스 레이스 국립미술관

Museu Nacional Soares dos Reis

포르투갈에서 가장 오래된 미술관으로 원래 카란카스 궁전Palácio dos Carrancas이었다. 미술관 관장의 추천 작품은 포르투갈이 사랑한 조각가 소아레스 도스 레이스의 대표 작품 〈유배Odesterrado〉다. 이 작품을 보지 않고 가는 것은 바티칸에서 교황을 만나지 못하는 것과 같다고 하니 꼭 감상해 보자. 곱슬머리의 사랑스러운 소녀 조각상 〈비스콘데사Viscondessa〉와 소아레스 도스 레이스를 죽음으로 몰아간 여인 미세스 린치의 흉상 〈Busto da Inglesa〉도 놓치지 말자.

| | |
|---|---|
| 주소 | Largo Amor de Perdicao, s/n 4050-008 Porto |
| 위치 | 카르무 성당에서 도보 7분 |
| 운영 | 화~일 10:00~18:00 |
| | **휴무** 월요일, 1/1, 부활절, 5/1, 12/25 |
| 요금 | 성인 €8, 학생 €4 |
| 전화 | 223-393-770 |
| 홈피 | www.museusoaresdosreis.pt |

Busto da Inglesa

비스콘데사

유배

**Tip 미술관의 카페테리아**

아담한 정원에서 산책을 하고 나서 1층의 카페테리아에서 포르투갈 가정식을 즐겨도 좋다.

운영 화 12:00~18:00
수~일 10:00~18:00

요금 오늘의 메뉴 €5.5~7.5

전화 222-020-532

Sightseeing ★☆☆

5

## 사진 미술관 Centro Português de Fotografia

1767년 사다리꼴로 만들어진 사진 미술관 건물은 원래 법원과 감옥으로 사용되었다. 두꺼운 화강암 벽과 철창이 박혀 있는 창이 당시 모습을 그대로 보여준다. 포르투갈 현대 작가의 사진과 카메라를 전시하고 있다. 포르투갈 대표 소설가인 카밀로 카스텔로 브랑코는 유부녀와의 연애로 1년간 당시 감옥에서 복역하였는데 여기서 쓴 소설『파멸의 사랑』은 베스트셀러가 되었다.

주소 Largo Amor de Perdicao, s/n 4050-008 Porto
위치 상 벤투 역에서 도보 7분
운영 화~금 10:00~18:00
토 · 일 15:00~19:00
**휴무** 월요일, 1/1, 부활절, 5/1, 12/25
요금 무료
전화 220-046-300
홈피 cpf.pt

Sightseeing ★★☆

6

## 비토리아 전망대 Miradouro de Vitoria

포르투 대표 전망대인 세하 두 필라르 수도원과 모루공원을 한눈에 볼 수 있는 전망대다. 올드시티 대표 명소인 카테드랄과 볼사 궁전까지 함께 조망할 수 있는 위치다. 클레리구스 성당 아래에 있어 전망은 비슷하지만, 성당 종탑에 걸어 올라가기 어렵거나 무료로 관람하고 싶다면 비토리아 전망대가 좋은 대안이다. 음료와 함께 여유롭게 풍경을 즐기고 싶다면 루프탑 플로레스Looptop Flores로 가자. 와인과 음료 외에 샌드위치처럼 간단한 스낵도 판매한다.

비토리아 전망대
주소 R. de São Bento da Vitória 11

루프탑 플로레스
주소 Rua da Vitória 177
위치 비토리아 전망대에서 도보 2분
운영 일~목요일 12:00~21:00
금~토요일 12:00~22:00
요금 음료 €5~

루프탑 플로레스

Sightseeing ★★☆

7

## 크리스털 궁전 정원 Jardins do Palácio de Cristal

바다로 뻗어 나가는 도우루 강 하류의 전망을 즐길 수 있는 아름다운 정원이다. 정원의 건물은 16세기에 스포츠 경기장으로 사용되다가 19세기에 철 구조물과 유리를 보수해 크리스털 궁전으로 불린다. 지금은 콘서트나 스포츠 경기를 위해 사용된다. 붉은색의 벤치와 싱그러운 가로수길, 푸른 강물, 고혹적인 공작새들 덕에 오래 머물고 싶은 곳이다. 공작새는 포르투갈에서 영원과 불사를 상징한다고 한다.

주소 Rua de D. Manuel II, 4050-346 Porto
위치 카르무 성당에서 도보 12분
운영 4~9월 08:00~21:00
10~3월 08:00~19:00

Sightseeing ★★☆

8

## 카사 다 뮤지카 Casa da Música(House of Music)

음악당이라는 뜻의 카사 다 뮤지카는 서울대학교 미술관을 설계했던 세계적인 건축가 렘 쿨하스가 지었다. 건축계의 노벨상이라 불리는 프리츠커상에 빛나는 건물답게 유리 벽면에 비치는 대칭과 불규칙한 모양의 외관이 재미있다. 카사 다 뮤지카의 목적은 시민이 많이 사는 곳에 위치해 누구나 음악을 가까이하게 하자, 클래식뿐 아니라 어떠한 장르도 차별하지 않고 공연할 수 있도록 하자는 것이다. 카사 다 뮤지카에 담긴 이런 마음도 꼭 기억하고 가자.

주소 Av. da Boavista, 604-610, 4149-071 Porto
위치 크리스털 궁전 정원에서 도보 18분
운영 **입장** 월~토 09:30~19:00
일 09:30~18:00
**가이드 투어** 포르투갈어 11:00, 16:00
영어 11:00, 16:00(1시간 소요)
요금 성인 €12, 청소년 €5
(포르투 카드 소지 시 할인)
전화 220-120-220
홈피 www.casadamusica.com

**Tip 레스토랑**

카사 다 뮤지카의 7층에 있는 레스토랑에서 현대적인 건축물과 어울리는 포르투갈의 퓨전 음식을 만날 수 있다.
운영 월~토 12:30~15:00, 19:30~23:00(목~토 ~24:00)
**휴무** 일요일
요금 스타터 €4.5~, 메인 €9.5~
전화 220-107-160

# 알리아두스 & 볼량 지구
## Life Spot

알리아두스와 볼량 지구는 여행자와 현지인이 섞여 생활하는 곳이다. 볼량 시장에서 신선한 과일을 사던 여행자 옆으로 갈매기가 날아와 생선 가게의 정어리를 무단 취식한다. 볼량 시장에서 물건을 한가득 산 포르투의 할머니가 배낭을 멘 여행자와 함께 상 벤투 역으로 향한다. 그들의 생활에 들어가면 틈틈이 유머러스한 매력에 반하고 말 것이다.
신기한 과일을 툭 잘라서 주는 볼량 시장 아주머니와 시청사 광장의 구두닦이 할아버지, 창가에 앉아 있는 발가벗은 여자 인형에 깜짝 놀라기도 하며 이곳을 누벼 보자.

Sightseeing ★★☆

❶

## 카테드랄(대성당) Sé Cathedral

14세기 존 왕과 필리파 공주의 결혼식이 거행되고 해양왕 엔리케가 세례를 받은 곳이라서 유명하다. 언덕 위에 웅장한 모습으로 자리한 대성당은 장식 없이 깔끔하고 묵직한 분위기의 고딕 양식으로 지어졌다. 입구에 있는 기마상은 포르투갈의 백작이라고 불리는 비마라 페레즈Vimara Peres다. 그는 알폰소 3세의 신하로 포르투에서 무어인을 쫓아낸 업적을 인정받아 영웅으로 칭송받고 있다. 성당 앞 광장에는 페로우리뇨Pelourinho가 세워져 있다. 페로우리뇨란 죄인이나 노예를 매질할 때 묶는 용도로 사용하는 기둥이다. 대성당 공사는 12세기 초에 시작해 13세기에 끝났다. 오랜 시간에 걸쳐 보수를 거듭하다 보니 처음의 로마네스크 양식은 사라지고 고딕 양식으로 재건되었다. 정면의 둥근 지붕의 탑은 고딕 양식, 성당의 정문은 바로크 양식이고 정문 위의 장미 창은 유일하게 남은 로마네스크 양식이다. 내부로 들어가면 길게 뻗은 복도 끝에 17세기의 은세공품으로 장식된 중앙 제단이 인상적이다. 회랑 입구에서 매표 후 입장하면 성당 측면의 아줄레주 장식을 볼 수 있다. 그중 가장 유명한 작품은 성모 마리아와 오비디우스의 시 〈메타모르포세스Metamorphoses〉의 내용을 그린 그림이다. 〈메타모르포세스〉는 고대 로마 시인 오비디우스의 대표작으로 그리스 로마 신화에 관해 쓴 변신담이다.

주소 Terreiro da Se, 4050-573
위치 상 벤투 역에서 도보 5분
운영 성당
**4~10월** 월~토 09:00~19:00
일 · 공휴일
09:00~12:30, 14:30~19:00
**11~3월** 월~토 09:00~18:00
일 · 공휴일
09:00~12:30, 14:30~18:00
회랑
**4~10월** 월~토 09:00~18:30
일 · 공휴일 14:30~18:30
**11~3월** 월~토 09:00~17:30
일 · 공휴일 14:30~17:30
**휴무** 12/25, 부활절
요금 **성당** 무료, **회랑** €3
(포르투 카드 소지 시 35% 할인)
전화 222-059-028

Sightseeing ***

2

## 상 벤투 역 Estação São Bento

포르투 도심 중앙에 자리한 기차역이다. 중앙이라곤 하지만, 가파른 언덕 8부 능선에 있어 위치에 의문을 가지게 된다. 거기다 산 중턱에 이렇게 넓은 공간이라니. 원래 이곳은 수도원 자리였다. 1518년, 마누엘 1세가 성 베네딕토 수도원을 지었는데 큰불이 나 소실되었다. 손도 못 댈 정도로 폐허가 된 수도원은 무려 4세기가 넘도록 그대로 두었다. 1900년 동 루이스 1세 아들인 카를로스 1세가 그 자리에 기차역으로 재건, 16년 후에 완공했다. 역 이름인 상 벤투는 성 베네딕토의 포르투갈어다. 성인은 480년 이탈리아에서 태어나 수도승이 생활하는 방식을 세워 공동체 12개를 만들었다.

| | |
|---|---|
| 주소 | Praça de Almeida Garrett, 4000-069 |
| 위치 | 지하철 상 벤투 역에서 하차하면 교차로 중심에 보이는 가장 큰 건물이다. 미뉴 지역의 다른 도시로 이동하기에 편리하다. |
| 운영 | 05:00~24:00 |
| 전화 | 222-002-722 |

## 알고 보면 더 재미있는 아줄레주 그림 읽어보기

상 벤투 기차역은 건축가 마르케스 다 실바Marques da Silva가 설계하고 내부 아줄레주는 당시 유명한 패널 타일 화가인 조지 콜라코Jorge Colaço가 타일 2만 개에 그림을 그렸다. 거대하고 정교한 아줄레주를 그리는 데 1905년부터 12년이 걸렸다. 좌측과 우측에 있는 아줄레주는 각각 포르투갈 1왕조와 2왕조의 주요 사건을 담고 있다.

**+ 발데베즈 전투** Torneio de Arcos de Valdevez

서고트 왕국이 저물고 무어인들이 이베리아 반도를 차지했을 때였다. 보르고냐의 엔히크 공작이 국토회복운동에 참여해 공을 세우자 레온 왕국 알폰소 6세는 서녀 테레자와 결혼시키고 포르투 지역을 선물해 백작이 되었다. 아들 아폰수 엔리케, 포르투갈 건국왕이다. 1139년 스스로 왕이 되었고 1140년 레온 왕국으로부터 독립하기 위한 1차 독립 전투를 벌이고 승리한다. 아줄레주는 포르투갈 아폰수 1세와 사촌인 레온 왕국 알폰소 7세가 벌인 발데베즈 전투를 그린 패널이다. 이후 1143년 포르투갈은 레온 왕국과 포르투갈 독립을 인정하는 자모라 협정을 맺었고 교황이 인정하며 공식화되었다.

입구 왼쪽 상단

**+ 레온 왕국 알폰소 7세와 에가스 모니스**

에가스 모니즈 지 리바도우루Egas Moniz de Ribadouro는 아폰수 1세의 스승이자 조언자다. 발데베즈 전투 전 레온 왕국의 알폰소 7세는 기마랑이스를 포위하고 아폰수 1세에게 굴욕 맹세를 강요한 적이 있었다. 이때 에가스 모니즈가 찾아가 아폰수 1세의 충성 서약을 전해 목숨을 구했다. 그러나 아폰수 1세가 서약을 깨고 전투를 벌였고 스승은 제자가 한 잘못을 책임지기 위해 가족과 함께 레온 톨레도로 갔다. 맨발에 회개자 옷을 입고 목에 밧줄을 두른 채 동맹을 지켜 달라고 호소했다. 레온 왕국의 알폰소 7세는 명예를 깨우쳐준 그를 포르투갈에 보내고 동맹도 지킨 일화를 나타낸 그림이다.

입구 왼쪽 하단

**+ 주앙 1세와 랭카스터의 필리파 여왕의 행렬**

주앙 1세는 2왕조 문을 연 인물이다. 정통 계승자인 형, 페르난두 4세가 후사 없이 죽자 스페인이 왕위를 주장했고 주앙 1세가 1385년, 알주바호타 전쟁에 승리하면서 왕이 되었다. 연합군인 영국 랭카스터의 필리파 여왕과 함께 1387년 2월 결혼식을 위해 말을 타고 포르투로 들어오는 장면이다.

입구 오른쪽 상단

**+ 항해왕자 엔리케의 세우타 정복**

알주바호타 전쟁을 한 카스티야 왕국과 평화 협약을 맺은 뒤 1415년 아들 엔리케와 함께 모로코 세우타를 급습했다. 대항해시대 포문을 여는 정복이었다. 승리를 확신한 엔리케 왕자의 표정과 세우타 군인의 모습이 대비되도록 그려져 인상적이다.

입구 오른쪽 하단

Sightseeing ★☆☆

3

## 산투 알폰소 성당 Igreja de Santo Ildefonso

1709년 톨레도의 대주교였던 알폰소를 기리기 위해 지은 교회다. 종탑 사이의 니치Niche(벽면 등을 파내어 조각을 넣는 공간)에 수호성인이 있다. 성당의 정면에는 알폰소 주교의 삶과 성체를 묘사한 아줄레주가 장식되어 있다. 상 벤투 역의 아줄레주를 그린 조지 콜라코의 작품이다.

주소 Praça da Batalha, 4000-101
위치 상 벤투 역에서 도보 5분
운영 **월** 15:00~18:00
**화~금** 09:00~12:00, 15:00~18:30
**토** 09:00~12:00, 15:00~20:00
**일 · 공휴일**
09:00~12:45, 18:00~19:45
전화 222-004-366

Sightseeing ★★★

4

## 시청사 & 리베르다지 광장
Câmara Municipal & Praça da Liberdade

청동 돔 지붕과 순백의 시청사는 무척 아름답다. 1920년부터 짓기 시작한 건물은 여러 가지 문제로 37년이 지난 1957년에야 업무를 시작할 수 있었다. 시청 앞 광장의 양쪽으로 난 알리아두스 대로Avenida dos Aliados는 '동맹의 대로'란 뜻이다. 광장의 중앙에는 페드루 4세 동상이 있다. 숙소와 편의시설이 많고 관광지를 연결하는 곳이라 한 번은 지나치게 된다.

주소 Paraça do General Humberto Delgado, 4049-001
위치 상 벤투 역에서 도보 3분

Sightseeing ★★☆

5

## 볼량 시장 Mercado do Bolhão

지금의 시장 터는 주변 습지를 지나온 개울이 고이는 곳으로 거품이 많아서 볼량(큰 거품)이라 불렸다. 1837년 포르투 시의회가 땅을 소유했고 2년 뒤 시장을 열었다. 처음에는 철제 울타리만 쳤는데 1914년, 지금과 비슷한 형태로 건물이 생겼다. 2022년에는 시장 전체를 리모델링해 더욱 깔끔해진 모습이다. 상점들 사이에는 아케이드가 있고 2층에도 지붕이 있어 비가 와도 걱정 없이 쇼핑할 수 있다. 청과물 가게가 가장 바쁠 정도로 현지인이 많이 이용하는 시장이다. 재단장 이후에는 생선 가공품과 정육점, 꽃집, 제철 음식과 수공예품도 판매하고 있다. 조리된 음식도 있어 여행 전에 들러 간식거리를 준비해도 좋다.

주소 Rua Formosa, 4000-214
위치 상 벤투 역에서 도보 6분
운영 월~금 08:00~20:00
토 08:00~18:00 **휴무** 일요일

Sightseeing ★★☆

6

## 알마스 성당 Capela das Almas

18세기에 지어진 성당은 정면과 측면 전체에 그려진 아줄레주로 유명하다. 원래 회반죽으로 칠하고 흰색으로 칠한 밋밋한 성당이었으나 1929년, 15,947개 아줄레주 타일을 붙여 지금의 모습으로 바뀌었다. 아줄레주 벽화는 이탈리아 아시시의 성인 프란치스코와 성녀 카타리나 생애를 그린 작품이다. 정면 박공지붕 아래에 있는 부조도 성인과 성녀를 상징하는 문장이다.
알마스는 영혼을 뜻하는 포르투갈어로 '영혼의 예배당'으로 불린다. 정면 창문에 새긴 스테인드글라스도 영혼을 상징한다. 1층 정문 옆 쪽문으로 들어가면 촛불을 켜놓는 제대가 유난히 큰데 세상을 떠난 영혼들을 위해 기도한 장소다.

주소 Rua de Santa Catarina 428, 4000-124
위치 볼량 시장에서 도보 1분
운영 월~금요일 07:30~18:00
토~일요일 07:30~12:30
18:00~19:30
요금 봉헌

Sightseeing ★★★

7

# 세랄베스 미술관 Fundação de Serralves

포르투갈 북부 도시 비젤라의 백작 카를로스 알베르토 카브랄Carlos Alberto Cabral이 포르투 근처에 지은 여름 별장에서 시작되었다. 18헥타르 규모의 세랄베스 공원 내에 있는 핑크빛 아르데코 건물, 카사 지 세랄베스Casa de Serralves다. 프랑스 건축가 샤를 시클리Charles Siclis와 상 벤투 역을 지은 포르투 건축가 주세 마르케스 다 실바José Marques da Silva가 1925년부터 19년 동안 지었다. 1944년 완공된 후 공간이 무척 마음에 들었던 백작 가족은 이곳에 정착해 살았다. 3층 건물로 지하에는 주방과 식품 저장실, 서비스 공간이 있고 1층에는 거실과 식당, 아트리움, 2층에는 방이 있다. 대칭과 비대칭이 적절히 배치된 건물로 정면 곡선 처리와 테라스가 눈에 띈다. 건물 앞에는 좌우 대칭이 돋보이는 프랑스식 정원이 있다.

백작 가족은 10년쯤 살다가 원형을 보존한다는 조건으로 매각했고, 1987년 포르투갈 정부가 인수해 공원 부지 일부에 현대미술관을 지었다. 건축계의 노벨상으로 불리는 '프리츠커' 수상자, 알바루 시자Alvaro SIZA가 설계했다. 그는 하나의 건물이지만 공원 지형을 살려 미술관이 한눈에 들어오지 않게 만들었다. 공간과 조화로운 건축물을 연출해 어느 곳에서 보던 다른 건물처럼 느껴진다. 내부는 모든 공간이 연결된다. 14개 전시실이 있으며 회화와 조각, 사진, 설치미술 등 4,300여 점의 현대 예술품을 소장 및 전시한다. 건물 내에 도서관과 카페테리아도 있어 머물기 좋다.

포르투갈 사람들과 여행객이 가장 사랑하는 공간은 세랄베스 공원이다. 백작은 1925년 파리에서 열린 국제 장식예술 및 산업 박람회를 방문한 뒤 건축가 쟈크 그래버Jacques Gréber에게 정원 디자인을 맡겼다. 공원에 사냥 별장과 헛간, 와인 창고, 농원이 포함되어 있다. 2006년 복구 및 개선 프로젝트로 공원은 포르투갈 경관 유산에 등록되었다. 자생 식물과 외래식물 230종과 약 8,000종의 목본 식물 표본을 보유할 정도로 다양한 식물을 만날 수 있다. 특히 트리탑 워크Treetop Walk는 지상에서 높이 띄워 나무 사이를 걸을 수 있는 조형물로 생물 다양성을 살펴볼 수 있다.

인근에 카사 두 시네마Casa do Cinema도 있다. 기존 차고를 개조해 만든 건물로 영상 전시실과 강당, 연구 및 교육 공간으로 활용하고 있다.

주소 Rua D. Joao de Castro 210
위치 볼사 궁전에서 버스 13분, 도보 19분
운영 4~9월 10:00~19: 00 10~3월 10:00~18:00
요금 세랄브스 티켓(미술관+공원+카사 지 세랄브스+카사 두 시네마+트리탑 워크) €20
미술관 €13, 공원 €13, 카사 지 세랄브스 €13, 카사 두 시네마 €13
전화 226 156 500 홈피 www.serralves.pt

미술관

공원

트리탑 워크

카사 두 시네마

카사 지 세랄베스

Sightseeing ★★☆

8

## 포즈 두 도우루 Foz do Douro

포즈는 해변을 뜻하는 말로 포르투에서 본 도우루 강이 바다와 만나는 곳이다. 도시로 들어오는 길목이라 요새 유적이 있고 어촌마을이었으나 포르투가 도시로 성장하면서 고급 휴양지로 바뀌었다. 포르투에 오래 머물거나 바다가 보고 싶다면 포즈 두 도우루 지역으로 떠나보자. 포르투 상 프란시스쿠 성당 앞 인판테Infante 정류장에서 1번 트램을 타고 종점에 내리면 파세이우 알레그레 정원Jardim do Passeio Alegre부터 시작된다. 500번 버스를 이용해도 된다.

**바라 등대**Farolim da Barra do Douro**와 펠게이라스 등대**Farolim de Felgueiras

해안을 따라 이동하면 등대 2개가 보인다. 바다로 길게 나가 있는 바라 등대와 서쪽 국경, 펠게이라스 바위 위에 세워진 등대다. 대서양에서 오는 배들이 도우루 강으로 거슬러 올라가는 길을 돕기 위해 18세기에 만들어진 등대다. 이후 북쪽과 남쪽에 부두가 건설되면서 불필요해져서 사용하진 않는다. 지금은 일몰을 감상하려는 사람들과 낚시를 즐기는 사람들이 즐겨 찾는다. 여름이면 두 등대 사이가 해수욕장으로 변한다.

**영국인 해변** Praia dos Ingleses

펠게이라스 등대 옆으로 5km쯤 해변이 펼쳐진다. 19세기 포르투 인근에 도우루 밸리에서 와인이 생산되면서 영국인이 자주 드나들었고 이곳에서 머무는 영국 사람들이 많아 지어진 이름이다. 경사가 매우 완만하고 고운 모래 해변이다. 화강암과 변성암이 곳곳에 있으며 바위 사이에 공간이 많아 작은 개인 해변을 만들어 조용히 쉬기 좋다. 편의시설과 음식점이 곳곳에 있으며 해변과 맞닿은 루스Luz 레스토랑을 추천한다.

**페르골라 다 포즈** Pérgola da Foz

1930년 포르투 시장의 아내가 프랑스 니스에서 영국인 산책로Promenade des Anglais를 걷다가 반해 포르투에 만들자고 했다고 한다. 사실이든 아니든 신고전주의 양식의 건축물이 낭만적인 분위기를 자아내는 건 분명하다. 노란색으로 칠해 일몰에는 황금빛으로 변한다.

Sightseeing ★★☆

9

## 마토지뉴스 Matosinhos

포즈 두 도우루에서 해변을 따라 북쪽으로 이동하면 나온다. 85헥타르로 포르투갈 최대규모인 시다데Cidade 공원을 중심으로 위쪽에 해당한다. 항구와 공업지대, 휴양과 문화 공간이 한데 섞여 독특한 분위기를 자아낸다.

### 케이주 성 Castelo do Queijo

17세기 중반 포르투갈 독립 회복 전쟁으로 폐허가 된 요새를 프랑스군 도움으로 다시 세웠다. 화강암 위에 세워진 요새가 마치 치즈를 닮아 케이주, 치즈 성이라는 이름으로 불린다. 현재 내부는 군사 박물관으로 활용되고 있다. 주변에 해변과 휴양시설이 잘 조성되어 있어 현지인과 여행객 모두 머물러 가는 장소다.

### 마토지뉴스 해변 Praia de Matosinhos

2km쯤 되는 모래 해변으로 포르투 시내와 가까워 현지인도 즐겨 찾는다. 대서양에서 센 파도가 밀려와 서핑을 배우는 사람들도 많다. 정유공장과 식품회사 등 공업 기업이 있어 수질이 걱정되지만, 하수처리가 잘 되어 있어 수질에는 문제가 없다. 해변에 있는 예술 조형물로툰다 다 아네모나Rotunda da Anémona도 둘러보자. 굴뚝과 등대를 상징하는 기둥 3개, 바람에 휘날리는 그물이 항해를 상징한다.

### 피시나 다스 마레 Piscina das Marés

레사 다 팔메이라Leça da Palmeira 해변에 있는 해수 수영장이다. 1966년에 포르투 건축가 알바로 시자 비에이라Álvaro Siza Vieira가 만들었다. 건축계의 노벨상, 프리츠커가 집필한 책<20세기 100개 건물>에 소개되어 있다. 그의 작품답게 간결한 외관과 구조가 돋보인다. 샤워장과 화장실, 매점으로 구성되어 있으며 큰 수영장과 유아가 놀기 좋은 작은 수영장이 있다. 여름(6~9월)에만 운영되니 참고하자.

주소 Avenida da Liberdade Matosinhos 4450-716
위치 500번 버스 이용 피시나 다스 마레 (Piscina das Marés)에서 하차
요금 월~금요일 종일권 (09:00~19:00) €8, 5시간권 (09:00~14:00/14:00~19:00) €5
토~일,공휴일 종일권 (09:00~19:00) €10, 5시간권 (09:00~14:00/14:00~19:00) €6
전화 910 320 006
홈피 www.matosinhosport.pt
비고 수영장 주변에 맥도날드를 비롯한 음식점이 다수 있다.

Food: Life Spot 추천

1

## 카페 산티아고 F Café Santiago F

프랑세지냐를 전문으로 하는 카페 산티아고 F는 현지인도 줄 서서 먹을 정도로 유명하다. 덕분에 가까운 곳에 2호점도 생겼다. 이름의 F는 아들인 필리페를 상징하기도 하고 프랑세지냐의 F를 상징하기도 한다.

주소 Rua Passos Manuel 198 4000-382
위치 상 벤투 역에서 도보 7분
운영 **월~토** 10:00~23:00
**휴무** 일요일
요금 프랑세지냐 €10.5~
전화 222-055-797

**Tip 어머! 이건 꼭 먹어야 해**
**프랑세지냐 Francesinha**

여행자들에겐 일명 '내장 파괴 버거'라고 불린다. '프랑스의 작은 소녀'라는 뜻의 프랑세지냐는 프랑스 음식인 크로크무슈에서 시작되었다. 프랑스와 벨기에에서 일하던 다니엘 다 실바가 고향인 포르투갈로 돌아와 크로크무슈를 포르투갈식으로 바꾸면서 생긴 음식이다. 치즈와 양념된 고기, 소스 때문에 짭짤한 맛이다.

Food: Life Spot

2

## 맥도날드 McDonald's Imperial

'세상에서 가장 아름다운 맥도날드'라는 별명을 가지고 있다. 청동으로 만든 독수리가 지키고 있는 입구로 들어서면 아르 데코 양식의 스테인드글라스와 반짝이는 샹들리에로 꾸며져 있다. 여느 레스토랑보다 더 아름다운 포르투의 맥도날드에서 이곳만의 CBO(Chicken Bacon Onion) 버거 또는 아침 메뉴인 볼루 지 볼라차Bolo de Bolacha를 즐겨 보자.

주소 Praça da Liberdade, 126
위치 상 벤투 역에서 도보 2분
요금 햄버거 €5~
전화 222-088-016

Food: Life Spot 추천

3

## 카페 마제스틱 Café Majestic

1921년, 카페 엘리트Cafe Elite로 문을 열었다. 건축가 주앙 퀘이로즈Joao Queiroz가 상 벤투 역을 지은 마르케스 다 실바 작품에서 영감을 받아 카페를 만들었다. 고전미와 우아함을 갖춘 아르누보 양식이다. 실내 가죽 의자와 다채로운 몰딩 장식, 플랑드르 스타일인 거울, 바닥 대리석과 우아한 샹들리에까지 모두 조화롭다. 카페가 추구하는 벨 에포크('아름다운 시절'이라는 뜻) 덕분에 르네상스 시대를 대표하는 카페에 들어선 것 같은 착각이 든다. 세련되고 앤티크한 분위기 덕에 국내외 인사들도 자주 찾는 장소다. 조앤 K. 롤링은 『해리포터』 시리즈 첫 번째 책 구상을 이곳에서 했다고 한다. 또한, 세상에서 가장 아름다운 카페 순위에서 6위를 차지한 바 있다.

주소 Rua Santa Catarina, 112 4000-442
위치 상 벤투 역에서 도보 6분
운영 **월~토** 09:30~24:00
**휴무** 일요일
요금 커피 €5~
전화 222-003-887
홈피 www.cafemajestic.com

Food : Life Spot

4

## 칸티나 32 Cantina 32

다소 어두운 실내이지만 깔끔하고 모던한 인테리어로 분위기가 고급스럽다. 예약을 하는 것이 좋으나 내부가 넓어 늦은 점심이나 이른 저녁 시간에 가면 식사가 가능하다. 포르투 대표 음식인 문어 요리와 새우 요리를 추천하며 스테이크도 괜찮은 편이다.

주소 Rua das Flores, 32
운영 **월~목** 12:00~15:00, 18:00~22:00,
**금~토** 12:00~15:00, 18:00~23:00
**휴무** 일요일
요금 메인 €17.5~
전화 222-039-069
홈피 www.cantina32.com

Food : Life Spot

5

## 페드루 도스 프랑고스 Pedro dos Frangos

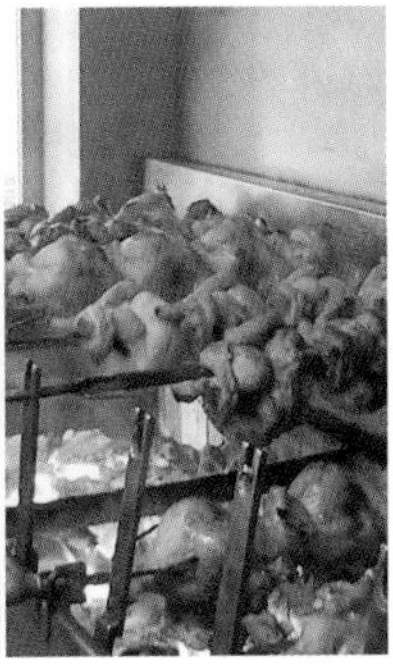

저렴한 가격에 포르투갈 음식을 맛볼 수 있는 곳이다. 유리창 너머 돌돌 말려 구워지는 닭고기 냄새에 빨려 들어갈 것만 같다. 양념이 발린 훈제 닭고기는 짭조름하고 쫄깃하다. 약간 짤 수 있으니 '씬 쌀(소금 적게)'이라고 말하는 것이 좋다.

주소 Rua do Bonjardim, 312 4000-115
위치 상 벤투 역에서 도보 6분
운영 12:00~23:00
요금 삐리삐리 치킨 요리 €9
전화 222-008-522
홈피 pedrodosfrangos.pai.pt

Food : Historic Spot

6

## 브리니 Blini

와이너리가 모인 빌라 지 노바 가이아에 위치한다. 언덕을 조금 올라가야하지만 이곳에서 보는 포르투의 전경이 그 수고를 말끔히 씻어준다. 밝은 낮 풍경도 좋지만 일몰 시간의 분위기는 놓치기 아쉽다. 다만 많은 사람이 찾다보니 예약은 필수이고 서비스도 감안해야 한다. 음식은 대부분 고급스럽고 좋은 편이다.

주소 R. do Gen. Torres 344
운영 월~토 12:00~15:00, 19:00~23:00
**휴무** 일요일
요금 메인 €34~
전화 224-055-306 홈피 theblini.com

© theblini.com

Food : Historic Spot

7

## ODE 포르투 와인 하우스 ODE Porto Wine House

ODE 포르투 와인 하우스에서는 건강하고 맛있는 음식을 맛볼 수 있다. 재료의 99%가 산지 직송이다. 튀긴 요리는 하지 않으며 오일은 엑스트라 버진 올리브 오일만 사용한다. 음식은 주문과 동시에 공개된 주방에서 만들어진다. 주인이 직접 할머니와 어머니에게 배운 시크릿 레시피로 요리한 포르투갈 음식을 제공하니 따뜻함까지 함께 맛볼 수 있다.

주소 Largo do Terreiro 7 4050-450
위치 히베이라 광장에서 도보 1분
운영 **화~목** 19:00~22:00,
**금 · 토** 12:30~14:30, 19:00~22:00
**휴무** 일요일, 월요일
요금 메인 €24~
전화 913-200-010
홈피 www.facebook.com/odeportowinehouse

Food : Historic Spot

8

## 와인 퀴 바 Wine Quay Bar

빌라 지 노바 가이아의 경치와 동 루이스 1세 다리, 좋은 시간을 보내는 사람들의 낮은 소음과 샴페인. 로맨틱한 모든 것을 갖추었다. 테라스는 도우루 강에 흘러가는 야경 불빛을 보며 시간을 보내기에 최고의 장소다.

| | |
|---|---|
| 주소 | Muro dos Bacalhoeiros 111 e 112 4050-080 |
| 위치 | 히베이라 광장 내 |
| 운영 | 월~토 16:00~23:30 **휴무** 일요일 |
| 요금 | 와인 1잔 €3.5~ (현금만 가능) |
| 전화 | 222-080-119 |
| 홈피 | www.winequaybar.com |

Food : Historic Spot

9

## 상 니콜라우 Adega São Nicolau

좋은 와인과 맛있는 음식을 겸비한 상 니콜라우 레스토랑. 게다가 소박한 인테리어와 친절한 주인아저씨 덕분에 여행 온 기분을 더욱 북돋아 주는 곳이다. 마치 큰 오크 통에 들어와 있는 것 같은 인테리어가 인상적이다. 음식은 약간 짠 편이기 때문에 주문 시 미리 '씬 쌀(소금 적게)'이라고 말해 주는 것이 좋다.

| | |
|---|---|
| 주소 | Rua de São Nicolau 1 4050-561 |
| 위치 | 히베이라 광장에서 도보 1분 |
| 운영 | 월~토 12:00~15:00, 19:00~23:00 **휴무** 일요일 |
| 요금 | 메인 €14~ |
| 전화 | 222-008-232 |

Food : Life Spot

10

## 브라장 Brasão Cervejaria Coliseu

미슐랭 맛집인 오 파파리코O paparico 쉐프 아들이 운영하는 레스토랑이다. 벌써 2호점까지 오픈했다. 맛이 미슐랭까진 아니지만, 포르투갈 전통음식 종류가 많고 가성비가 좋아서 한 끼 식사로 권한다. 가장 인기 있는 메뉴는 프란세지냐Francesinha와 트러플 크로켓이다. 주문량이 상대적으로 많을 뿐 우둔살이나 등심 스테이크, 양파튀김과 흑마늘 마요네즈 소스 등 다른 음식도 괜찮은 편. 찾는 이가 많아도 2층 공간에 250석 정도로라서 오래 기다리지 않아도 된다.

주소 R. de Passos Manuel 205, 4000-385
위치 볼량시장에서 도보 5분
운영 12:00~15:00 19:00~23:30
요금 프란세지냐 1/2 €11.2

Food : Life Spot

11

## 나타스 도우루 NATAS D'Ouro

요즘 나타를 먹고 싶다면 나타스 도우루로 가보자. 커스터드 크림이 들어가는 오리지널 필링 외에 바칼라우 또는 정어리, 소고기나 문어를 넣은 나타도 있다. 반죽은 소스에 버무린 재료가 채워져 조금 두껍고 단단한 편이다. 겉이 바삭한 페이스트리가 취향이라면 눈으로 직접 보고 살 수 있으니 걱정을 덜어도 된다. 가격에 비해 양이 많아 2~3개 먹으면 식사가 될 정도로 든든하다. 오렌지나 레몬처럼 과일을 바탕으로 한 나타는 달다. 포트와인 나타는 적당히 달고 독특한 맛이다. 인기 메뉴는 금방 소진되니 다양하게 즐기고 싶다면 일찍 찾는 편이 좋다.

주소 R. de Sá da Bandeira 115, 4000-427
위치 상 벤투 역에서 도보 4분
운영 08:30~22:00
요금 나타 €1.2~

Food : Life Spot

⑫

## 가젤라 Gazela

배가 고프지 않은데 입이 심심하다거나 간단하게 맥주를 마시고 싶을 때 찾으면 좋다. 핫도그와 샌드위치, 감자튀김을 판매하는데 내용물에 따라 가격이 달라진다. 빵은 얇고 소시지와 치즈가 많은 핫도그 카쇼히뉴Cachorrinho는 수상 경력도 있다. 주요 관광지 뒤편에 있어 동네 맛집이나 숨은 맛집으로 소개되곤 했는데 점점 가게를 확장해야 할 정도로 유명해졌다. 대기 인원이 있을 정도로 인기가 많은데 빨리 먹는 음식이라 오래 기다리지 않아도 된다.

주소 Tv. Cimo de Vila 4, 4000-434
위치 상 벤투 역에서 도보 7분
운영 12:00~22:30 **휴무** 일요일 요금 카쇼히뉴 €4.2

Food : Life Spot

⑬

## 가든 포르투 Garden Porto

맛도 있지만 즐길 수 있는 브런치가 많다. 문을 연 시점부터 사람이 많아 자리가 많은데도 기다려야 할 때가 있다. 그래놀라와 요거트에 과일을 넣은 시리얼 볼부터 스크램블이나 계란 프라이를 올려주는 잉글리쉬 블랙퍼스트, 간편한 팬케이크까지 다양하다. 실내에는 적당한 식물테리어로 싱그러운 분위기다.

주소 Rua de Fernandes Tomás 985, 4000-220
위치 상벤투 역에서 도보 10분
운영 09:00~19:30
요금 브런치 €10

Food : Life Spot

⑭

## 콘페이타리아 두 볼량 Confeitaria do Bolhão

1896년부터 장사를 해온 역사 깊은 빵집이다. 가게 전면이 유리로 된 진열장으로 빵이 구워지면 하나씩 자리를 차지하기 시작한다. 밖에서 볼 때 작아 보이지만 내부가 넓다. 나타, 케이크 외에 식사 빵도 종류가 많다. 포르투갈 현지인 단골이 많아 믿고 합리적인 가격에 먹을 수 있다.

주소 R. Formosa 339, 4000-252
위치 볼량 시장에서 도보 1분
운영 06:00~20:00 (토요일 07:00~19:00)
**휴무** 일요일
요금 빵 €2~

Shopping : Life Spot

❶

## 메이아 두지아 Meia.dúzia

한번 먹기 시작하면 멈출 수 없다고 해서 포르투갈 악마의 잼으로 불린다. 잼은 포르투갈 특산품을 이용해 만드는데 포트와인과 마데이라 오렌지, 레몬처럼 과일로 된 잼도 있다. 초콜릿 잼도 빼놓을 수 없다. 다양한 맛을 보고 살 수 있으니 참고하자.

메이아 두지아는 잼을 튜브에 넣어 만드는데 흔히 물감 잼이라고 한다. 기존 잼 케이스는 공기에 노출되는 면이 많아 산화가 빨리 되어 제품 용기를 바꿨다. 쉽게 짜서 먹을 수 있고 재미도 있어 기념품이나 선물용으로 구매하기 좋다.

주소 Tv. da Bainharia n.º 2 a 8, 4050-253
위치 상 벤투 역에서 도보 5분
운영 10:00~14:00 15:00~19:00
요금 물감잼 트래블 키트 6종 €15

Shopping : Life Spot

❷

## 수퍼메르카도 첸 Supermercado CHEN

포르투갈 음식이 우리나라 사람들에게 잘 맞는 편이지만 가끔 한식 먹고 싶을 때가 있다. 포르투에 있는 아시아마켓 중 수퍼메르카도 첸이 규모가 크고 제품 종류가 많다. 다양한 라면과 만두도 있고 김처럼 완제품, 식재료만 사면 뚝딱 만들 수 있는 한식 소스도 있다.

주소 R. do Bolhão 105, 4000-121
위치 알마스 성당에서 도보 3분
운영 10:00~19:30 일요일 휴무

Stay : Life Spot

❶

## 타트바 디자인 호스텔 Tattva Design Hostel

타트바 디자인 호스텔은 생명에 관한 5가지 요소인 지구, 물, 공기, 불, 하늘을 테마로 한 깔끔하고 모던한 인테리어의 호스텔이다. 2개의 건물을 합쳐 리모델링해 포르투에서는 가장 큰 호스텔이다. 암막 커튼과 개인 독서등, 콘센트 2개, 샤워실과 화장실이 구비되어 있다. 상 벤투 기차역과 레데 익스프레소스 버스 터미널에서 가까우나 밤에는 이동하기에 길이 살짝 무섭다.

주소 Rua do Cativo 26/28, 4000-160 Porto

요금 €10~ ※기간에 따라 다르므로 홈페이지 확인

전화 220-944-622

홈피 tattvaporto.com

Stay : Life Spot

❷

## 포르투 뷰 바이 파티오 25
Porto View apartments by PÁTIO 25

숙소에 있으면 포르투 필수 여행지인 동 루이스 다리를 24시간 볼 수 있다. 모든 객실이 도우루 강을 향하고 있으며 일몰도 숙소에서 볼 수 있다. 체크인은 비대면으로 진행된다. 미리 와츠앱WhatsApp을 받아두면 좋다. 조리가 가능한 주방과 거실, 침실이 구분되어 있으며 공용 공간에는 세탁기도 있다. 모든 것이 완벽한 숙소에 유일한 단점은 언덕 아래에 있다는 것. 대중교통이나 차량공유서비스를 이용해서 숙소 앞까지 오도록 하자.

주소 R. de Cabo Simão 10, 4430-033 Vila Nova de Gaia

요금 1박 €170~ (변동 가능)

Stay: Art Spot 5성급

3

## 인터콘티넨털 Intercontinental Porto Palacio das Cardosas

세계적인 호텔 체인 인터콘티넨털이다. 도심의 중심에 있어 관광지와의 이동이 편리하다. 고급스러운 인테리어와 도우루 강의 전망이 만족스럽다.

주소 Praca da Liberdade, 25 4000-322 Porto

요금 디럭스 €153~

전화 220-035-600

홈피 www.intercontinental.com

Stay : Art Spot

4

## 갤러리 호스텔 Gallery Hostel

'포르투의 한인 민박'이라고 할 정도로 한국 여행자들에게 사랑받고 있는 곳이다. 개인 독서등, 사물함 등을 제공한다. 방마다 샤워실과 화장실도 구비하고 있어 민감한 여행자에게도 추천한다.

주소 Rua Miguel Bombarda, 222 4050-377 Porto

위치 카르무 성당에서 도보 8분

요금 €15~ ※기간에 따라 다르므로 홈페이지 확인

전화 224-964-313

홈피 www.gallery-hostel.com/ko

Stay : Historic Spot

5

## 딕소 오포르투 호스텔 Dixo'S Oporto Hostel

볼사 궁전 주변에 있어 호스텔 내부에서 동 루이스 1세 다리와 도우루 강을 내려다볼 수 있다. 무엇보다 히베이라 지구에서 늦은 시간까지 여행을 즐기고 이동하기에 편리하다.

주소 Rua Mouzinho da Silveira, nr. 72, 4050-372 Porto

요금 €13~ ※기간에 따라 다르므로 홈페이지 확인

전화 222-444-278

홈피 www.dixo-s-oporto-hostel.viveporto.com

# BRAGA

## 종교도시의 명맥을 잇는 **브라가**

포르투갈에서 가장 오래된 도시이자 종교 수도다. 고대 로마 도시였던 브라가는 당시 도시 이름인 브라카라 아우구스타Bracara Augusta에서 따왔다. 6세기부터 가톨릭 고위 성직자인 대주교가 다스리면서 남유럽 가톨릭 수도 역할을 하였다. 브라가에만 성당이 70여 개 있으며 그
중에서도 장엄하고 아름답기로 유명한 봉 제수스 두 몬트는 성지순례지로 유명하다. 북쪽 미뉴Minho 지역에 위치한 도시는 포르투갈에서 세 번째로 크다. 서울 면적 육분의 일 정도 되는 크기로 여행자가 걸어 다니기엔 넓다. 다행히 구시가 안에 관광지가 대부분 있어 한나절 동안 둘러보기에 무리가 없다. 구시가를 두른 성벽은 1373년 디니스 왕이 포르투갈 군사력을 강화하기 위해 지은 요새 50개 중 하나다. 18세기 대주교 교구청이 이곳에 있으면서 브라가는 전성기를 맞았다. 종교에 대한 믿음이 하늘에 맞닿고 유럽을 덮친 바로크 양식이 유행해 도시 건축물 대부분이 바로크 양식이다. 중세 종교 예술이 고스란히 남아 시간 여행을 떠난 듯 착각하게 한다.

**브라가에서 꼭 해야 할 일**

- 산 전체가 순례지인 봉 제수스 두 몬트 가기.
- 친환경 대표 건축인 브라가 시립 경기장 둘러 보기.
- 중세 종교 수도, 브라가 대성당 가기.

# 브라가로 이동하기

브라가와 기마랑이스가 포함된 미뉴 지역은 포르투를 거점으로 두고 당일치기 여행하기 좋다. 브라가 시내는 물론 외각에 위치한 봉 제수스 두 몬트나 브라가 시립 경기장을 일정에 넣고 싶다면 브라가에서 1박을 해야 여유롭다.
기차를 이용할 경우 포르투 캄파냐 역에서 출발하는 고속열차 IC, AP가 39분, 근교열차인 U(Urbano)는 66분 소요된다(06:20~00:50 운영). 포르투 시내 중심에 위치한 상 벤투 역에서 출발하는 기차는 대부분 근교열차로 71분 소요된다(06:15~00:45 운영). 시간표는 www.cp.pt에서 확인 가능하다.
버스로 이동할 경우 포르투의 아틀란티쿠 버스 터미널에서 레데 익스프레소스Rede Expressos를 이용하자. 시간표는 www.rede-expressos.pt에서 확인 가능하다.

★
**브라가 관광 안내소**
주소 Av. da Liberdade 1, 4710-305
운영 **6~9월**
월~금 09:00~19:00
토·일 09:00~12:30, 14:00~17:30
**10~5월**
월~금 09:00~12:30, 14:00~18:30
토·일 09:00~12:30, 14:00~17:30
전화 253-262-550
메일 turismo@cm-braga.pt

# 브라가 안에서 이동하기

관광지 대부분은 시내에 위치해 도보로 이동 가능하다. 외곽에 있는 봉 제수스 두 몬트(p.222 참고)나 브라가 시립 경기장(p.226 참고)에 갈 경우, 브라가 지역버스인 TUB 버스를 이용하자. 배차간격이 넓고 운행 시간이 짧아 시간표 확인은 필수다. www.tub.pt에서 시간표를 확인할 수 있다.

★
**최고의 축제, 상 주앙 São João**
미뉴 지역의 가장 큰 축제 상 주앙은 6월 말에 열린다. 불꽃놀이가 열리고 뽕망치나 마늘 꽃대로 모든 사람의 머리를 때린다. 악운을 쫓아낸다고 믿기 때문이다.

# 추천 코스

**상 벤투 역**
**→ 봉 제수스 두 몬트**
**(2번 버스 이용)**

▶

**헤푸블리카 광장**
활기찬 분위기 속에서
점심 식사를 하자.

▶

**브라가 시립 경기장**
세계에서 가장 아름다운
축구장을 둘러 보자
(투어 시간 확인 필수).

▶

**구시가 투어**
기도하는 도시답게 많은
성당과 로마의 유적이 있다.

브라가
Braga
브라가 시립 경기장
Estádio Municipal de Braga
Rua de São Martinho
Av. António Macedo
재래시장
Rua Abade Loureira
브라가
버스 터미널
Av. General Norton de Matos
Pereira de Castro
Rua de São Vicente
Rua Gabriel
Rua do Carvalhal
버스 정류장
5번 : 브라가 시립 경기장행
상 비센테 성당
Igreja São Vicente
Rua dos Chãos
버스 정류장
봉 제수스 두 몬트행
Av. Central
산타 바바라 정원
Jardim de Santa Bárbara
구대주교 관저
Antigo Paço Episcopal
Bracarense
비스카이뉴스 박물관
Museu dos Biscainhos
메나젱 탑
Torre do Managem
카페 비아나
Cafe Vianna
시청
시립 박물관
Rua do Souto
아르코 다 포르타 노바
Arco da Porta Nova
Rua do Matadouro
Rua Andrade Corvo
카테드랄(대성당)
Sé Cathedral
소우투
광장
코지냐 다 세
Cozinha da Sé
Rua Dom Afonso Henriques
산타 크루즈 성당
마쿠스 성당
레이 궁전
Palácio do Raio
Rua Raio
이돌루 샘
Fonte do Ídolo
Av. da Liberdade
버스 정류장
2번 : 봉 제수스 두 몬트행
봉 제수스 두 몬트 가는 길
Bom Jesus do Monte
Av. João XXI
상 티아구
광장
Rua de São Geraldo
동 디오구 드 소우자 박물관
Museu D. Diogo de Sousa
Rua dos Bombeiros
Voluntários
Rua Doutor Rocha Peixoto
로마 목욕탕 유적지
Termas Romanas
브라가 기차역
버스 정류장
봉 제수스 두 몬트행

Sightseeing ★★☆

❶

## 비스카이뉴스 박물관 Museu dos Biscainhos

16세기 후반에 만들어진 바로크 궁전은 이후 귀족의 집으로 사용되다가 현재 비스카이뉴스 박물관으로 사용 중이다. 귀족이 사용하던 가구와 식민지에서 가져온 도자기, 식기, 시계 등 각종 생활용품들을 전시해 놓았다. 그중 개인 성소에 모셔진 부처상이 눈길을 끈다. 벽면을 장식한 아줄레주와 방마다 다른 벽지 덕분에 눈이 심심할 겨를이 없다. 외부의 아담한 정원과 주방도 인상적이다.

주소 Rua dos Biscainhos 4700-424
위치 브라가 기차역에서 도보 9분
운영 화~일 09:30~12:30, 14:00~17:30
**휴무** 월요일, 1/1, 부활절, 5/1, 12/25
요금 €2
전화 253-204-650

부처상

Sightseeing ★☆☆

❷

## 구대주교 관저 & 산타 바바라 정원

Antigo Paço Episcopal Bracarense
& Jardim de Santa Bárbara

'ㄴ'자 구조의 중세 건물은 바로크 양식의 구대주교 관저와 고딕 양식의 시립 도서관이다. 관청으로 사용하다 1723년 시립도서관으로 용도가 변경되었으며 컴퓨터실의 화려한 금빛 천장과 계단의 아줄레주가 매력적이다. 야외의 빈 공간을 채우는 건 산타 바바라 정원이다. 17세기에 조성된 로맨틱한 공간으로 정원 중심에 성인 바바라의 석상이 세워진 분수가 그대로 이어져 내려오고 있다.

주소 Praça do Municipio 4700-435
위치 브라가 기차역에서 도보 11분
운영 **구대주교 관저**
09:00~12:30, 14:00~19:30
**산타 바바라 정원** 24시간

Sightseeing ★☆☆

❸

## 이돌루 샘 Fonte do Ídolo

1세기에 만들어진 것으로 추정되는 이돌루 샘은 화강암에 라틴어 비문과 예복을 입은 사람의 모습 등이 새겨져 있어 성소의 일부였음을 알 수 있다. 로마의 전통 옷인 토가를 입고 있고 풍요의 뿔을 들고 있어 풍요를 기원하는 곳이라는 설이 있다. 바로크 양식의 정면이 아름다운 레이 궁전Palácio do Raio과 예수의 열정을 표현했다는 산타 크루즈Santa Cruz 성당도 함께 둘러 보자.

주소 R. Raio 379, 4700-924
위치 레이 궁전을 등지고 정면에 난 길의 오른쪽에 있다.
운영 **5~9월**
화~일 09:30~13:00, 14:00~18:00
**10~4월**
화~일 09:00~13:00, 13:30~17:00
**휴무** 월요일, 부활절, 5/1, 12/25
요금 €2
전화 253-262-550

Sightseeing ★★★

4

# 봉 제수스 두 몬트 Bom Jesus do Monte

봉 제수스 두 몬트는 '산에 있는 예수'라는 뜻으로 산 정상쯤에 바로크 양식의 아름다운 성당이 자리하고 있다. 버스 정류장에서 성당까지 푸니쿨라를 타고 바로 올라갈 수도 있지만 이곳의 하이라이트인 십자가의 길과 오감 삼덕의 계단을 직접 걸어가 보길 추천한다. 가톨릭 신자가 아니더라도 한 번쯤 순례자의 마음으로 자신을 가다듬고 지난날을 돌아보기에 좋은 길이다. 오르는 것이 어렵다면 버스 정류장에서 푸니쿨라를 이용하자.

주소 Confraria do Bom Jesus do Monte 4715-056
위치 기차역 또는 시내에서 2번 버스를 타고 20~30분을 달려 마지막 정거장인 Bom Jesus에 내린다. 버스는 06:45~20:30까지 운영되며 미리 시간표를 확인하는 것이 좋다.
운영 **성당** 여름철 09:00~19:00
겨울철 09:00~18:00
**푸니쿨라** 여름철 09:00~20:00
겨울철 09:00~19:00
요금 **성당** 무료
**푸니쿨라** 편도 €2, 왕복 €3
전화 253-676-636
홈피 bomjesus.pt

## & 봉 제수스 두 몬트 둘러보기

**❶ 입구**

석문의 기둥에는 대주교의 문장과 1723년에 예루살렘을 재건했다는 내용의 글귀가 있다. 부활절 연휴나 고난 주간에는 순례자들이 언덕의 수많은 계단을 손과 무릎으로 오르기도 하는데 이를 보고 또 다른 예루살렘이라고 한다.

**❷ 십자가의 길**Stations of the Cross

길 중간중간에 세워진 성소 안에는 예수가 십자가를 지고 골고다 언덕을 오르는 고난의 길에서 일어난 14가지 사건을 테라코타(점토로 구워 만든 조각) 기법으로 표현한 조각들이 있다.

**❸ 오감 삼덕의 계단**Escadaria dos Cinco Sentidos(Tres Virtudes)

116m의 계단은 데칼코마니처럼 양방향으로 지그재그 올라간다. 두 계단이 만나는 곳에는 분수가 있다. 성경에서 등장하는 오감(다섯 가지 감각)과 삼덕(믿음, 소망, 사랑)을 표현한 샘이다. 계단 가장자리마다 야트막한 벽을 쌓아 정면에서 보면 왕관을 겹겹이 쌓아 놓은 것 같다.

믿음의 샘은 십자가의 세 곳에서 샘이 나오는데 이는 성 삼위일체를 상징한다. '희망의 샘'은 노아의 방주로 표현했다. '사랑의 샘'은 절대적인 사랑, 모성을 나타낸다. 오감 삼덕의 계단에서 깨달음을 얻은 뒤 비로소 성당을 만나기 때문에 '천국의 계단'이라고도 한다.

계단 위에 있는 조각은 그리스도의 처형에 관련된 8명의 인물이다. 당시 예수회에 대한 브라가의 일부 학생들의 시위가 있었는데 그 학생들의 학부모에게 벌금을 지불하게 해 계단 위의 조각을 만들었다.

**❹ 봉 제수스 두 몬트 모제스**Moses

광장에서 바라본 성당은 중앙 십자가의 꼭지부터 유선형의 계단까지 삼각형을 이루는데 이는 예수의 수난을 상징한다. 중앙 예배당의 둥근 천장과 메인 제단은 하나의 화강암으로 만들어졌다. 제단에는 십자가 대신 테라코타 장식이 있다. 예수 그리스도가 골고다 언덕에서 십자가에 못 박힌 장면을 형상화한 것이다.

**❺ 공원**

성당 옆 동굴 연못을 지나면 정원이 나온다. 호수에서 노 젓는 보트를 타거나 삼나무 숲을 산책한다. 산책길에는 폭포와 다리, 전망대도 있어 심심할 틈이 없다.

**❻ 푸니쿨라**

1882년 운행한 봉 제수스 푸니쿨라는 세상에서 가장 오래된 수력 푸니쿨라다. 위에 있던 객차의 물탱크를 가득 채우면 무게에 의해 아래로 미끄러지듯 내려가는데 이때 레일 아래 깔린 장치로 연결한 산 아래 객차를 끌어당겨 올리는 방식이다. 봉 제수스의 두 호텔에서 사용한 물을 재활용하니 물 낭비 걱정은 말자. 편도는 €2, 왕복은 €3다.

1

2

3

4

5

6

Sightseeing ★★★

5

# 카테드랄(대성당) Cathedral (Sé)

브라가 대성당은 포르투갈에서 가장 오래된 성당이고 로마네스크 양식의 풍요로운 건축물이다. 외관은 상단에 위치한 카리옹Carillon(종탑이 여러 개 있는 탑)과 정면의 브라가 문장, 성인으로 장식되어 있다. 성가대, 예배당, 왕의 성당, 상 제랄두 예배당, 자비의 예성당은 투어를 통해서 둘러볼 수 있다. 대성당의 외관에는 젖 먹이는 성모상이 있다. 자주 볼 수 없는 조각인 만큼 놓치지 말자.

| | |
|---|---|
| 주소 | Rua Dom Paio Mendes, 4700-424 |
| 위치 | 관광 안내소에서 브라가를 가로지르는 소우토 거리 Rua do Souto를 따라 3분 정도 걸어가면 왼쪽에 있다. |
| 운영 | **여름철**<br>화~일 09:30~12:30, 14:30~18:30<br>**겨울철**<br>화~일 09:30~12:30, 14:30~17:30<br>**휴무** 월요일 |
| 요금 | 성당 €2, 박물관 €3, 예배당 €2, 3곳 통합권 €5, 2곳 통합권 €4 |
| 전화 | 253-263-317 |
| 홈피 | www.se-braga.pt |

젖 먹이는 성모상

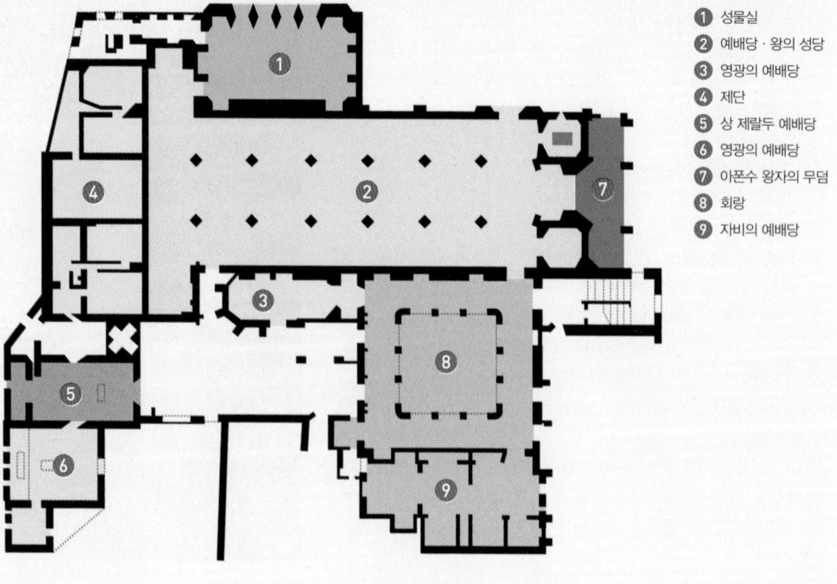

## more & more 카테드랄 둘러보기

① **예배당 · 왕의 성당**Chapel of King's 예배당에서 가장 눈길을 끄는 것은 오르간이다. 황금색의 사티로스(신화에 나오는 반인반수)와 인어들이 그 무게를 감당하고 있다. 왕의 성당에는 엔리케의 부모인 부르고뉴의 백작 헨리와 레온의 도나 테레사의 무덤이 있다. 백작 헨리가 죽고 난 뒤 도나 테레사는 외도로 인해 브라가 시 밖으로 쫓겨났으나 사후에는 나란히 묻혔다.

② **상 제랄두 예배당**Chapel of São Geraldo 브라가 최초의 주교 이야기를 바탕으로 한 아줄레주는 안토니우 지 올리베이라의 작품이다.

③ **영광의 예배당**Nossa Senhora Chapel of the Glory 무어식의 벽화 문양이 특이하다.

④ **아폰수 왕자의 무덤**Tomb of infant D. Afonso 주앙 1세와 필리파 여왕의 아들인 아폰수 왕자의 무덤이다. 나무로 만든 관에 금과 은, 구리로 만든 캐노피로 장식했다.

⑤ **자비의 예배당**Nossa Senhora Chapel of the Mercy 브라가 대주교 디아고 지 소우라의 무덤이 있다.

⑥ **회랑**Gallery 예배당과 자비의 예배당을 잇는 회랑에는 예수 십자가상이 있다. 7군데에 화살이 박혀 있는데 이는 천주교의 7성사를 상징한다. 상 주앙 축제 기간이 되면 사람들이 회랑에 있는 상 주앙 조각에 연인, 혹은 가족의 사진을 붙여 놓고 기도 드리는 모습을 볼 수 있다.

Sightseeing ★★★

6

## 브라가 시립 경기장 Estádio Municipal de Braga

브라가 시립 경기장은 영국 《파이낸셜 타임즈》가 선정한 세계에서 가장 아름다운 축구장이다. 2011년 건축가 에두아르도 소토 지 모우라Eduardo Souto de Moura는 현대적인 감각으로 외관, 지리적 특성을 파악하여 공간을 재창조하고 친환경 경기장을 만들어 건축계의 노벨상이라 불리는 프리츠커상Pritzker Prize을 받았다.

경기장은 브라가 도심이 훤히 내려다보이는 카스트루 산Monte Castro에 있다. 원래 채석장으로 사용한 곳이라 산 중앙에 투박한 화강암 암벽이 그대로 드러나 있다. 매끄러운 벽면에 구조물을 연결하기 어려워서 일부를 깎아 내고 와이어로 고정해 경기장 스탠드와 연결시켰다. 고대 원형경기장과는 달리 '축구는 좌우로 봐야 한다'는 건축가의 주관대로 골대 뒤쪽으로는 관람석을 두지 않았다. 또한 스탠드를 가파르게 설치하여 관객이 어느 좌석에서 앉든지 경기장 전체를 내려다볼 수 있도록 만들었다. 스탠드가 없는 면은 햇빛이 경기장으로 들어와서 조명 사용을 줄이고 잔디를 보존할 수 있다. 양쪽으로 펼쳐진 좌석 위로 스탠드 캐노피 스타일의 지붕이 설치되어 있는데 균형을 위해 강철 케이블로 연결했다. 이는 고대 잉카의 다리에서 착안한 아이디어다. 북서쪽 암벽에 위치한 스크린 양옆에는 'ㄱ' 자 모양의 구조물이 있다. 빗물을 배수로를 통해

주소 Parque Norte, Ap. 12, 4700-087
위치 시내에서 Dume 방향의 5번 버스를 타고 S. Martinho(Estádio)에서 하차 후 2분 정도 걸어서 올라가면 브라가 시립 경기장이라고 쓰인 큰 간판이 보인다. 차량공유서비스를 이용하면 편하다.
운영 가이드 투어
**월~금** 10:30, 14:30, 16:00
**토** 10:30, 15:00
**휴무** 일요일, 경기일
요금 **경기 티켓** €10~75
**가이드 투어** €8
전화 253-206-860
홈피 www.scbraga.pt

모아 탱크에 저장하고 경기장과 스탠드를 청소하는 데 사용한다.
브라가 시립 경기장은 현재 'AXA 경기장'으로 표시되어 있다. 시립 경기장은 축구단 SC 브라가의 홈구장인데 2007년 프랑스의 보험회사인 AXA와 스폰서 계약을 맺으면서 경기장 명명권까지 함께 팔았기 때문이다.
유로 2004를 개최하면서 지은 10개의 경기장 중 네 번째로 비싼 경기장이며 가장 뛰어난 건축물로 평가받고 있다. 경기장 구석구석을 둘러보고 싶다면 브라가 경기장 투어에 참여하는 것이 좋다. SC 브라가 전시관을 시작으로 스탠드와 VIP 라운지, 그라운드, 선수 대기실도 관람할 수 있다.

**Tip SC 브라가 경기 티켓 구매**

웹사이트(www.scbraga.pt)의 'ONLINE TICKETS-BUY HERE'에서 온라인 구매가 가능하며 5%의 예약비가 추가된다. 오프라인에서 구입하고 싶다면 브라가 공원에 있는 쇼핑몰의 SC 브라가 클럽 사무실에서 구매 가능하며 당일에는 경기장 앞에서도 바로 구입 가능하다. 경기장 제일 끝의 윗자리는 €15~25 정도. A7과 A8 라인은 원정팀 응원단만 착석 가능하며 옆 라인은 브라가 서포터즈가 앉는다. 2층 자리는 누구나 예약 가능하다.

Sightseeing ★☆☆

7

## 아르코 다 포르타 노바 & 메나젱 탑

Arco da Porta Nova & Torre do Managem

'아치형의 새로운 입구'라는 뜻의 아르코 다 포르타 노바는 구시가로 들어서는 입구다. 들어설 때 보이는 아치 장식은 대주교 돔 호세 드 브라간사Dom José de Bragança의 문장 주위에 화려한 로코코 양식으로 치장되어 있다. 나갈 때는 성모 마리아가 아기 예수를 든 조각과 함께 신고전주의 양식을 엿볼 수 있다. 왕의 행렬이 시작되는 곳이며 성의 입구로 상징적인 이곳은 세기마다 사랑받아 겹겹이 건축양식이 더해진 것이다.

중세 성곽의 중심이며 마지막 방어 라인으로 임무를 마친 메나젱 탑은 현재는 미술관으로 사용되고 있다. 약 30m의 화강암으로 건설된 성벽은 중세부터 유일하게 남아 그 위상을 자랑하고 있다.

아르코 다 포르타 노바

주소 Ruadom diogo de souse 4700

위치 브라가 기차역에서 도보 8분

메나젱 탑

주소 Rua Castelo

Sightseeing ★☆☆

8

## 로마 목욕탕 유적지 & 동 디오구 드 소우자 박물관

Termas Romanas & Museu D. Diogo de Sousa

2세기에 지은 로마 목욕탕의 유적은 1977년에 발견되어 국가기념물로 보호하고 있다. 지금의 목욕탕과 같이 보일러를 이용한 온탕과 냉탕, 화장실, 복도 등으로 이루어져 있다. 동 디오구 드 소우자 박물관은 고고학 박물관으로 구석기 시대부터 로마 시대까지 역사와 건축 유적을 전시하고 있다. 로마 시대에 만들어진 모자이크 타일이 인상적이다.

로마 목욕탕 유적지

주소 Rua Dr. Rocha Peixoto 4700

위치 브라가 기차역에서 도보 10분

운영 **5~9월**

화~일 10:00~13:00, 13:30~18:00

**10~4월**

화~일 09:00~13:00, 13:30~17:00

**휴무** 월요일, 부활절, 5/1, 12/25

요금 €2

전화 253-278-455

동 디오구 드 소우자 박물관

주소 Rua dos bombeiros voluntarios 4700-025

운영 화~일 10:30~17:30 **휴무** 월요일

요금 €3

전화 253-273-706

홈피 bragaromana.cm-braga.pt/2019/03/29/museu-de-arqueologia-d-diogo-de-sousa

Food 추천

1

## 카페 비아나 Cafe Vianna

포르투갈에서 가장 상징적인 카페 비아나는 헤푸블리카 광장의 아케이드 건물에 있다. 1871년부터 140년이 넘도록 매일 문을 열었다. 포르투갈 유명 작가 카스텔루 브랑쿠가 원고를 쓰던 곳으로도 알려졌다. 사실 유명 작가 덕분이 아니어도 예배를 마치고 오는 사람, 간단한 회의를 하는 사람과 여행객으로 붐빈다. 커피가 맛있고 활기찬 분위기가 흐르기 때문이다.

| | |
|---|---|
| 주소 | Praca da Republica 4710-305 |
| 운영 | 월~목 · 일 09:00~24:00<br>금 · 토 09:00~02:00 |
| 요금 | 메인 €6~ |
| 전화 | 253-262-336 |

Food

2

## 코지냐 다 세 Cozinha da Sé

미슐랭 가이드에서 추천하는 포르투갈 레스토랑이다. 합리적인 가격과 소박한 분위기로 현지인들이 많이 찾는다. 맛이 좋은 데다 직원 역시 친절해 머무는 내내 기분이 좋은 곳이다.

| | |
|---|---|
| 주소 | Rua D.frei caetano brandao 95, 4700-031 |
| 위치 | 카테드랄(대성당)에서 도보 2분 |
| 운영 | 화~일 12:00~15:00, 19:00~22:30<br>**휴무** 월요일 |
| 요금 | 메인 €10~ |
| 전화 | 253-277-343 |

# GUIMARÃES

## 건국의 도시 기마랑이스

4

유럽 서부 이베리아반도는 고대 로마를 지나 서고트족이 지배했다. 8세기 초, 무어인이 지브롤터 해협을 건너 이베리아를 침략하고 지배했다. 북부에는 가톨릭 왕국들이 자리했는데 그중 포르투갈 공국은 브라간사 공작 가문이 레온왕국으로부터 받은 백작령이다. 왕국들은 국토를 되찾으려는 레콩키스타 운동을 시작했고 그리스도교까지 힘을 더해 국토를 되찾을 수 있었다.

국토회복운동에서 크게 활약한 브라간사 가문, 아폰수 엔리케는 기마랑이스 인근 상 마메지São Mamede 전투에서 승리해 독립했다. 1139년, 포르투갈 왕임을 선포하고 1143년, 브라가 대주교와 함께 자모라Zamora에서 사촌인 레온 왕과 화해하고 평화조약을 맺는다.

건국왕 아폰수 엔리케가 태어난 기마랑이스는 '포르투갈 발상지' 또는 '건국 도시'라 불린다. 수도가 중부로 옮겨지면서 중세 건축양식이 그대로 남아 있어 시간이 멈춘 도시 같다. 특히 산타 마리아 거리에 있는 아치형 저택, 카사 두 아르코Casa do Arco가 인상적이다.

### 가마랑이스에서 꼭 해야 할 일

- 포르투갈 건국 신화가 얽힌 기마랑 이스 성과 상 미구엘 성당 가기.
- 중세 모습이 그대로 남아있는 산타 마리아 거리 거닐기.
- 정원이 아름다운 브라질 헤푸블리카 광장에서 인생샷 찍기.
- 기마랑이스 포우자다에서 하룻밤 보내기.

# 기마랑이스로 이동하기

같은 미뉴 지역인 포르투나 브라가에서 당일치기로 여행하기에 좋다. 포르투에서 출발할 경우 버스나 기차 모두 이용 가능하나 배차가 많고 편리한 기차를 이용하는 것이 좋다. 포르투의 캄파냐 역에서 출발할 경우 고속열차인 AP, IC는 55분 정도, 근교열차인 U는 1시간 10분 정도 소요된다. 포르투의 상 벤투 역에서는 대부분 근교열차 U로 연결되며 1시간 15분 정도 소요된다. 버스로 이동할 경우 포르투의 아틀란티쿠 버스 터미널에서 레데 익스프레소스Rede Expressos를 이용하자. 브라가에서도 기차와 버스 모두 이용 가능하나 시간이나 편의성에 따라 버스로 이동하는 것이 좋다. 트랜스데브Transdev사를 이용하며 1시간 15분 정도 소요된다. 시간표는 www.transdev.pt에서 확인 가능하다.

★
**기마랑이스 관광 안내소**
주소 Praca de Sao Tiago 4810-300
운영 **6/1~9/15**
월~금 09:00~19:00
토 10:00~13:00, 14:00~19:00
일 10:00~13:00
**9/16~5/31**
월~금 09:00~18:00
토 10:00~13:00, 14:00~18:00
일 10:00~13:00
전화 253-421-221
메일 info@guimaraesturismo.com

# 기마랑이스 안에서 이동하기

대부분의 관광지는 도보로 이동 가능하다. 기마랑이스를 순회하는 TUG LINHA CIDADE 시내버스를 이용해도 좋다. 자세한 시간표는 웹사이트 tug.com.pt에서 확인하자.

★
**건국 성벽**
시내 중심 오래된 성벽에는 "AQUI NASCEU PORTUGAL(여기에서 포르투갈이 탄생했다)"이라고 적혀 있다. 아폰수 엔리케가 기마랑이스에서 태어나서, 건국을 위한 발판이 된 마메지 전쟁이 승리해서 독립했음을 알린다.

# 추천 코스

**기차역 → 기마랑이스 성 & 상 미구엘 성당**
견고한 철옹성 감상하기

**공작 저택**
건국왕 알폰수 엔리케 가문 저택

**산타 마리아 거리**
중세 분위기를 고스란히 간직한 거리 걷기

**올리베이라 성모 성당**
기적의 성당에서 소원 빌기

**알베르투 삼파이오 박물관**
수녀원의 남다른 예술 컬렉션

**헤푸블리카 광장**
지그재그 정원

**페냐 성소**
기마랑이스가 한눈에

**기마랑이스 포우자다**
포르투갈 성에서 하룻밤

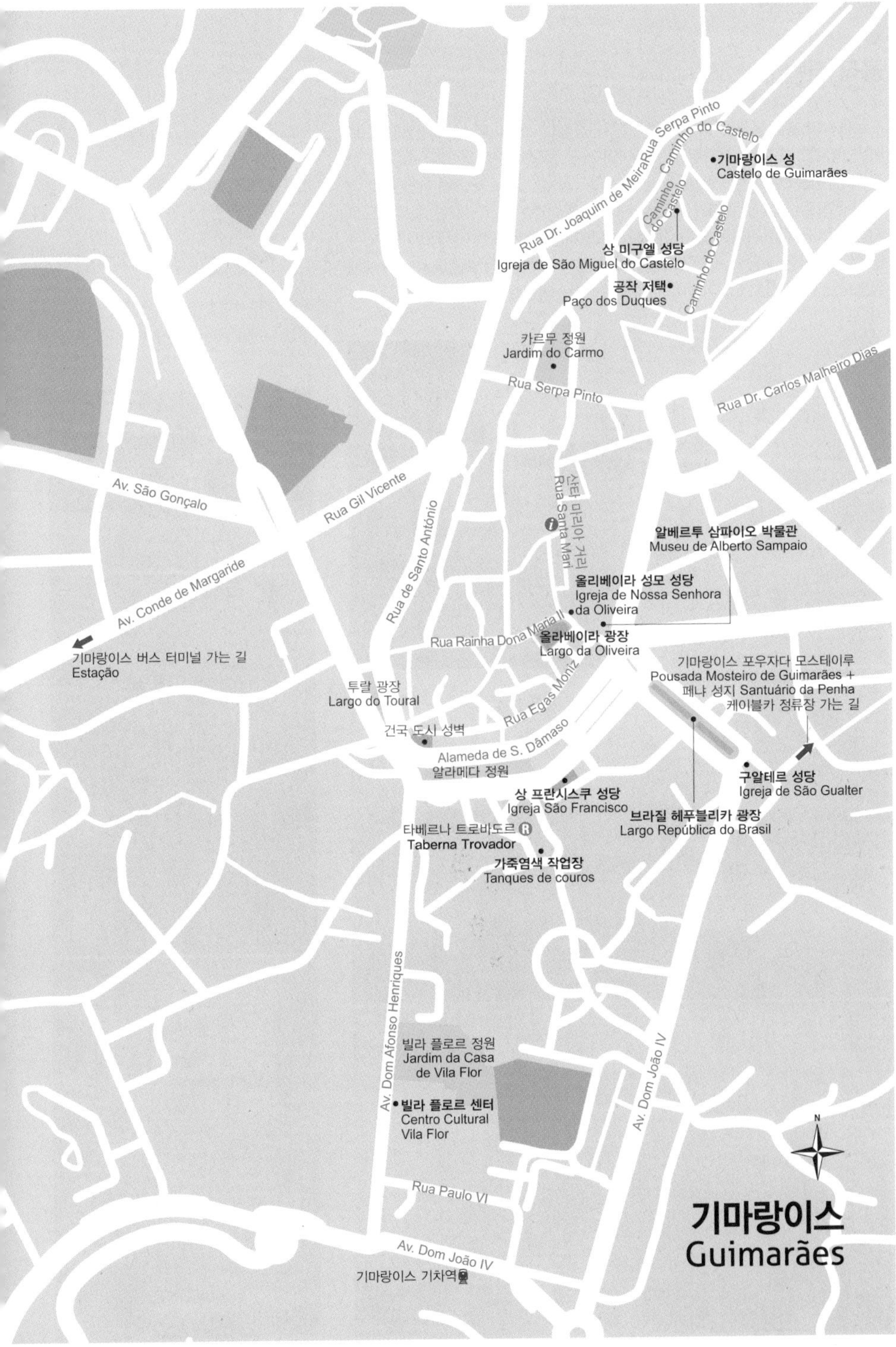


# 기마랑이스
# Guimarães

Sightseeing ★★☆

1

## 공작 저택 Paço dos Duques

포르투갈의 흥망성쇠를 함께한 브라간사 공작의 저택이다. 정교한 태피스트리와 초상화, 도자기, 기하학적인 무늬의 가구 등으로 꾸며져 있다. 요새와 같은 외관 덕분인지 19세기에는 군사시설로도 사용되었다. 1959년 대통령의 여름 궁전으로 공식 거주지가 되면서 재건에 힘써 유네스코 세계문화유산으로 지정되었다. 배를 뒤집어 놓은 것 같은 목조 지붕과 매력적인 샹들리에가 있는 연회장, 아담한 성당의 스테인드글라스가 인상적이다. 1층 회랑에서는 중세에 유행하던 매사냥을 조금이나마 경험할 수 있는 이벤트를 진행한다.

주소 Rua conde Dom Henrique 4810-245
위치 기마랑이스 기차역에서 도보 20분
운영 화~일 10:00~18:00
※ 폐관 30분 전까지 입장 가능
**휴무** 월요일, 1/1일, 부활절, 5/1, 12/25
요금 €5
전화 253-412-273
홈피 pacodosduques.gov.pt

Sightseeing ★★★

2

## 기마랑이스 성 & 상 미구엘 성당
Castelo de Guimarães & Igreja de São Miguel do Castelo

기마랑이스 성은 포르투갈이 생기면서 처음 세워진 성이다. 성과 이어진 무마도나 백작 부인의 본성Countess Mumadona으로 가면 좁은 계단을 따라 꼭대기에 올라갈 수 있다. 평화로운 마을과 공작의 저택이 한눈에 보인다. 성 앞에 위치한 로마네스크 양식의 작은 성당은 포르투갈의 시조 아폰수 엔리케 1세가 세례를 받은 성당이다. 현재 성당으로 사용하지는 않는다. 바닥에는 창과 방패, 문장 등이 새겨져 있으며 이곳에 아폰수의 충신들이 묻혀 있다.

주소 Rua conde Dom Henrique
4810-245
위치 공작저택에서 도보 2분
운영 화~일 10:00~18:00
※ 폐관 30분 전까지 입장 가능
**휴무** 월요일, 1/1, 부활절, 5/1, 12/25
요금 성 €2, 성당 무료
전화 253-412-273

Sightseeing ★★☆

3

# 올리베이라 광장 & 성모 성당

Largo do Oliveira & Igreja de Nossa Senhora da Oliveira

7세기 서고트 왕국에 왐바Wamba는 포르투갈을 침략하던 수에비족과의 전쟁에서 승리해 왕의 신임을 얻었다. 그 능력을 눈에 둔 사람이 왕만 있는 건 아니었다. 왕실 반대 세력에게 왕으로 추대되었다. 청을 받은 왐바는 '땅에 지팡이를 내리꽂아 나무가 자라지 않으면 왕이 되지 않겠다'라며 왕실에 대한 충심을 보였다고 한다. 올리베이라 광장에 있는 올리브 나무에 얽힌 전설이다. 나무에 대한 다른 설화도 있다. 1342년, 노르망디에 다녀온 상인이 성당 앞에 올리브 나무를 심었는데 말라 죽어버렸다. 3일이 지나고 잎이 나기 시작하더니 이내 열매를 맺었다. 기적의 3일을 기념하기 위해 광장을 '올리베이라'라 불렀다. 1870년까지 자리를 지키다 1985년 새로운 올리브 나무에 자리를 내주었다. 나무 옆 아치 건물은 1340년 스페인 남부에서 일어난 살라도 전투의 승리를 기억하는 기념비Padrão do Salado다.

949년 기마랑이스 성에 살던 무마도나Mumadona 백작 부인은 성 앞에 가톨릭 성당이 필요해 수도원을 만들었다. 로마네스크 양식으로 지은 건축 내부에는 배를 뒤집어 놓은 듯한 나무 지붕이 돋보인다. 성당에서 기마랑이스 성까지 골목 곳곳에서 십자가의 길Chapels to Stations of the Cross 예배당이 있어 소소하게 찾아 걸어도 좋다.

올리베이라 성모 성당

| | |
|---|---|
| 주소 | Largo da Oliveira, 4800 |
| 위치 | 브라질 헤푸블리카 광장 맞은편의 좁은 골목으로 들어가서 직진하면 오른쪽에 있다. |
| 운영 | **월~토** 08:30~12:00, 15:30~19:30<br>**일** 09:00~13:00, 17:00~20:00 |

**Tip 구시청 관저**

구 시청 관저Antiqos Pacos do Cancelho는 아케이드에 있다. 현재는 전시관으로 사용 중이다.

Sightseeing ★★☆

4

# 알베르투 삼파이오 박물관 Museu de Alberto Sampaio

유럽 여느 성당보다 검소한 성당 내부를 보고 서운했을지도 모른다. 그렇다면 꼭 박물관을 방문하자. 성당 옆 박물관은 수도원 건물로 1928년 박물관장 알프레두 기마랑이스가 '주민들이 성당 (회랑)을 구한다'라는 캠페인을 열어 개관했다. 3년 넘게 복원한 박물관 회랑은 일반적인 형태와 달리 좁고 불규칙해 구조만으로 흥미롭다. 전시관에는 포르투갈 국보와 보물을 비롯한 유물을 보관 · 전시하고 있다. 세공품과 회화, 조각 등 예술 분야로 나뉘며 주앙 1세가 봉헌한 물품으로 전시된 알주바로타 방이 따로 있다. 7~8월에는 야간 개장으로 '밤의 박물관'을 즐길 수 있다.

주소 Rua Alfredo Guimarães, 4800-407
위치 올리베이라 성모 성당 옆 건물
운영 10:00~18:00 **휴무** 월요일
요금 €3
홈피 www.museualbertosampaio.gov.pt

## more & more 박물관에서 꼭 봐야 할 작품

❶ 가장 유명한 수집품은 1385년 8월 14일 알주바로타Aljubarrota 전투에서 주앙 1세가 입은 옷, 〈감베손Gambeson〉이다. 중세 사슬갑옷 안에 입는 양털 누빔이다. 카스티야 지배하에 있던 포르투갈이 독립할 수 있었던 전투로 승리 후 올리베이라 성모마리아에게 바쳤다고 한다. 바래긴 했지만, 황금실로 놓은 수가 여전히 남아있다. 감베손은 몸을 보호하는 역할 외에 사람을 구분할 때 사용되었다. 전투에서 포르투갈 사람들은 수호성인인 성 조르지 십자가로, 카스티야 사람들은 성 야고보 십자가로 표시했다고 한다.

❷ 주앙 1세가 옷과 함께 바친 세공품, 〈예수 탄생 삼부작〉도 놓치지 말자. 3면으로 된 작품으로 삼나무로 만들어 금박 세공했다. 아기 예수 탄생과 관련된 4가지 장면을 담고 있다.

❸ 13세기에 만들어진 〈기마랑이스의 성모마리아〉 조각은 포르투갈에서 훼손이 많이 되었지만 몇 안 남은 로마네스크 목조 조각이다. 다산을 상징하는 배나무를 이용해 성모마리아를 조각했다. 아기 예수를 무릎에 앉힌 성모는 미소를 지었는지 모호한 표정으로 많은 상상을 불러일으킨다.

Sightseeing ★★☆

5

# 기마랑이스 포우자다 모스테이루

Pousada Mosteiro de Guimarães

유럽에는 고성이나 수도원, 귀족 별장을 국가에서 개조해 호텔로 이용하는 경우가 많다. 포르투갈에선 이런 형태의 국영 호텔을 '포우자다'라고 한다. 기마랑이스 포우자다는 1154년, 페냐 산 중턱에 지어진 아고스치니아노 수도원 Mosteiro Agostiniano을 고쳤다. 건국왕 아폰수 엔리케 아내인 마팔다Mafalda 여왕이 임신한 여성을 위한 성모마리아에게 봉헌한 수도원이다. 가장 아름다운 공간은 제로니무스의 발코니다. 건물 가장자리에 화강암 암석과 경계 없이 뒤엉켜있다. 석회로 마감하지 않아 바위와 연장선에 있는 듯하다. 중앙에 16세기 석조분수가 놓여있고 수도원 풍경을 담은 아줄레주로 벽을 장식했다. 테라스에 서면 기마랑이스 시내가 한눈에 보인다.

포우자다에서 하루를 묵는다고 해도 여유롭진 않다. 수도원 복도 아줄레주를 구경하고 뒤뜰을 산책한다. 붉은 카펫이 깔린 복도를 걸어 그레이트홀에서 중세로 시간여행을 떠난다. 수도원과 이어진 산타 마리냐 다 코스타 성당을 방문해도 좋다. 한때 방앗간이었던 곳이 야외수영장으로 변신했다. 수도원 주방이었던 바에서 가볍게 한잔해도 좋다.

주소 Largo Domingos Leite de Castro, Lugar da Costa, 4810-011

홈피 www.pousadas.pt

Sightseeing ★★☆

❻

## 페냐 성지 Santuário da Penha

기마랑이스에 높은 산은 없다. 예부터 신성시 해온 페냐 산도 617m다. 등산으로 가볍게 오를 수 있지만 케이블카가 있어 5분이면 도착한다. 페냐 산 정상에는 1947년에 지어진 페나 성당이 있다. 현지 화강암으로 만든 내부는 간소하다. 성당 주위를 페나 성역이라고 하는데 18세기부터 순례자들의 성지다. 성당에서 맞은편 언덕에 있는 교황 비오 9세 동상까지 하이킹하는 사람도 많다. 동상은 4.8톤이나 되는데 소 10마리가 산 정상까지 끌고 왔다. 서로 몸을 기댄 화강암 바위 사이에 성모마리아가 발현한 루르지스의 성모nossa senhora de lurdes 상이 있어 순례하면 좋다.

### 기마랑이스 페냐 케이블카

시내에서 2km 떨어진 기마랑이스 포우자다를 갈 때 이용한다. 케이블카 정상에선 기마랑이스를 한눈에 볼 수 있어 전망을 위해 이용해도 좋다.

주소 Rua Aristides Sousa Mendes, Edifício Teleférico n°37, 4810-045

운영 4·5·10월 10:00~18:30
6·7·9월 월~금 10:00~19:00
토·일·공휴일 10:00~20:00
8월 10:00~20:00
11~3월 10:00~17:30

요금 성인 €7.5, 학생 €5

전화 253-515-085

홈피 www.turipenha.pt

Sightseeing ★★☆

7

## 구알테르 성당 & 브라질 헤푸블리카 광장

Igreja de São Gualter & Largo República do Brasil

기마랑이스 시내 중심에 브라질 헤푸블리카 광장이 길게 뻗어있다. 기차역과 관광지 사이에 있어 한 번은 지나치는 곳이다. 물론 지나치기에는 아쉽다. 반복되는 다이아몬드 모양으로 정원을 꾸며 정갈하면서 활기찬 분위기다. 광장 끝에는 구알테르 성당이 있다. 1785년 포르투갈 건축가 안드레 소아레스André Soares가 생에 마지막으로 작업한 건축물이다. 유난히 화려한 쌍둥이 종탑은 이후에 로코코 양식으로 올려졌다.

주소 Largo de Sao Gualter 4810-531
운영 **월~토** 07:30~12:00, 15:00~17:00
**일** 07:30~12:00

Sightseeing ★☆☆

8

## 빌라 플로르 센터 Centro Cultural Vila Flor

빌라 플로르 센터는 전시와 공연, 박물관 등 다양한 문화 활동을 진행하는 센터다. 여행자들에게는 플로르 궁전과 정원으로 유명하다. 특히 국립조경건축상을 받은 정원은 깔끔한 조경과 신비스러운 분위기의 분수, 시내가 내려다보이는 전망을 가지고 있다.

주소 D. Afonso Henriques, 701 4810-431
위치 기마랑이스 기차역에서 도보 4분
운영 월~토 09:30~13:00, 14:30~19:00
**휴무** 일요일, 공휴일
홈피 www.ccvf.pt

Sightseeing ★☆☆

9

## 상 프란시스쿠 성당 Igreja São Francisco

1400년에 지어진 상 프란시스쿠 성당은 고딕 스타일로 화려한 아줄레주 타일과 주변에 있는 공원으로 활기찬 분위기다.

주소 Largo de São Francisco, 4810-245

위치 브라질 헤푸블리카 광장에서 도보 4분

운영 **월~토** 09:30~12:00, 15:00~17:00
**일** 09:30~13:00

Sightseeing ★☆☆

10

## 가죽염색 작업장 Tanques de couros

도시는 섬유와 가죽 산업이 발달했다. 중세부터 시작한 가죽 산업은 시대 흐름으로 어쩔 수 없이 쇠퇴과정을 밟고 있지만 20세기 중반까지 활발했던 곳이다. 작업장은 업체 한 곳이 소유하는 게 아니라 소규모 제조업체들이 한데 모여 사용했다. 무두질하기 위한 수조와 강에서 길어오는 물길, 구조물이 남아있어 과정을 상상하는데 어렵지 않다.

주소 Largo do Cidade 3 4, 4810-225

운영 24시간

Food

1

## 타베르나 트로바도르 Taberna Trovador

포르투갈 전통음식을 타파스처럼 적은 양으로 주문할 수 있다. 혼자 가더라도 여러 음식을 주문해 먹을 수 있는 고마운 식당이다. 내부는 좁고 테이블이 여유롭지 않지만 흥겨운 분위기에 불편한 부분도 잊을 수 있다. 답답하다면 야외 좌석으로 안내를 부탁하자. 음식 대부분 평이 좋다. 우리 입맛에 잘 맞는 해물밥과 육류를 많이 먹는데 돼지 뽈살 조림은 호불호가 있을 수 있다.

주소 Largo do Trovador 10, 4810-451

위치 상 프란시스쿠 성당 인근

운영 12:00~15:00 19:00~22:00

메인 €7~

# AVEIRO

## 고풍스러운 운하도시 아베이루

아베이루는 잔잔히 흐르는 운하를 따라 아르누보풍 건물이 늘어서 있어 마치 귀족 여성 같다. 거친 대서양이 건들지 못하게 석호 지대가 도시를 감싸 안아 더 그렇다. 이미지와 달리 아베이루는 억척같은 아낙네를 닮았다. 비옥한 석호 평야에서 함초를 채취하고 염전에서 소금을 만든다. 고리버들 바구니를 든 여인, '아 살린네이라A Salineira'는 소금을 머리에 이고 배로 실어 나른다. 전통 배인 몰리세이루는 최대 70kg 소금을 운반했다.

1576년 아베이루를 집어삼킨 폭풍은 해상무역을 가져가고 석호 평야를 내어줬다. 평야에서 채취한 천연비료를 중심지로 이동시키기 위해 만든 운하는 이제 관광객을 실어 나른다.

### 아베이루에서 꼭 해야 할 일

- 19금 페인팅의 몰리세이루를 타고 운하 즐기기.
- 신선한 생선 요리와 아베이루 특산물인 달달한 오부스 물레스 먹어 보기.

### 아베이루 안에서 이동하기

아베이루의 주요 여행지는 도보로 이동할 수 있다. 아베이루의 몰리세이루 체험과 코스타 노바 여행만 한다면 당일치기도 문제 없다.

### 아베이루로 이동하기

**버스** 리스본의 세치 히우스 터미널에서 3시간 30분 정도 소요된다.

**기차** 포르투의 상 벤투 역에서 기차로 50분 정도, 리스본의 세치 히우스 역에서 2시간 10분 정도 소요된다.

### 아베이루 관광 안내소

주소 Rua Joao Mendonca 8, 3800-200 Aveiro
운영 월~금 09:00~19:00
토 · 일 09:00~12:30, 13:30~18:00
전화 234-420-760
메일 info@rotadaluz.pt

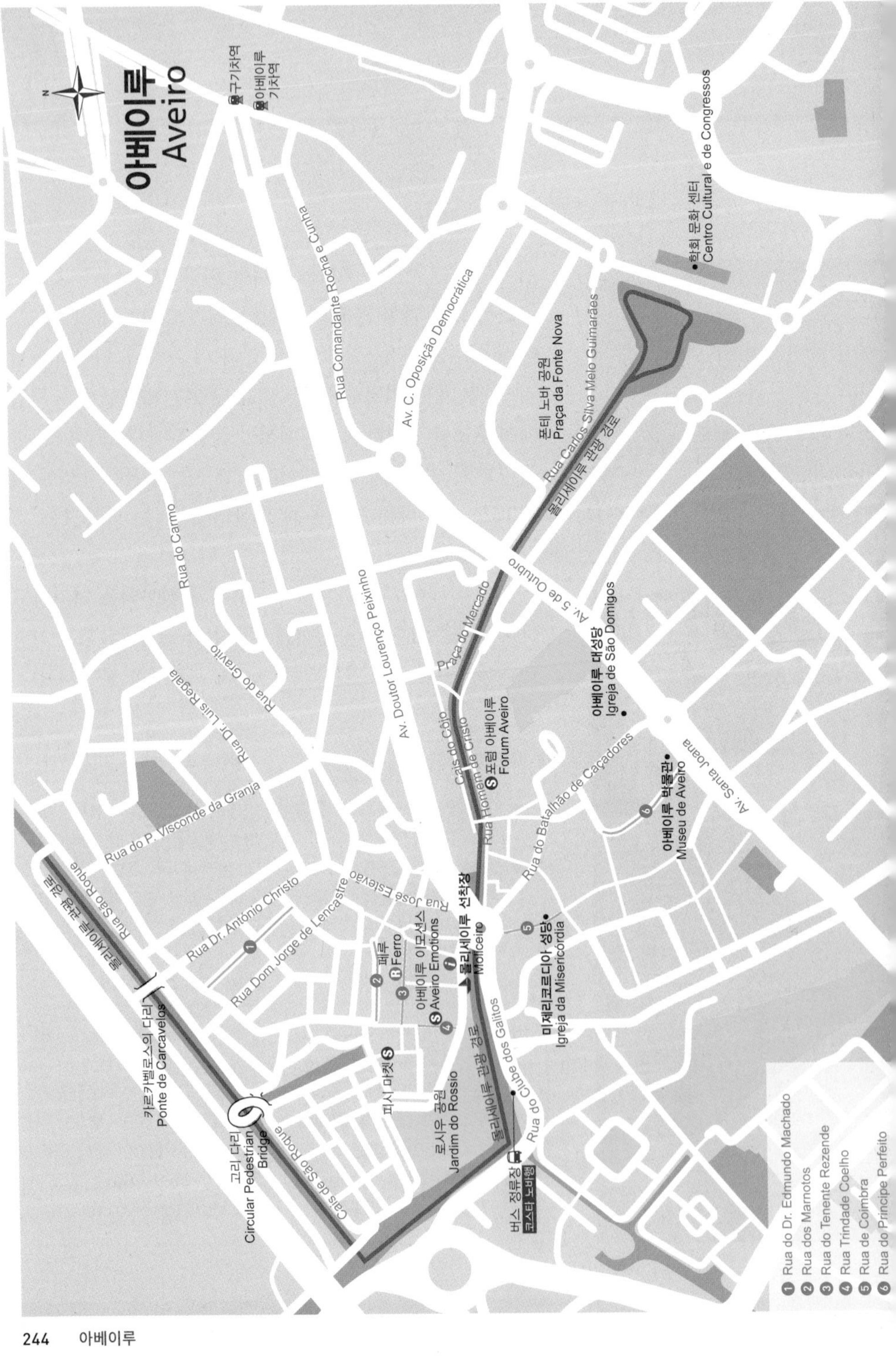

아베이루
Aveiro
구기차역
아베이루 기차역
학회 문화 센터
Centro Cultural e de Congressos
폰테 노바 공원
Praça da Fonte Nova
Rua Carlos Silva Melo Guimarães
몰리세이루 관광 경로
Av. C. Oposição Democrática
Rua Comandante Rocha e Cunha
Av. Doutor Lourenço Peixinho
Rua do Carmo
Av. 5 de Outubro
Praça do Mercado
아베이루 대성당
Igreja de São Domigos
Rua do Gravito
Rua Dr. Luis Regala
Cais do Cojo
Cais de Cristo
포럼 아베이루
Forum Aveiro
Av. Santa Joana
Rua do Batalhão de Caçadores
Rua Homem de Cristo
아베이루 박물관
Museu de Aveiro
Rua do P. Visconde da Granja
Rua São Roque
Rua José Estevão
Rua Dr. António Christo
Rua Dom Jorge de Lencastre
몰리세이루 선착장
Moliceiro
미제리코르디아 성당
Igreja da Misericórdia
페루
Ferro
아베이루 이모션스
Aveiro Emotions
카르카벨로스의 다리
Ponte de Carcavelos
Rua do Clube dos Galitos
피시 마켓
로시우 공원
Jardim do Rossio
고리 다리
Circular Pedestrian Bridge
Cais de São Roque
버스 정류장
코스타 노바행
1 Rua do Dr. Edmundo Machado
2 Rua dos Marnotos
3 Rua do Tenente Rezende
4 Rua Trindade Coelho
5 Rua de Coimbra
6 Rua do Príncipe Perfeito

Sightseeing ***

1

# 아베이루 운하 & 몰리세이루 Canal Aveiro & Moliceiro

포르투갈의 베니스라고 불리는 아베이루. 하지만 이곳의 배 몰리세이루는 낭만적인 곤돌라와는 전혀 다르다. 산호초 지대인 석호 평야에서 채취한 천연 비료를 몰리세이루에 실어 강의 상류로 간다. 아베이루 사람들의 삶과 노동에 꼭 필요한 전통 배 몰리세이루. 지금은 화학 비료 때문에 수요가 줄어 관광객을 태우고 운하 한 바퀴를 돈다. 선착장을 출발해 학회 문화 센터 건물 Centro Cultural e de Congressos을 돌아 반대편의 카르카벨로스의 다리 Ponte de Carcavelos를 돌아오는 코스다. 학회 문화 센터는 해상무역이 활발하던 때에 공장으로 사용하던 건물이다. 좁은 운하를 통과할 때, 상대편에게 배가 잘 안 보이므로 부부젤라를 불어 알린다. 7월 말에는 운하 축제가 열린다. 축제 기간 동안 몰리세이루는 형형색색의 몸단장을 한다. 유머러스한 19금 페인팅에 여행객들은 카메라를 만지는 손길이 바빠진다.

**몰리세이루 선착장**

주소 Rua João Mendonca Galerias do Rossio loja 3800-200

위치 아베이루 기차역에서 도보 19분

운영 09:00~18:00

요금 몰리세이루 투어 €15(50분 정도 소요)

Sightseeing ★★☆

❷

## 아베이루 박물관 Museu de Aveiro

15세기에 만들어진 예수의 수도원으로 18세기에 바로크 양식의 외관과 실내 장식이 완성되었다. 아폰수 5세의 딸 조아나 공주는 여러 가지 기적을 행한 성녀로 죽을 때까지 이 수도원에서 살았다. 수도원 내부에 있는 조아나 공주의 무덤은 대리석 모자이크로 장식되어 있다. 그녀의 생활을 묘사한 아줄레주 타일 장식과 초상화도 있다.

주소 Rua de Santa Joana Princesa 3810-329
위치 아베이루 운하에서 도보 5분
운영 화~일 10:00~12:30, 13:30~18:00
**휴무** 월요일, 공휴일, 1/1, 부활절, 5/1, 12/25
요금 €4
전화 234-423-297

© 포르투갈 관광청

© 포르투갈 관광청

Sightseeing ★★☆

❸

## 아베이루 대성당 Igreja Paroquial de Nossa Senhora da Glória

© 포르투갈 관광청

1423년 페드루 왕자가 만든 수도원으로 바로크 양식의 파사드(정면)와 외관의 조각은 희망과 자선을 표현한다. 묵주의 성모 성당 안에 있는 아치형의 화려한 천장과 무성한 금박을 입힌 나무 조각이 유명하다.

주소 Rua de Santa Joana Princesa 3810-329
위치 아베이루 박물관에서 도보 1분
운영 화~일 10:00~13:00, 14:00~17:30
**휴무** 월요일
전화 234-423-297

Sightseeing ★☆☆

❹

## 미제리코르디아 성당 Igreja da Misericórdia

1585년 이탈리아 건축가 필리포 테르지Filipo Terzi가 디자인하였고 1653년에 완성되었다. 19세기에 석회암으로 만들어진 파사드의 아줄레주가 인상적이다. 4개의 코란트(그리스식 기둥) 위에는 예수의 십자가와 혼천의가 있어 왕을 수호하는 역할을 한다.

주소 Rua de Coimbra, 27 3810-086
위치 아베이루 박물관에서 도보 5분
운영 월~금 09:00~17:00, 일 11:30~12:30
**휴무** 토요일
전화 234-426-732

Food

1

## 페루 Ferro

대서양에 기대어 사는 어촌마을, 아베이루에서 해산물 요리는 필수다. 마을 중심에 어시장Praça do Peixe이 있고 인근 식당에서 신선한 재료로 맛있는 음식을 선보인다. 페루도 그중 한 곳이다. 새벽에 바다에서 돌아온 어선에서 해산물을 내리고 곧 어시장으로 들어온다. 오전 일찍 도착한다면 시장 구경을 놓치지 말자. 대서양에서 갓 잡은 생선들과 상인들 덕분에 활기차다.

식당 페루에서 주문한 음식은 대부분 저렴하고 푸짐하다. 보통 한 접시에 메인 음식과 계란, 감자튀김, 샐러드가 함께 나온다. 신선한 재료이니 양념이 많이 되는 메뉴보다 재료 본연의 맛을 살린 음식을 권한다.

주소 Rua Tenente Resende 3800-269

운영 월~금 12:00~23:00
**휴무** 토요일, 일요일

요금 메인 €7~

전화 234-040-721

홈피 restferro.com

Shopping

1

## 포럼 아베이루 Forum Aveiro

소도시를 여행할 때 가장 아쉬운 부분은 쇼핑이다. 필요한 물건이 생겨도 바로 살 수 없어 대도시로 이동할 때까지 참을 때가 많다. 아베이루에는 운하 옆이라 풍경도 좋은 큰 쇼핑몰이 있다. 포럼 아베이루 1층은 상점, 2층은 주거용, 3층 옥상은 정원으로 이뤄져 있다. 의류와 액세서리 등을 파는 상점과 핑구 도스가 입점해 있어 생필품이나 기념품을 사기 좋다. 아케이드가 있어 날씨가 좋지 않다면 이곳에서 잠시 쉬었다 가자.

주소 Rua do Batalhão de Casçadorres 3810-064

운영 10:00~23:00

Shopping

2

## 아베이루 이모션스 Aveiro Emotions

아베이루 운하에서 도보 3분 거리에 위치한 곳으로 아베이루의 특산품뿐 아니라 트렌디한 생활용품과 기념품도 판매한다. 아이템들이 아기자기하게 포장되어 있어 선물하기도 좋다.

주소 Rua Trindade Coelho 16, 3800-273

운영 09:00~19:00

전화 969-008-687

# COSTA NOVA

## 형형색색 스트라이프 **코스타 노바**

6

코스타 노바는 16세기에 거대한 폭풍에 의한 퇴적 활동으로 이루어진 마을이다. 동쪽에는 대서양의 모래 해변이 있고 서쪽에는 아베이루 강을 따라 컬러풀한 줄무늬 집들이 늘어서 있다. 문구점에서 파는 인형의 집 아이템들을 하나씩 가져다 놓은 듯 비현실적인 마을을 산책하면 기분이 상쾌해진다.

### 코스타 노바에서 꼭 해야 할 일

- 알록달록 캔디 같은 줄무늬 집 앞에서 사진 찍기.
- 장중한 매력의 대서양과 마주하기.

### 코스타 노바로 이동하기

**버스** Royal School of Languages 맞은편에서 버스를 타고 바라 Barra 마을을 경유한다. 코스타 노바행은 오전 7시부터 자정까지 한 시간에 한 대, 아베이루행은 오전 6시 15분부터 밤 11시 25분까지 한 시간에 1~2대 정도 배차되어 있다. 차량공유 서비스를 이용하면 10유로 정도다. 코스타 노바 안에서는 도보로 이동 가능하다

### 코스타 노바 관광 안내소

코스타 노바 버스 정류장 앞에 있으나 성수기가 아닐 때에는 문을 닫는 경우가 많다.

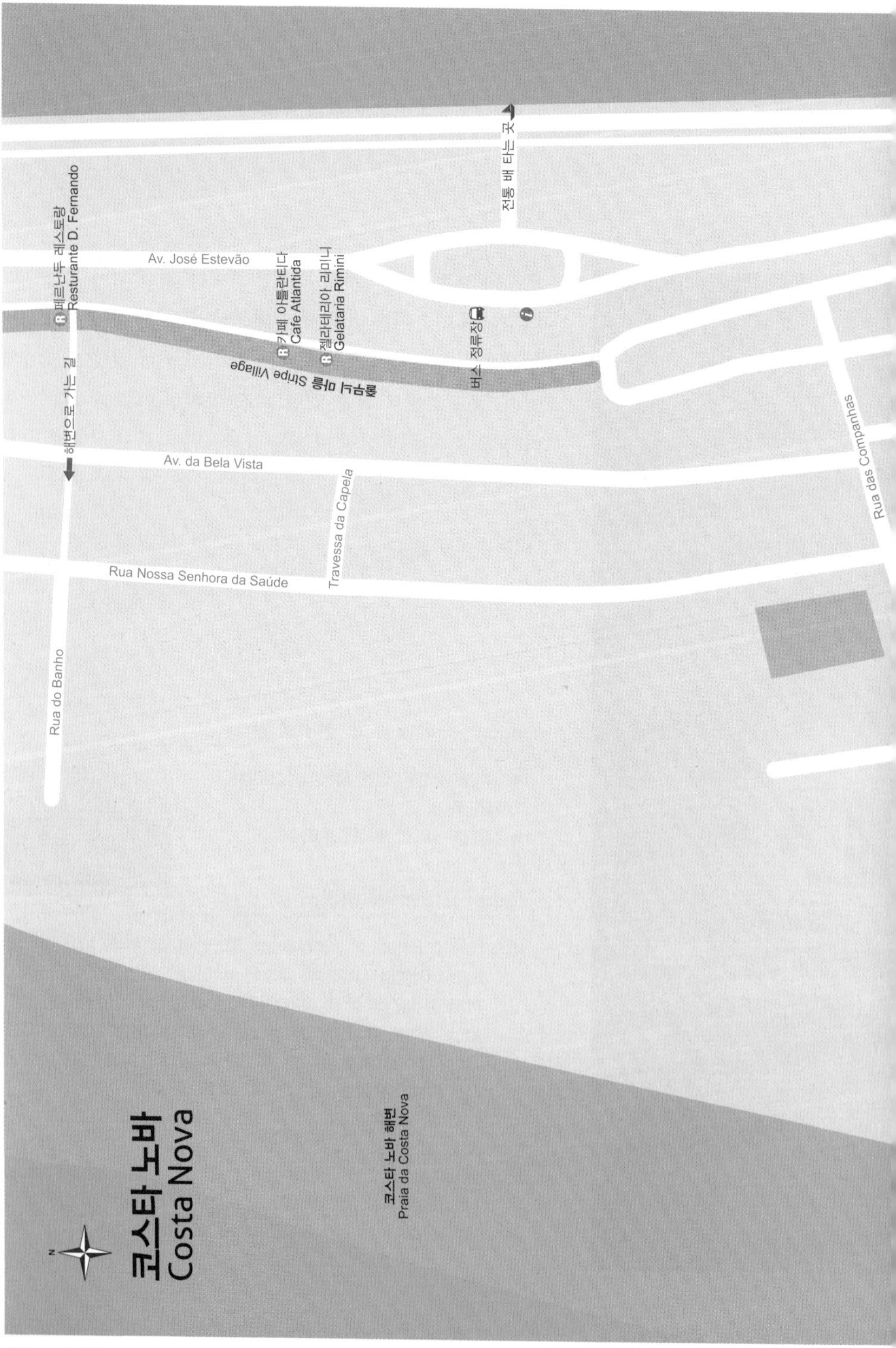
코스타 노바
Costa Nova
N
코스타 노바 해변
Praia da Costa Nova
페르난두 레스토랑
Resturante D. Fernando
Av. José Estevão
카페 아틀란티다
Cafe Atlantida
젤라테리아 리미니
Gelataria Rimini
전통 배 타는 곳
줄무늬 마을 Stripe Village
버스 정류장
해변으로 가는 길
Av. da Bela Vista
Travessa da Capela
Rua das Companhas
Rua Nossa Senhora da Saúde
Rua do Banho

Sightseeing ★★★

1

## 코스타 노바 해변 Praia da Costa Nova

아기자기한 마을 뒤로는 분위기가 확 바뀐다. 대서양의 주체할 수 없는 웅장함에 저절로 뒷걸음질 치게 된다. 해변으로 가기 위해선 모래언덕을 넘어가야 한다. 모래언덕이 더 이상 넘어오지 않도록 하기 위해 데크를 만들어 놓아 산책하기 편하다. 해변에는 가족 단위의 관광객이 많지만 서핑 포인트로도 유명해 멋진 서퍼들이 많이 찾는다. 이곳에 간다면 자리를 깔고 누워 여유로운 분위기에서 대자연의 벅찬 감동을 느껴 보기 바란다.

위치 코스타 노바 버스 정류장에서 도보 5분. 마을에서 해변 쪽으로 뻗은 Rua do Banho 길을 따라 걸으면 해변이 나온다.

Sightseeing ★★★

2

## 줄무늬 마을 Stripe Village

코스타 노바의 나열된 집들은 비슷한 모습을 하고 있었다. 2층 또는 다락방을 얹은 집이다. 그러다 보니 남의 집에 들어가기 일쑤였다. 누군가가 자신의 집을 잘 찾아가기 위해 화려한 색의 줄무늬를 칠하기 시작했고 제각각의 멋을 담은 줄무늬 마을이 되었다. 요즘은 아줄레주를 이용하거나 타일을 이용해 개성을 나타내는 집들도 있다.

위치 코스타 노바 버스 정류장에서 내리면 줄무늬 건물이 바로 보인다.

Food

1

## 젤라테리아 리미니 Gelateria Rimini

카페 아틀란티다의 옆에 위치한다. 체인으로 운영되는 젤라토 가게로 이곳에서 산 젤라토를 하나 들고 줄무늬 집들 사이를 거닐면 화보 속 한 장면에 들어선 것처럼 상큼한 기분이다.

주소 Av. Jose Estevao n. 184

위치 코스타 노바 버스 정류장에서 도보 2분

운영 10:30~20:30

요금 젤라토 €1.6

Food

2

## 카페 아틀란티다 Cafe Atlantida

한없이 평화로운 마을을 닮은 카페 아틀란티다. 여행객도 마을 사람들도 아베이루 강을 보며 쉬어 가는 카페다. 파스텔라리아도 같이 운영하므로 출출할 때에는 나타나 미스타(토스트)로 배를 채우자. 여유 있는 커피 한잔의 시간으로 행복해지는 곳이다. 버스 정류장 근처에 있으므로 커피를 마시며 버스가 오는 시간까지 여유롭게 기다릴 수 있다.

주소 Av. Jose Estevao n. 182A 3830-453
위치 아베이루를 오가는 버스 정류장 근처에 있다.
운영 09:00~22:00
요금 나타 €1, 미스타(토스트) €1.8, 커피 €1.1

Food

3

## 페르난두 레스토랑 Resturante D. Fernando

인형의 집처럼 생긴 페르난두 레스토랑 안으로 들어서면 생각보다 아담한 사이즈에 편안함을 느낀다. 이곳은 전통 포르투갈 요리를 주로 하며 그중에서도 생선 요리를 추천한다. 단, 시간이 좀 오래 걸리므로 다음 일정을 잘 체크하고 방문하도록 하자.

주소 Avenida José Estevão 162, 3830-453
운영 수~월 12:00~00:00 **휴무** 화요일
요금 메인 €9~
전화 234-361-308

# COIMBRA

## 청춘의 대학도시 코임브라

9세기 말 코닝브리가Conimbriga의 주교좌가 이곳에 오면서 코임브라라고 불리기 시작했다. 왕실과 수도원이 세워지며 신앙과 예술의 중심이 되었으나 코임브라 대학교가 생기면서 학술의 대학도시가 되었다. 포르투갈의 시인 카몽이스를 비롯한 많은 문화인과 정치계, 경제계 인물이 이곳에서 배출되었다. 코임브라 역에 내리자마자 학생들과 뒤엉킨다. 청춘이 주는 쾌활함이 바로 이 도시의 얼굴이다. 오전에는 대학교를 찾아 그들의 열정을 보고 오후에는 카페에서 풋풋한 새내기들의 웃음소리를 듣고, 저녁에는 코임브라 대학교의 학생들이 이어 나간 코임브라 파두를 감상해 보자.

## 코임브라에서 꼭 해야 할 일

- 코임브라와 리스본의 파두 비교해 보기.
- 활기찬 대학 도시를 누비며 친절한 학생들의 호의에 감탄해 보기.

## 코임브라로 이동하기

**버스** 주요 도시에서 레데 익스프레소스로 이동할 수 있다. 터미널은 기차역 A와 B 사이에 있으며 시내까지 도보 20분 정도 소요된다.

**기차** 버스보다 역이 도심과 가까운 기차를 추천. 기차역은 도심에 있는 Coimbra A와 장거리 기차가 운행하는 B 두 곳이며 연결되는 기차는 자주 운행한다. 리스본이나 포르투에서 출발한 기차는 1시간 30분 정도 소요된다.

## 코임브라 안에서 이동하기

주요 관광지는 대부분 걸어서 이동 가능하다. 언덕을 중심으로 관광지가 모여 있어 오르막을 올라야 하나 가파르지 않다(신산타 클라라 수도원은 경사가 높은 편).

## 추천 코스

오전에 코임브라 대학교를 거쳐 전체를 조망한 뒤 신 · 구대성당을 따라 내려온다. 내려오는 길에 국립 마사두 지 카스트루 미술관과 알메지나 탑을 지나며 몬데구 강을 가로지르는 산타 클라라 다리를 건너 신 · 구산타 클라라 수도원과 눈물의 샘에 다녀오자. 달달한 코임브라 파두를 들으며 저녁 식사로 일정을 마무리하자.

## 코임브라 관광 안내소

**코임브라 관광 안내소**

주소 Praca 8 de Maio Casa Aninhas 3, 3000–300
운영 월~금 09:00~18:00
토 · 일 10:00~13:00, 14:30~17:30
전화 239–828–605
메일 atendimento@turismo–centro.pt

**UC Store(Universidade de Coimbra Store)**

주소 Rua Larga 3004–535
운영 **4/14~10/15** 09:00~19:30
**10/16~4/13** 09:30~13:00, 14:00~17:30
**휴무** 1/1, 12/24~25 · 31
전화 239–242–745
메일 infotur@uc.pt

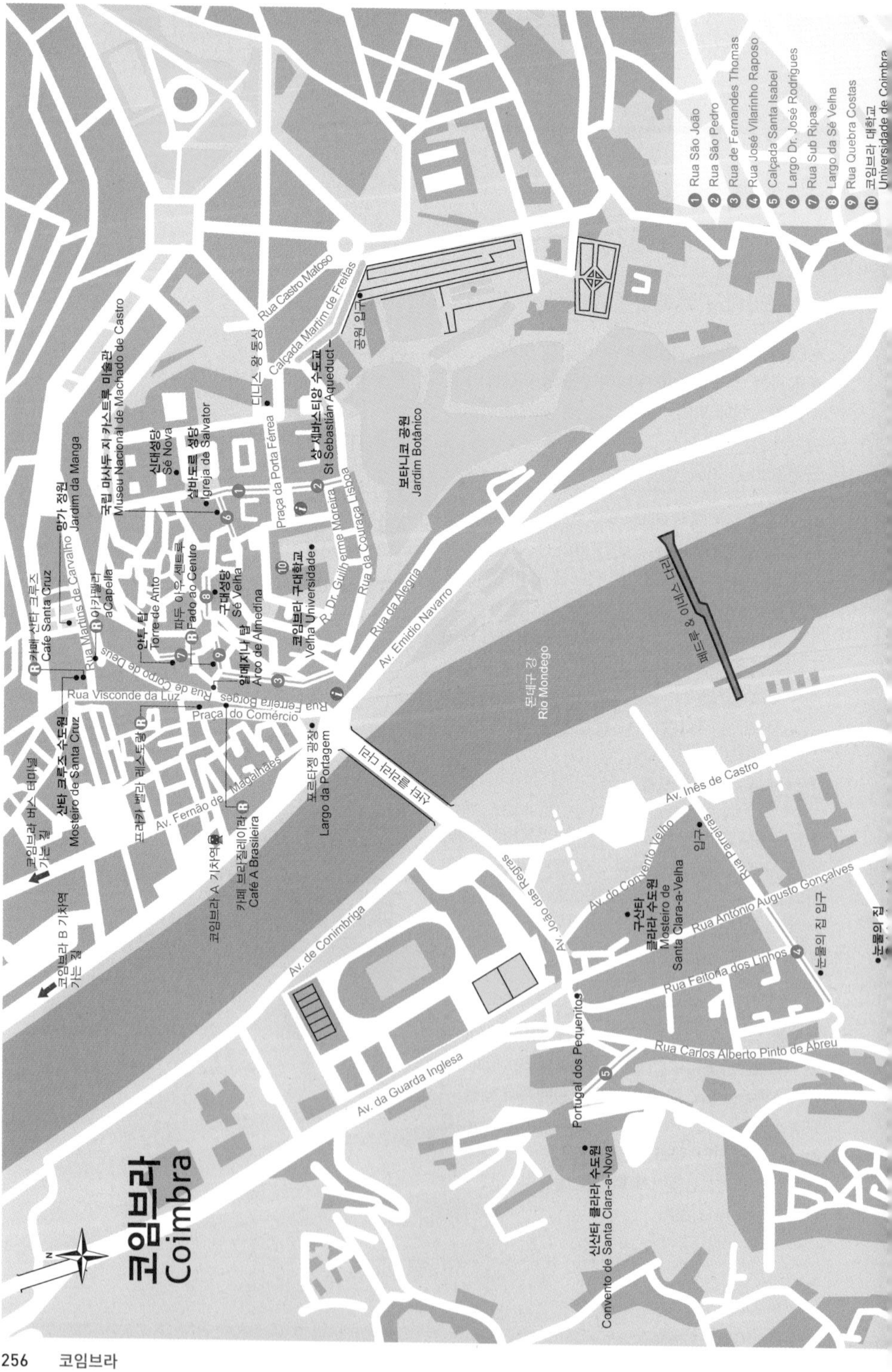
코임브라
Coimbra
N
1 Rua São João
2 Rua São Pedro
3 Rua de Fernandes Thomas
4 Rua José Vilarinho Raposo
5 Calçada Santa Isabel
6 Largo Dr. José Rodrigues
7 Rua Sub Ripas
8 Largo da Sé Velha
9 Rua Quebra Costas
10 코임브라 대학교 Universidade de Coimbra
코임브라 버스 터미널 가는 길
코임브라 B 기차역 가는 길
산타 크루즈 수도원
Mosteiro de Santa Cruz
카페 산타 크루즈
Cafe Santa Cruz
망가 정원
Jardim da Manga
아카펠라
aCapella
Rua Martins de Carvalho
Rua Visconde da Luz
Rua de Corpo de Deus
Praça do Comércio
Rua Ferreira Borges
프라가 벨라 레스토랑
코임브라 A 기차역
카페 브라질레이라
Café A Brasileira
Av. Fernão de Magalhães
포르타젱 광장
Largo da Portagem
산타 클라라 다리
안투 탑
Torre de Anto
파두 아우 센트루
Fado ao Centro
알메지나 탑
Arco de Almedina
구대성당
Sé Velha
코임브라 구대학교
Velha Universidade
국립 마샤두 지 카스트루 미술관
Museu Nacional de Machado de Castro
신대성당
Sé Nova
살바도르 성당
Igreja de Salvator
Praça da Porta Férrea
R. Dr. Guilherme Moreira
Rua da Couraça Lisboa
상 세바스티앙 수도교
St Sebastián Aqueduct
디니스 왕 동상
Rua Castro Matoso
Calçada Martim de Freitas
공원 입구
보타니코 공원
Jardim Botânico
Rua da Alegria
Av. Emídio Navarro
몬데구 강
Rio Mondego
페드루 & 이네스 다리
Av. Inês de Castro
Av. João das Regras
Av. do Convento Velho
입구
Rua das Parreiras
구산타 클라라 수도원
Mosteiro de Santa Clara-a-Velha
Rua António Augusto Gonçalves
Rua Feitoria dos Linhos
눈물의 집 입구
눈물의 집
Av. de Conimbriga
Portugal dos Pequenitos
Rua Carlos Alberto Pinto de Abreu
Av. da Guarda Inglesa
신산타 클라라 수도원
Convento de Santa Clara-a-Nova

Sightseeing ★★☆

❶

## 구대성당 Sé Velha

로마네스크 양식의 호방한 정문과 르네상스 양식의 옆문, 고딕 양식인 회랑까지 시대에 따라 다양한 양식이 가미되었다. 겉모습은 장엄하고 레콩키스타(국토 회복 운동) 시대에 요새로 사용된 흔적을 볼 수 있다. 그에 반해 내부는 섬세하고 기교 넘치는 조각과 예술품이 보관되어 있다. 상 세바스티앙과 성녀 이사벨의 그림, 목판 위에 금을 세공하는 타랴도라두 기법의 제단이 멋스럽다. 제단 옆 아랍식 타일은 스페인의 세비야에서 가져왔다. 제단 오른쪽에 있는 성찬의 예배당Chapel of the Holy Sacrament은 예수와 10인의 사도, 성모 마리아와 성인들의 모습으로 꾸며져 있다.

| | |
|---|---|
| 주소 | Largo da Sé Velha |
| 위치 | 코임브라 기차역에서 도보 8분 |
| 운영 | 월~금 10:00~17:30 |
| | 토 10:00~18:30 |
| | 일 · 공휴일 11:00~17:00 |
| 요금 | €2.5 |
| 전화 | 239-825-273 |

성찬의 예배당

Sightseeing ★★☆

❷

## 신대성당 Sé Nova

리스본의 상 비센테 지 포라 수도원을 참조해서 만든 신대성당은 1598년부터 공사를 시작해 100년에 걸쳐 완성되었다. 최초의 예수회 성당이며 코임브라의 성당 중 가장 크다. 중앙에는 아름다운 금세공 장식의 제단과 신고전주의 양식으로 만든 2개의 파이프 오르간이 있다. 마누엘 양식의 빽빽한 기교 속에서 가장 눈에 띄는 건 성가정의 모습을 담은 조각이다. 아기 예수의 양손을 잡고 가는 성모 마리아와 하느님은 모든 가정에 이상향을 전해 주는 듯하다.

주소 Largo da Sé Nova
운영 월~토 09:00~18:30
일 10:00~12:30
전화 239-823-138

Sightseeing ★☆☆

❸

## 국립 마사두 지 카스트루 미술관 & 살바도르 성당
Museu Nacional de Machado de Castro & Igreja de Salvator

코임브라 태생의 조각가 마사두 지 카스트루의 이름을 딴 미술관으로 궁전을 개조해서 만들었다. 입구 옆의 석재 건물은 로마 시대 유물이다. 지하 예배당 Cripto Portico이 흥미롭다. 미술관 근처의 살바도르 성당은 로마네스크 양식으로 소박한 외관과는 달리 내부는 금과 대리석, 나무 조각 등으로 만들어졌다.

국립 마사두 지 카스트루 미술관
주소 Largo doutor Jose Rodrigues 3000-236
위치 구대성당에서 도보 2분
운영 화 14:00~18:00
수~일 10:00~18:00
**휴무** 월요일
요금 €6
전화 239-853-070
홈피 www.museumachadocastro.pt

Sightseeing ★★☆

4

## 산타 크루즈 수도원 Mosteiro de Santa Cruz

1131년 포르투갈 건국왕인 아폰수 엔리케가 세운 건물로 국가 영웅들의 영혼을 모시는 국립 판테온으로 사용되었다. 이후 수도원으로 용도가 변경되었으나 아폰수와 그의 아들의 무덤은 그대로 남아 있다. 정문은 포르투갈 특유의 마누엘 양식으로 장식돼 있으며 내부에는 참사회실과 정숙의 회랑, 성물실 등이 있다. 수도원 앞 광장은 코임브라 대학교 학생들이 토론을 나누는 장소로 열정이 가득하다.

주소 Praça 8 de Maio
위치 코임브라 기차역에서 도보 5분
운영 **월~금** 09:00~17:00
**토** 11:00~16:30
**일 · 공휴일** 16:00~17:30
요금 성인 €3, 학생 €2
전화 239-822-941
홈피 igrejascruz.webnode.pt

Sightseeing ★☆☆

5

## 알메지나 탑 Arco de Almedina

탑의 가장 오래된 부분은 9세기에 만들어졌다. 여러 번 중건되면서 11세기 세즈난도Dom Sesnando 왕이 성벽 안의 도시를 방어하기 위해 아치를 연결해 포탑을 만들었다. 시와 사법 권력의 본부로도 사용되었다. 알메지나 탑 뒤로 바바카Barbaca 탑을 만들어 이중으로 방어했다.

주소 Arco de Almedina 3000-363
위치 코임브라 기차역에서 도보 5분

Sightseeing ★★☆

6

## 망가 정원 Jardim da Manga

바닐라색의 독특한 구조물인 망가 정원은 르네상스 초기 건축물로 포르투갈을 번영시킨 주앙 3세의 소매를 보고 만들었다고 한다. 망가는 포르투갈어로 '소매'라는 뜻이다.

주소 Rua Olimpio Nicolau Rui Fernandes, 3000-303 Coimbra
위치 산타 크루즈 수도원에서 도보 2분
운영 08:00~23:00 전화 239-829-156

Sightseeing ★★★

7

# 코임브라 구대학교 Velha Universidade

1431년 포르투갈 최초의 대학인 리스본 대학교를 코임브라의 알사코바 궁전으로 옮겨 와 지금의 구대학교가 되었다. 유럽에서 3번째로 오래된 전통 있는 대학답게 사회, 예술 분야에서 많은 인재를 탄생시켰다. 포르투갈 국민 시인 카몽이스와 노벨상 수상자인 에가스 모니스가 대표적이다. 신학, 의학, 법률 등 각 학부의 특징을 조각한 철의 문Porta Ferrea을 통과하면 광장 중앙에 코임브라 대학을 설립한 주앙 3세의 동상이 있다. 광장을 둘러싼 'ㄷ'자 형태의 건물은 주앙 5세 도서관과 상 미구엘 예배당, 사도의 방으로 나뉜다.

주소 Patio das Escolas da Universidade de Coimbra 3004-531 Coimbra

운영 4/14~10/15 08:30~19:00, 10/16~4/13 09:00~17:30

**타워** 10:00~18:00

**도서관 최종 입장** 12:40, 16:40

**휴무** 1/1, 12/24~25, 12/31

요금 성인 €12, 학생 €10

전화 239-859-900

홈피 visit.uc.pt

검은 망토 트라제 때문에 예전엔 박쥐라 불렸는데 조앤 롤링 덕분에 '해리포터'로 불린다. 간혹 엽서를 파는데 클럽 활동 비용을 구하기 위해서라고. 기념품 삼아 여행자의 호주머니를 열어보면 어떨까. 5월 졸업식에는 'Queima das Fitas' 학과 상징인 리본 태우기 행사가 열린다.

① 상 미구엘 예배당 ② 철의 문 ③ 사도의 방 ④ 주앙 5세 도서관 ⑤ 광장 ⑥ 코임브라 시내 전경

## 코임브라 구대학교 둘러보기

① **주앙 5세 도서관(조아니나 도서관)**Biblioteca Joanina 구대학교에서 가장 유명한 주앙 5세 도서관은 3개의 층에 걸쳐 20만 권의 책을 보유하고 있다. 입구로 이어진 층과 아래에 2층을 두어 앞뜰과의 높이 차이를 해결하고 바닥을 지지하는 뼈대로 활용했다. 내부는 3칸으로 나뉘어 있으며 마누엘 다 실바Manuel da Silva가 40개월 이상에 걸쳐 만든 중국풍 그림이 그려진 책장으로 가득 차 있다. 방의 끝에는 프랑스 화가인 도메니쿠 두프라Domenico Dupra가 그린 주앙 5세의 초상이 걸려 있다. 도서관은 고서의 보존을 위해 안정적인 환경을 유지하고 있다. 외부 온도의 영향을 받지 않기 위해 2.2m의 두께로 된 외벽을 설치하고 내부를 나무로 덮어 습도를 조절한다. 특이하게도 도서관에는 작은 박쥐가 산다. 배설물이나 고서를 갉아먹기 때문에 철망을 달고 청소도 세심하게 하고 있다. 최하층에는 나선형의 계단과 고딕 양식의 난간 등 중세 왕궁 감옥의 흔적이 나타나 있다. 대학교로 사용된 뒤에는 학생들 또는 직원, 교사의 감옥으로 사용되었다. 역사가 500년이 넘는 가장 오래된 공공 도서관이다. 2007년 유러피안 헤리티지 라벨에 올랐으며 바로크 양식의 걸작이라 불린다.

② **상 미구엘 예배당**Capela de São Miguel 12세기 왕궁 예배당에서 16세기 초에 증축되었다. 학생과 교수 연합회의 본부이자 왕이 소유한 예배당으로 중앙에 십자가 대신 왕관이 있다. 교회 중앙의 신도석은 17세기에 리스본에서 만들어진 러그 스타일의 타일로 덮여 있다. 천장에는 포르투갈 왕가의 문장과 이슬람에게서 탈환한 7개의 성과 포르투갈 왕을 상징하는 5개의 방패로 장식되어 있다. 중국의 문양이 새겨진 바로크 오르간도 놀랍다.

③ **사도의 방**Sala dos Capelos 왕이 저녁 시간을 보내던 곳으로 대학교가 문을 연 10월 13일을 기념해 매년 10월 둘째 주 수요일에는 학위 수여식 등 큰 행사를 진행한다. 상단에는 왕과 왕비의 초상이 걸려 있다. 사도의 방에 있는 개인 시험방은 이름 그대로 시험을 보던 곳으로 1537~1701년에 성공회 교구 목사였던 인물들의 초상이 걸려 있다.

Sightseeing ★★☆

8

## 보타니코 공원 & 상 세바스티안 수도교
Jardim Botânico & St Sebastián Aqueduct

1772년에 생긴 코임브라 대학교의 식물원으로 베네딕트 수도사들이 기증한 4만 평의 땅에 인공 호수와 가로수길, 온실의 이국적인 식물, 분수 등이 조성되어 있다. 원예학과와 의과대학이 연결되어 학술을 펼치는 곳이기도 하다. 입구 앞에 있는 수도교는 로마 시대의 수로로 추정된다. 수도교를 따라 보타니코 공원 입구로 가다 보면 상 세바스티안과 상 호케의 동상을 만날 수 있다.

보타니코 공원
주소 Calcada Martim de Freitas 3000-393
운영 4~9월 09:00~20:00
10~3월 09:00~17:30
전화 239-855-233

Sightseeing ★☆☆

9

## 안투 탑 Torre de Anto

코임브라 성벽을 지키는 3개의 방어 탑 중 하나다. 지금은 방어의 역할을 잊고 박물관 센터로 이용되고 있다. 포르투갈 시인 안토니우 페레이라 노브레 António Pereira Nobre가 코임브라를 사랑하는 마음을 담은 시를 적은 석판이 있다. 근처의 아기자기한 골목 또한 매력적이다.

주소 Rua Sobre Ribas 3000-395
위치 구대학교에서 도보 7분

Sightseeing ★★☆

⑩

## 구산타 클라라 수도원 Mosteiro de Santa Clara-a-Velha

1286년에 세운 수도원은 몬데구 강의 잦은 홍수로 바닥이 망가지고 피해가 많아 17세기에 문을 닫고 언덕으로 이전했다. 예배당은 보통 천장까지 나무처럼 뻗어 있는 일반 기둥과는 달리 2층 높이에 아치형의 뼈대가 있고, 그 위로 2층을 확장해 미사를 진행했다. 보통 성당은 십자가형으로 짓는데 특이하게도 이곳의 성당은 날개 부분이 없어 일자형이다. 수녀들의 수도원이었기에 신자들은 옆에 있는 문으로만 입장할 수 있었으며 구분된 공간만 사용할 수 있었다. 수녀의 명상과 이동의 중심이었던 회랑은 기하학적인 식물 패턴으로 된 아랍식 타일로 장식되어 있다. 현재 분수와 일부 기둥만 남아 있다. 회랑 근처에는 평신도들의 무덤을 보관했는데 후세에 이를 발굴해 평균수명 추정 시 이용하는 등 고고학 자료로 사용되었다.

주소 Rua das Parreiras
위치 코임브라 기차역에서 도보 14분
운영 5~9월 10:00~19:00
10~4월 10:00~18:00
**휴무** 1/1, 부활절, 2/1, 5/1, 12/25
요금 성인 €4, 학생 €2
전화 239-801-160
홈피 santaclaraavelha.drcc.pt

Sightseeing ★★★

⑪

## 신산타 클라라 수도원 Convento de Santa Clara-a-Nova

구산타 클라라 수도원이 몬데구 강의 홍수로 자주 침수되자 17세기 언덕에 새로 지은 수도원이다. 예배당에는 코임브라의 수호 성녀 이사벨 왕비의 관 2개를 보관하고 있다. 14세기 구수도원에서 홍수 때 물에 잠겼던 석관과 17세기에 은과 크리스털로 만든 관이다. 벽면에는 성녀 이사벨의 일화를 나타내는 그림이 있다. 병원, 고아원, 양로원 등을 세우고 사람들을 돌봤던 여왕은 어느 날, 가난한 자들에게 나눠 줄 금화를 가지고 나가다 디니스 왕에게 들켰다. 왕은 치마를 펼쳐 보라 했고 금화 대신 장미꽃이 나와서 위기를 모면했다는 이야기다. 이사벨 왕비의 묘에 장미를 바치는 것도 그 때문이다.

주소 Alto de Santa Clara P-3040-270
위치 구산타 클라라 수도원에서 도보 14분
운영 **여름철** 09:00~18:45
**겨울철** 월 · 수 09:00~18:30,
화 · 목 · 금 09:00~17:00
요금 성당 €1, 성당 + 수도원 통합 입장 €2
홈피 rainhasantaisabel.org

Sightseeing ★★★

⓬

## 눈물의 집 Quinta das Lágrimas

성녀 이사벨이 구산타 클라라 수도원 근처에 만든 샘은 이네스와 페드루 왕이 만나던 연인들의 샘Fonte dos Amores이다. 좀 더 깊숙이 있는 눈물의 샘Fonte das Lagrimas은 이네스가 목이 잘려 살해된 곳으로 그녀의 피가 흘렀다는 말처럼 검붉은 빛의 돌이 남아 있다. 샘 옆의 비석에는 카몽이스의 「우스 루지아다스」의 한 구절을 적어 놓았다. "몬데구의 요정들은 눈물을 흘리며 그녀의 슬픈 죽음을 기억에 새긴다."

주소 Rua Antonio Augusto Goncalves 3041-901
위치 구산타 클라라 수도원에서 도보 8분
운영 **3/16~10/15** 화~일 10:00~19:00
**10/16~3/15** 화~일 10:00~17:00
**휴무** 월요일
요금 €2

Sightseeing ★☆☆

⓭

## 미니 포르투갈 Portugal dos Pequenitos

포르투갈을 한눈에 볼 수 있는 곳! 포르투갈의 유명 관광지와 코임브라의 주요 관광지가 아기자기한 건물들로 꾸며져 있는 곳이다. 그래서 이름도 미니 포르투갈이다. 특히 포르투갈 각지의 가옥 양식을 비교해 볼 수 있어 흥미롭다.

바비 인형 박물관과 중세의 의상, 해군 박물관도 있어 연인이나 아이들과 함께 들르기 좋은 곳이다.

주소 Rossio de Santa Clara Coimbra
위치 구산타 클라라 수도원에서 도보 2분
운영 **3~5월 · 9/16~10/15** 10:00~19:00
**6/1~9/15** 09:00~20:00
**10/16~2월** 10:00~17:00
**휴무** 12/25
요금 성인 €10, 3~13세 €5
전화 239-801-170
홈피 www.portugaldospequenitos.pt

Food 추천

❶

## 파두 아우 센트루 Fado ao Centro

코임브라의 파두는 음유시인이 만든 사랑 노래로 청춘에 설레는 도시와 잘 어울린다. 그 중심에 있는 파두 아우 센트루에서는 공연과 함께 파두의 역사를 간단하게 알아볼 수 있어 좋은 시간을 가질 수 있다. 50분 동안 이어지는 공연은 포트 와인을 시음하며 즐겨 보자.

주소 Alto de Santa Clara P-3040-270

위치 코임브라 기차역에서 도보 6분

운영 21:00~02:00, 파두 공연 18:00

요금 €10

전화 913-236-725

홈피 www.fadoaocentro.com

메일 fadoaocentro@gmail.com

Food

❷

## 아카펠라 àCapella

14세기에 만들어진 예배당에서는 밤이 깊어갈수록 아카펠라의 파두도 짙어진다. 코임브라 대학교에서 이어져 온 파두는 남자 세 명이 대학교복과 같은 검은 옷을 입고 부른다. 이 파두 하우스의 유명한 자리인 통유리 테라스는 꼭 미리 예약해야 한다.

주소 Rua Corpo de Deus, Largo da Victoria 3000

위치 코임브라 기차역에서 도보 5분

운영 19:00~02:00, 파두 공연 21:30

요금 **기본 입장** 성인 €10, 학생 €5

전화 239-833-985

홈피 www.acapella.com.pt

메일 acapella@gmail.com

Food

❸

## 카페 브라질레이라 Café A Brasileira

코임브라 대학교의 젊은 연인들이 찾아올 것 같은 깔끔하고도 예쁜 카페다. 특히 화이트 커스터드인 Manjar Branco는 이곳만의 특별한 디저트다. 쫀득하면서 부드러운, 묘한 매력에 빠져 보자.

주소 Rua Ferreira Borge

위치 코임브라 기차역에서 도보 5분

운영 07:00~22:00

전화 239-842-299

# FÁTIMA 8

## 성모발현의 순례지 파티마

이탈리아의 바티칸 시국 다음으로 많이 찾는 세계적인 가톨릭 순례지다. 1917년 성모 마리아가 세 명의 목동 앞에 나타난 곳이기 때문이다. 성모 마리아의 발현은 가톨릭을 믿는 포르투갈 대부분의 국민에게 희망을 주었다. 마음이 아픈 자와 몸이 고통받는 자들이 파티마로 찾아왔다. 나았다는 사람도, 안식을 찾았다는 사람도 있으나 분명한 건 이곳을 찾은 여행자는 무언가 깨달음을 마음에 담고 간다는 것이다.

성모발현일인 5월 13일이 되면 어마어마한 광장이 발 디딜 틈도 없이 꽉 찬다. 이때 여행하게 된다면 저녁에 있는 촛불 미사와 행렬이 장관을 이루니 놓치지 말자.

### 파티마에서 꼭 해야 할 일

- 마음이든 몸이든 어딘가 아픈 사람들이 모이는 파티마. 내 마음 다친 곳 없는지 머무는 동안 찬찬히 살펴보자.
- 자신 또는 사랑하는 사람을 위한 초를 봉헌하고 기도해 보기. 다시 그들을 만났을 때 자신이 그때 그들을 생각했다고 고백해 보기.

### 파티마로 이동하기

**버스** 리스본에서 버스로 1시간 30분 정도 소요된다. 아침 7시에서 밤 8시까지 한 시간에 1~2대 정도 버스가 발착한다.

### 파티마 관광 안내소

주소 Av. Dom Jose Alves Correia da Silva Fátima
운영 **5~10월** 10:00~13:00, 15:00~19:00, **11~4월** 10:00~13:00, 15:00~18:00
전화 249-531-139

NÃO TENHAIS MEDO

# 파티마
# Fátima

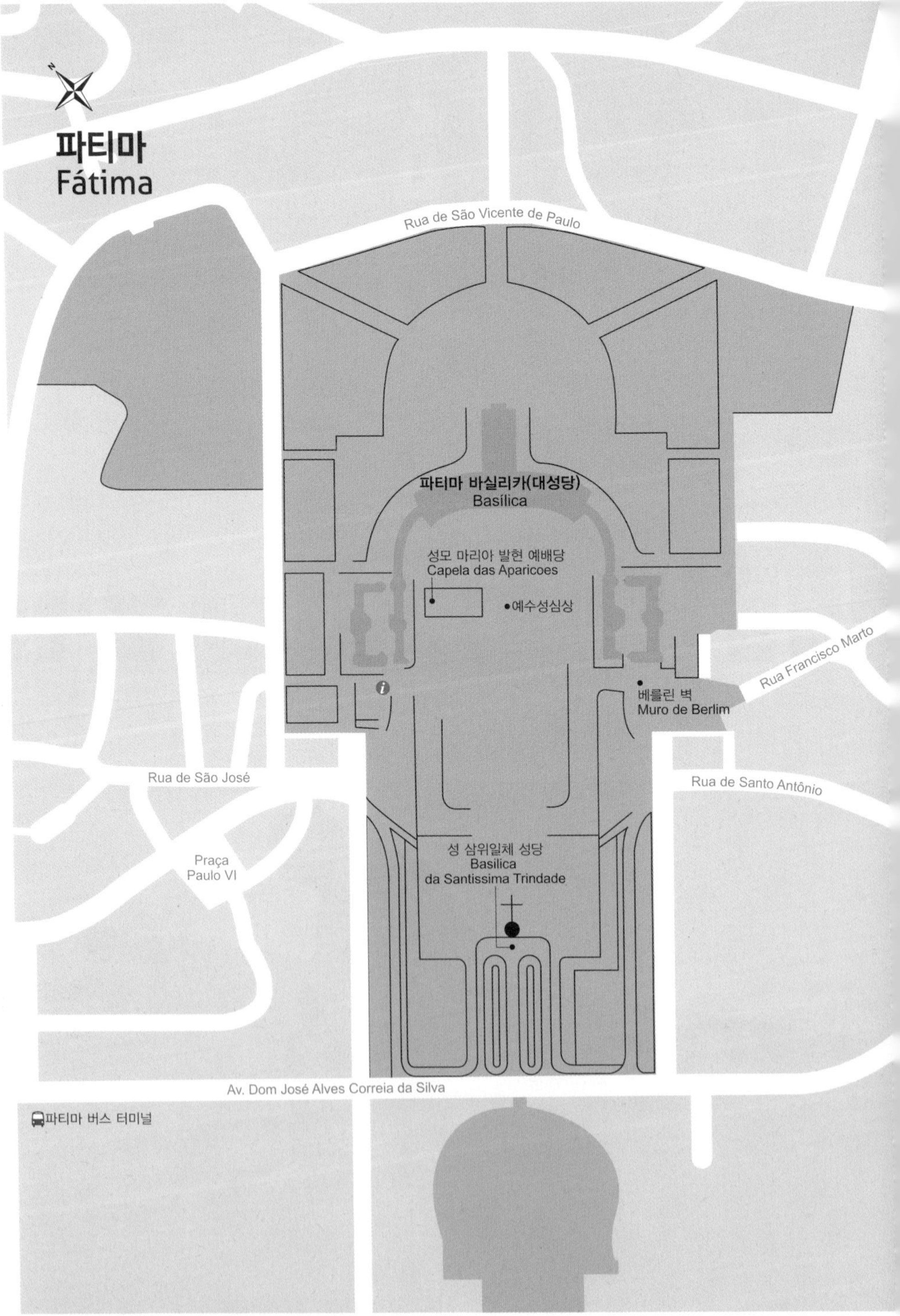

Rua de São Vicente de Paulo
파티마 바실리카(대성당)
Basílica
성모 마리아 발현 예배당
Capela das Aparicoes
예수성심상
Rua Francisco Marto
베를린 벽
Muro de Berlim
Rua de São José
Rua de Santo Antônio
Praça
Paulo VI
성 삼위일체 성당
Basilica
da Santissima Trindade
Av. Dom José Alves Correia da Silva
파티마 버스 터미널

## & 파티마의 기적

1917년 5월 13일 파티마의 목동들 루시아와 프란치스쿠, 프란치스쿠의 동생이자 루시아의 사촌인 히야친타는 현재 망령들의 예배당 위치에서 성모 마리아의 발현을 목격했다. 성모는 기도를 많이 하고, 매달 같은 날에 같은 곳으로 나오라고 했다. 목동들은 6월과 7월에 이를 행했으나 8월에는 그럴 수 없었다. 정부 관리가 목동들을 감옥으로 데려가 고초를 겪었기 때문이다. 약속한 날의 6일 후 다른 곳에서 발현을 목격했고 9월이 지나 10월에는 약 7만 명의 사람들 앞에서 발현하는 기적을 보였다. 일명 '태양의 춤'이라 불리는 이 기적은 움직이며 굴곡이 지는 태양을 모든 사람들이 똑바로 바라볼 수 있었다고 한다. 목동 중 프란치스쿠와 히야친타는 당시 유행하던 전염병으로 죽고 루시아는 수도원으로 들어가 수녀로 살아갔다. 성모는 파티마의 비밀 3가지를 루시아를 통해 전하였다. 토요일에 가톨릭 미사의 예식 중 하나인 성체를 하고 죄인을 위해 기도하며, 묵주기도를 계속하면 러시아는 회개하여 평화가 올 것이고 그렇지 않으면 종교를 박해하고 교황은 고통을 받으리라는 것이다.
이와 관련해 러시아는 공산주의에서 벗어났고 요한 바오로 2세는 암살에서 살아남았다. 몸에서 나온 총알은 파티마 성당 성모상 왕관에 봉헌했다. 다음 해 요한 바오로 2세는 파티마로 순례를 왔고 이를 기념해 광장에는 그의 조각이 남아 있다.

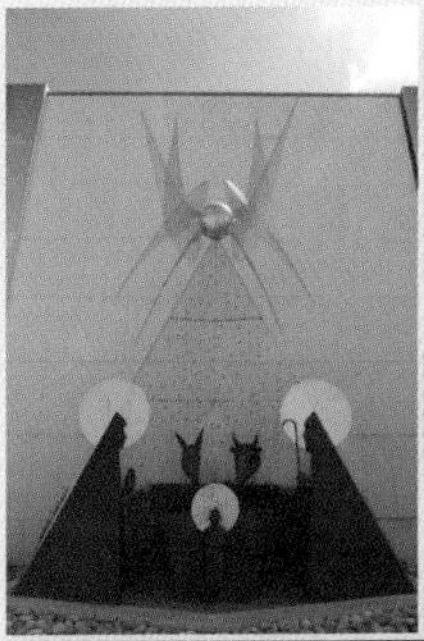

Sightseeing ★★★

❶

## 파티마 바실리카(대성당) Basílica

성모 마리아를 닮아 순백인 파티마 대성당은 1928년 짓기 시작해 1953년에 완성되었다. 바티칸과 비교하면 초라할 정도로 소박한 대성당이지만, 신실함은 어디에도 뒤지지 않는 순례자들이 자리를 채운다. 중앙 제대 위의 부조는 하느님이 성모에게 왕관을 씌워 주는 모습이다. 중앙의 벽화는 파티마의 기적에 대한 이야기처럼 성모가 아이들에게 메시지를 전해 주는 모습이다. 제대 옆의 성모상은 1946년 5월 13일 성모발현일의 승천을 상징하는 왕관을 쓰고 있다. 왕관을 쓴 성모상이 드문 만큼 흥미롭다. 제단의 양쪽에는 성모를 발현한 목동 히야친타와 프란치스쿠의 무덤이 있다. 성당의 측면에는 로사리오의 15가지 신비가 조각되어 있고 성당의 모서리에는 성모 성심께 봉헌한 사도 성 안토니우 클라렛, 성 도미니크, 성 요한 유데스, 헝가리의 성 스테파노 동상이 서 있다. 대성당 파이프 오르간은 1만 2,000개의 파이프로 구성되어 있다.

주소 Apartado 31-2496-908
위치 파티마 버스 터미널에서 도보 7분
전화 249-539-600
홈피 www.fatima.pt

광장 중앙 물이 솟아난 자리에 1932년에 세운 예수성심상

히야친타의 무덤

프란치스쿠의 무덤

**Tip 파티마 대성당 살펴보기**

① **성모 마리아 발현 예배당**Capela das Aparições 광장에 마련된 소예배당은 성모 마리아가 발현했던 곳에 지어졌다. 순례자들은 성 삼위일체 성당에서 이어진 길을 따라 무릎을 꿇은 채로 이곳으로 걸어와 성모 마리아를 만난다.

② **성 삼위일체 성당**Basílica da Santíssima Trindade 큰 원형의 비잔틴 양식으로 지은 성 삼위일체 성당은 세계에서 4번째로 큰 규모로 8,500여 명을 수용할 수 있다. 공사비 8,000만 유로는 모두 순례자들의 기부로 모였다. 초석은 베드로 무덤에서 나온 대리석 조각으로 요한 바오로 2세가 기증했다. 입구에는 성경 말씀이 각국의 언어로 적혀 있다.

③ **베를린 벽**Muro de Berlim 파티마 성모의 공산주의 몰락을 기리기 위해 독일에 사는 포르투갈 이민자들에 의해 파티마로 보내졌다고 한다.

# WORLD HERITAGE TOUR

## 포르투갈 중부 세계문화유산 투어

포르투갈 중부 지역에 유네스코 세계문화유산으로 지정된 수도원 3곳이 있다. 알코바사의 산타 마리아 수도원, 바탈랴의 산타 마리아 다 비토리아 수도원, 투마르의 크리스투 수도원이다. 장대한 규모와 간결하고 섬세한 고딕 양식 건축, 포르투갈 전성기인 마누엘 시기를 보여주는 상징물로 지정되었다. 특히 포르투갈의 로미오와 줄리엣으로 불리는 동 페드루 왕과 도나 이네스 석관이 있어 낭만적인 장소이기도 하다. 바탈랴 수도원은 성모 마리아 은혜에 보답하고자 지은 정성이 보인다. 투마르는 중세 종교기사단 중 템플 기사단 본부였다. 각자 다른 매력을 품고 있어 이곳을 여행한다면 함께 둘러보기를 권한다. 교통편이 많지 않아 하루에 둘러보기 어려우니 마을 정취가 좋은 투마르나 알코바사에 머물러도 좋다. 중부 교통 중심도시인 레이리아에서 머물며 도시 한 곳을 더 여행하는 방법도 있다.

# 1. 알코바사 Alcobaça

오늘날 가벼워진 사랑의 무게에 마음이 불편해질 때가 있다. 사소한 부분에 서운하거나 상대방을 쉽게 놓아 버리게 될 때도 있다. 왠지 이별 뒤에 허무하거나 아쉬움이 남는다면 여기 슬프고도 영원한 사랑이 묻혀 있는 알코바사의 수도원으로 가 보자. 마음을 다해 사랑하던 이들의 무덤 앞에서 그들의 이야기를 들어 보자.

★
**관광 안내소**
주소 Praca 25 de Abril
운영 **5~7·9월**
10:00~13:00, 15:00~19:00
**8·10~4월**
10:00~13:00, 14:00~19:00
전화 262-582-377

## 알코바사로 이동하기

나자레–알코바사–바탈랴–파티마–투마르 또는 역방향으로 이동하는 것이 좋다. 직행 스케줄이 많이 없어 바탈랴와 알코바사는 레이리아, 투마르는 레이리아 또는 파티마에서 환승 스케줄을 확인하자. 버스는 대부분 07:00~19:00 사이에 운행한다. 스케줄과 노선은 www.rodotejo.pt에서 확인 가능하다.

## 추천 코스

알코바사에서 산타 마리아 수도원을 관람 후 버스로 30분 정도 이동해서 바탈랴의 산타 마리아 다 비토리아 수도원을 관람한다. 저녁에 파티마로 이동해서 하루를 묵으며 저녁 미사에 참석해 보자. 여의도 공원 정도의 크기인 광장은 하늘을 꽉 채운 별과 사랑하는 사람을 위해 기도하는 사람들로 아름답다. 또는 투마르에서 하루를 묵는 것도 추천한다. 마을을 가로지르는 작은 강과 아기자기한 공원과 건물이 사랑스럽다.

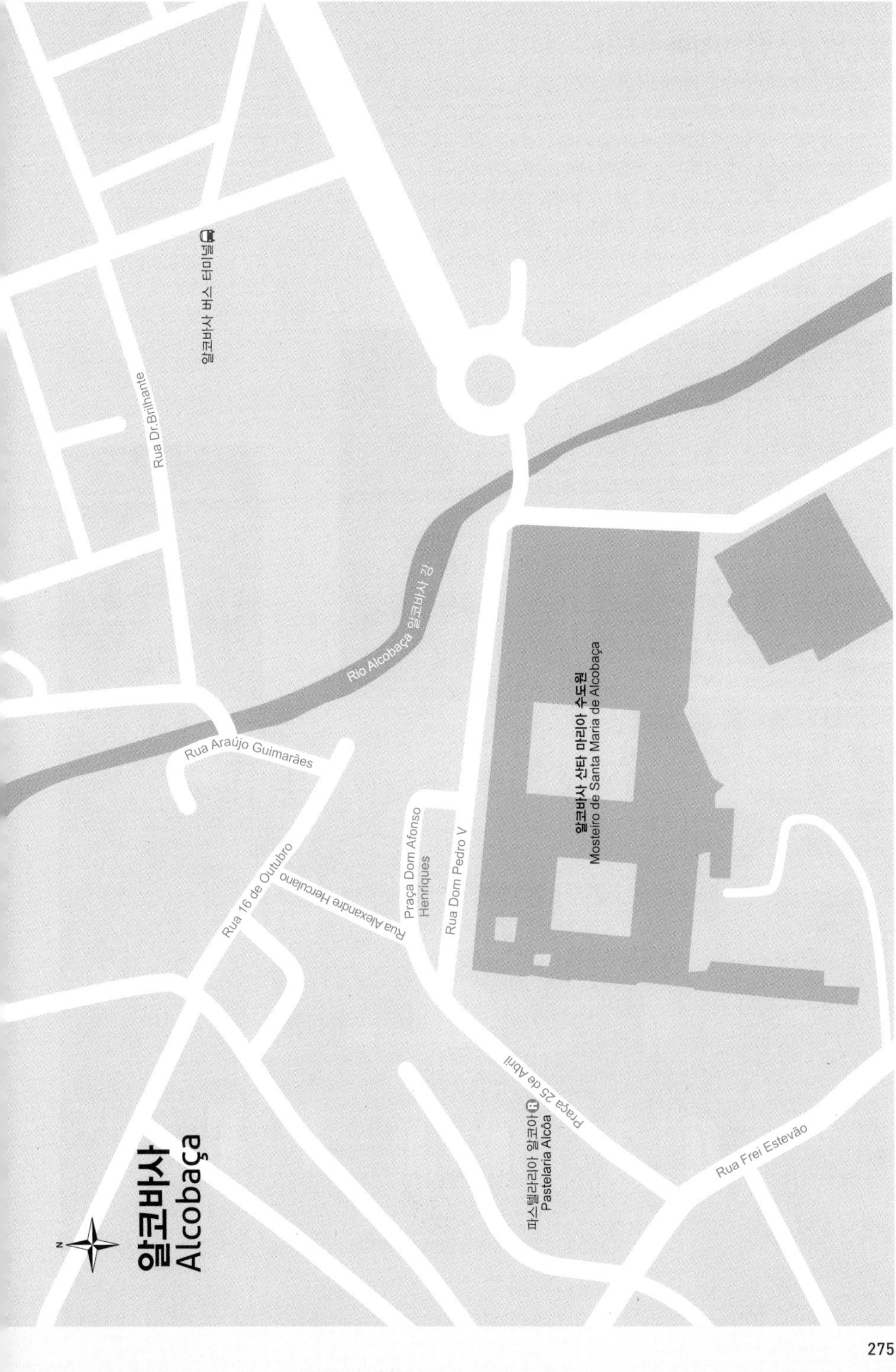
알코바사
Alcobaça
N
알코바사 버스 터미널
Rua Dr.Brilhante
Rio Alcobaça 알코바사 강
Rua Araújo Guimarães
Rua 16 de Outubro
Rua Alexandre Herculano
Praça Dom Afonso Henriques
Rua Dom Pedro V
알코바사 산타 마리아 수도원
Mosteiro de Santa Maria de Alcobaça
Praça 25 de Abril
파스텔라리아 알코아
Pastelaria Alcôa
Rua Frei Estevão

Alcobaça ★★★

# 알코바사 산타 마리아 수도원

## Mosteiro de Santa Maria de Alcobaça

1147년 아폰수 엔리케는 수호성인 베르나르드에게 산타렝 전투에서 무어인을 물리친다면 그를 위한 수도원을 지을 것을 맹세했고 가톨릭교의 시토 수도회를 불러 산타 마리아 수도원을 설립했다. 그의 신실함을 대변이라도 하듯 24시간 동안 예배가 끊이지 않도록 수도사들은 교대로 미사를 집전했다. 13세기에는 교육기관으로 용도를 변경하고 성직자를 양성했으며 17세기에는 수도사들의 예술적인 재능을 활용해 도자기와 조각품을 만들었다.

주소 Mosteiro de Santa Maria 2460-018
운영 4~9월 09:00~19:00
10~3월 09:00~18:00
※ 폐관 30분 전까지 입장 가능
**휴무** 1/1, 부활절, 5/1, 8/20, 12/25
요금 성인 €10, 학생 €5
홈피 www.mosteiroalcobaca.pt

★

**포르투갈의 로미오와 줄리엣**
**동 페드루 왕과 도나 이네스**

아폰수 4세의 아들 동 페드루는 이웃 나라 카스티야와의 관계를 위해 도나 콘스탄사 공주와 정략결혼을 했다. 하지만 동 페드루는 그녀의 친척이자 시종인 도나 이네스와 사랑에 빠진다. 어느 날 콘스탄사 공주가 병으로 죽자 동 페드루는 이네스와 재혼을 하려 했지만 아버지는 사생아인 이네스의 지위가 왕비로서 터무니없었기에 반대했다. 또한 귀족들은 점점 커지는 이네스 가문의 영향력을 두려워한 나머지 이네스를 암살해야 한다고 왕을 부추겼다. 당시 이네스는 페드루 왕자 사이에 낳은 자녀 4명과 함께 코임브라의 산타 클라라 다 베야 수도원으로 추방되어 있었다. 왕과 같이 온 사형수 3명은 이네스의 목을 내리쳤고 코임브라에 있는 눈물의 샘에는 그녀의 피로 얼룩진 붉은 돌이 있다.

이후 왕이 된 페드루 1세는 이네스를 암살한 3명 중 2명을 찾아 산 채로 심장을 꺼냈다. 심장이 찢어질 듯한 고통을 주기 위해서였다. 또한 매장된 이네스의 시신을 꺼내 왕비의 옷을 입히고, 왕관을 씌운 뒤 왕비로 추대했으며 모든 대신들을 불러 손에 입을 맞추게 했다. 왕은 똑같은 석관을 만들어 한쪽에는 이네스를 묻고 한쪽에는 자신을 묻고 마주 보게 놓으라고 유언했다. 성경에 따라 죽은 자가 모두 깨어나리라는 심판의 날에 눈을 떴을 때 제일 먼저 그녀를 보고 싶다는 마음에서였다.

## 알코바사 산타 마리아 수도원 내부도

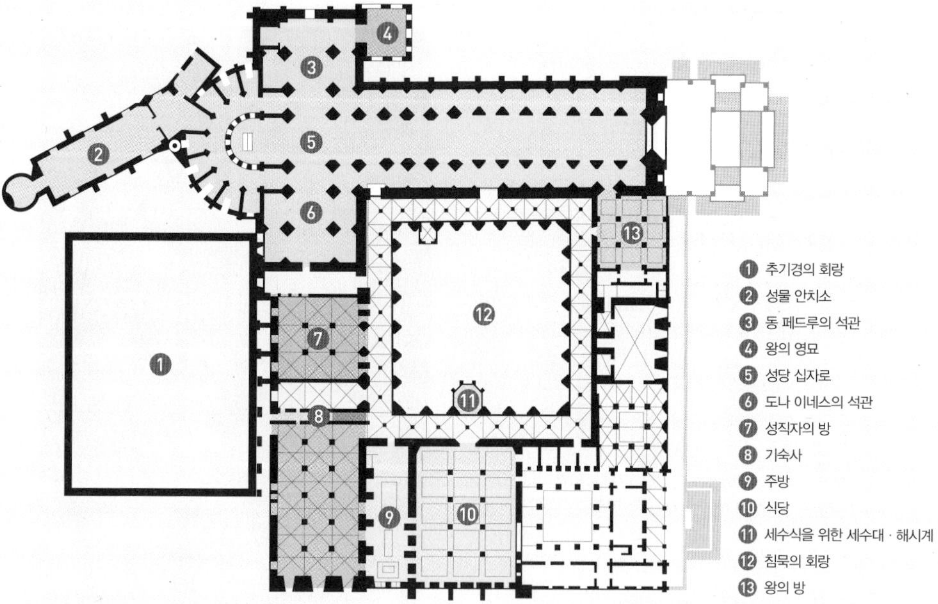


**❸ 동 페드루의 석관과 ❻ 도나 이네스의 석관**

제단의 양쪽으로 동 페드루 1세와 도나 이네스의 석관이 마주 보고 있다. 고딕 양식의 가장 아름다운 조각으로 인정받는 두 석관은 1810년 프랑스의 나폴레옹 군대가 보석을 찾기 위해 많이 파손시키기도 했다.

동 페드루의 석관 측면에는 성인 바르톨로메오Saint Bartholomew의 순교와 생활에 대해 표현하고 있고 발 방향에는 죽음을 나타내고 있다. 이 석관의 하이라이트는 머리 방향에 있는 조각으로 인생의 수레바퀴 안에 동 페드루 1세와 도나 이네스의 이야기를 빗대어 삶과 사랑에 대한 덧없음을 상징한다.

이네스의 석관 측면에는 그리스도의 고난을 6가지 장면으로 나타내고 머리와 발 쪽에는 수태고지와 최후의 심판이 표현되어 있다.

**❾ 주방**Cozinha

알코바사 수도원에는 999명의 수도사들이 생활했다(1,000이라는 숫자는 불행을 가지고 온다고 믿었다). 식사를 책임진 주방에 거대한 조리대와 굴뚝, 수로가 있다. 바로 옆 식당에는 좁은 문이 하나 있다. 기숙사와 연결된 문으로 통과하지 못하는 수도사는 굶어야 한다. 시토 수도회가 해체되기 전 퇴락한 수도사들이 폭식과 쾌락을 즐길 때 좁은 문을 사용했을지는 의문이다.

**⓬ 침묵의 회랑**Cloister of Silence(Cloister of King Dinis)

수도사들이 식당, 성당, 기숙사 등 이동할 때에 거쳐 가는 수도원의 중심으로 이곳을 지날 때에는 침묵해야 했다.

⑫ 침묵의 회랑

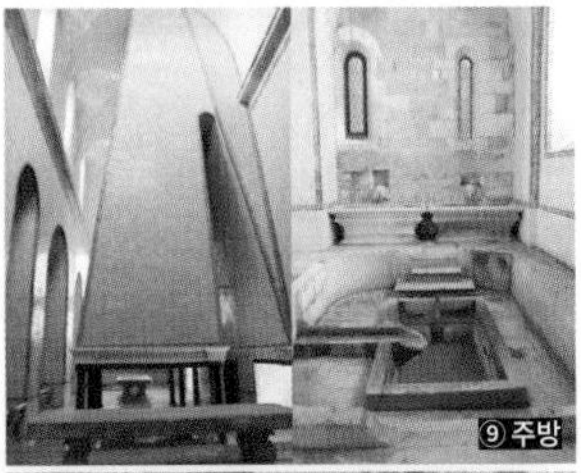

⑨ 주방

⑥ 도나 이네스의 석관

⑥ 도나 이네스의 석관

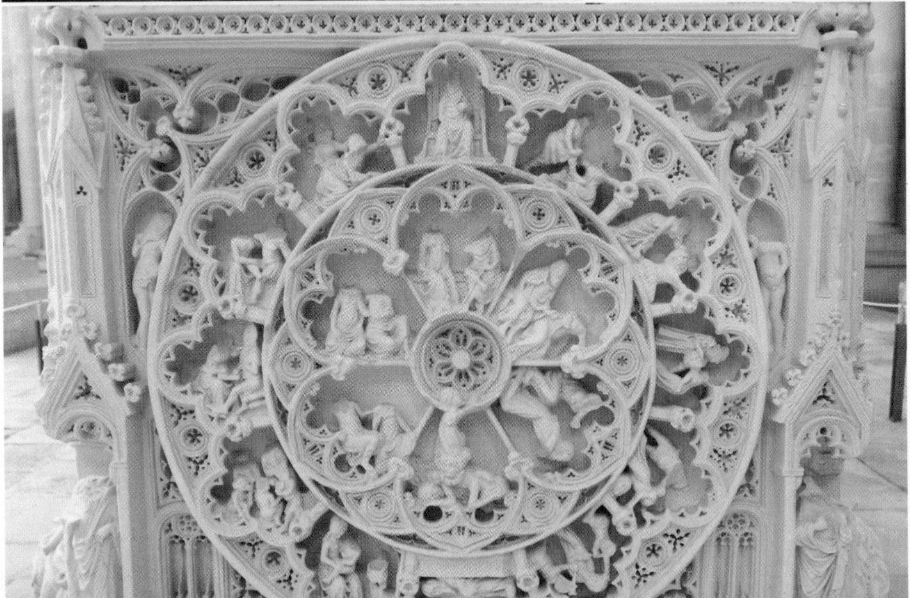

③ 동 페드루의 석관

# 2. 바탈랴 Batalha

소도시인 바탈랴에 볼거리는 수도원밖에 없다. 그럼에도 불구하고 여행객이 많이 찾는 이유는 뭘까? 매너가 좋고 다정다감하며 잘생긴 사람이라면 누구도 마다하지 않는 것처럼 섬세하고 화려한 장식과 남성다운 골격을 가진 다양한 매력의 산타 마리아 다 비토리아 수도원은 포르투갈 여행에서 빼놓을 수 없다.

★
**관광 안내소**
주소 RuaInfante D. Fernando, 2440-118
운영 09:00~13:00, 14:00~18:00
전화 244-769-110

## 바탈랴로 이동하기

바탈랴에는 버스 터미널이 따로 없으며 레이리아나 알코바사 등 근교에서 출발하는 버스를 타고 수도원 근처의 정류소에 하차한다. 스케줄과 노선은 www.rodotejo.pt에서 확인 가능하다.

## 추천 코스

바탈랴에선 시간과 마음을 내려놓고 산타 마리아 다 비토리아 수도원을 여유롭게 둘러 보자.

바탈라
Batalha
N
Rua da Ponte Nova
Rua Dona Filipa de Lencastre
Av. dos Descobrimentos
바탈라 버스 정거장
핑구 도스
Pingo Doce
산타 마리아 다 비토리아 수도원
Mosteiro de Santa Maria da Vitoria
Largo da Misericórdia
1 Largo 14 de Agosto de 1385
2 Rua da Nossa Senhora do Caminho

Batalha ★★★

# 산타 마리아 다 비토리아 수도원

## Mosteiro de Santa Maria da Vitoria

'전투'라는 의미의 바탈랴에 '승리'라는 이름의 수도원이 있다. '승리의 성모 마리아 수도원'이라는 뜻의 이름처럼 주앙 1세는 스페인의 카스티야군이 침략해 오자 성모 마리아에게 기도했으며 알주바호타에서 대승한 보답으로 수도원을 지었다. 후대의 왕들을 거쳐 오랫동안 지어진 수도원은 고딕 양식에 마누엘 양식이 더해지고 르네상스 양식까지 덧입혀져 풍요로운 건축물이 되었다.

정문에는 사도와 천사, 성인, 예언자 등이 다양하게 조각되어 있다. 1426년 주앙 1세가 왕가의 영묘로 만든 창설자의 예배당 중앙에는 주앙 1세와 필리파 여왕의 석관Joint Tomb of King John 1 and Queen Philippa of Lancaster이 있고, 가장자리에 그의 자녀들의 석관이 있다. 마누엘 양식으로 꾸며진 주앙 1세의 회랑 끝에 분수가 나오고 있다. 식당으로 가기 전 수도사들이 손을 씻던 곳으로 몸과 마음을 경건하게 하기 위한 의식이다. 무명용사의 방에는 2명의 위병이 기념비 앞을 지키고 있다. 프랑스와 아프리카 모잠비크에서 전사한 무명용사들이 잠들어 있는 방이다. 시간 맞춰 열리는 위병 교대식도 놓치지 말자.

이 수도원의 하이라이트는 미완성 예배당이다. 모든 마누엘 양식의 기교가 응집되어 있다. 두아르테Duarte 왕이 자신의 무덤으로 사용하려 했으나 완성시키지 못하고 생을 마감한 곳으로 7개의 채플 중 한 곳에 그와 레오노르 왕비가 함께 잠들어 있다.

주소 Mosteiro da Batalha 2440-109
운영 4~9월 09:00~18:30
10~3월 09:00~18:00
※ 폐관 30분 전까지 입장 가능
**휴무** 1/1, 부활절, 5/1, 8/14, 12/24~25
요금 성인 €10, 학생 €5
전화 244-765-497
홈피 www.mosteirobatalha.pt

① 정문

② 성당

⑦ 미완성 예배당

⑦ 미완성 예배당

④ 주앙 1세의 회랑

③ 창설자(주앙 1세)의 예배당

## 산타 마리아 다 비토리아 수도원 내부도

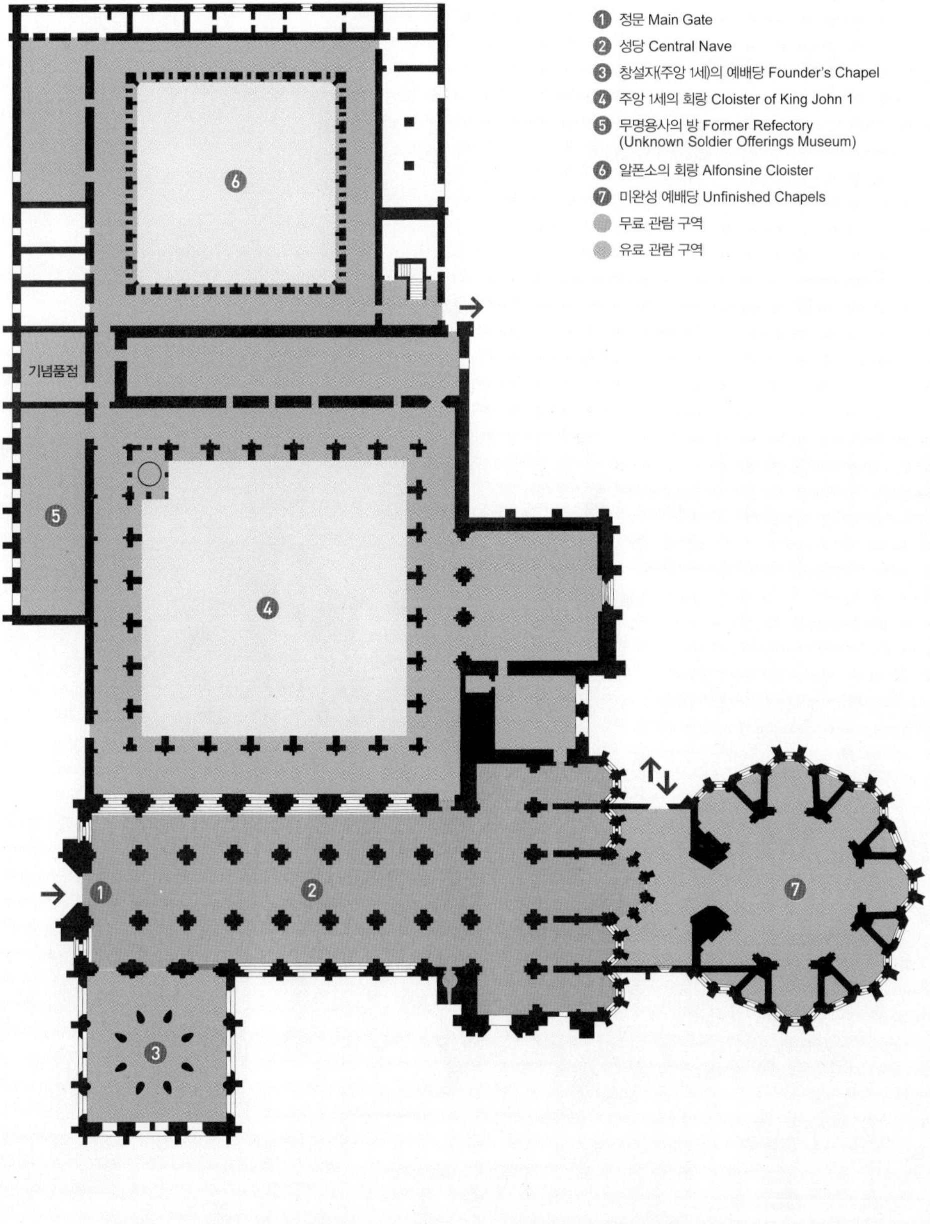

# 3. 투마르 Tomar

용맹하고 정의로운 템플 기사단의 본부를 찾아가자. 이국적인 성당의 프레스코화와 미로같이 이어지는 예배당, 위트가 있는 르네상스식 회랑까지 여행지로는 뒤지지 않을 만큼 흥미로운 수도원이다. 외벽에 덮인 오묘한 색의 이끼들이 신비로운 분위기를 자아낸다.

★
**관광 안내소**
주소 Av. Dr. Candido Madureira Tomar
운영 4~9월 10:00~19:00
10~3월 09:30~18:00
전화 249-322-427

## 투마르로 이동하기

투마르는 기차역과 버스 터미널 모두 시내에 있어 교통수단이 편리하다. 리스본에서 기차로 1시간 40분~2시간 30분 정도 소요되며 버스는 2시간~2시간 30분 정도 소요된다. 보통 파티마에서 당일로 여행하거나 세계문화유산 투어 코스로 여행하기 좋다. 스케줄과 노선은 www.rodotejo.pt에서 확인 가능하다.

## 추천 코스

크리스투 수도원 관람 후 내리막길로 내려오면 체스판 같은 칼사다 포르투게사가 매력적인 시청 앞 광장과 상 주앙 바티스타 성당에 가 보자. 나방 강Rio Nabão에 있는 공원은 여유를 즐기며 쉬어 가기에 좋다.

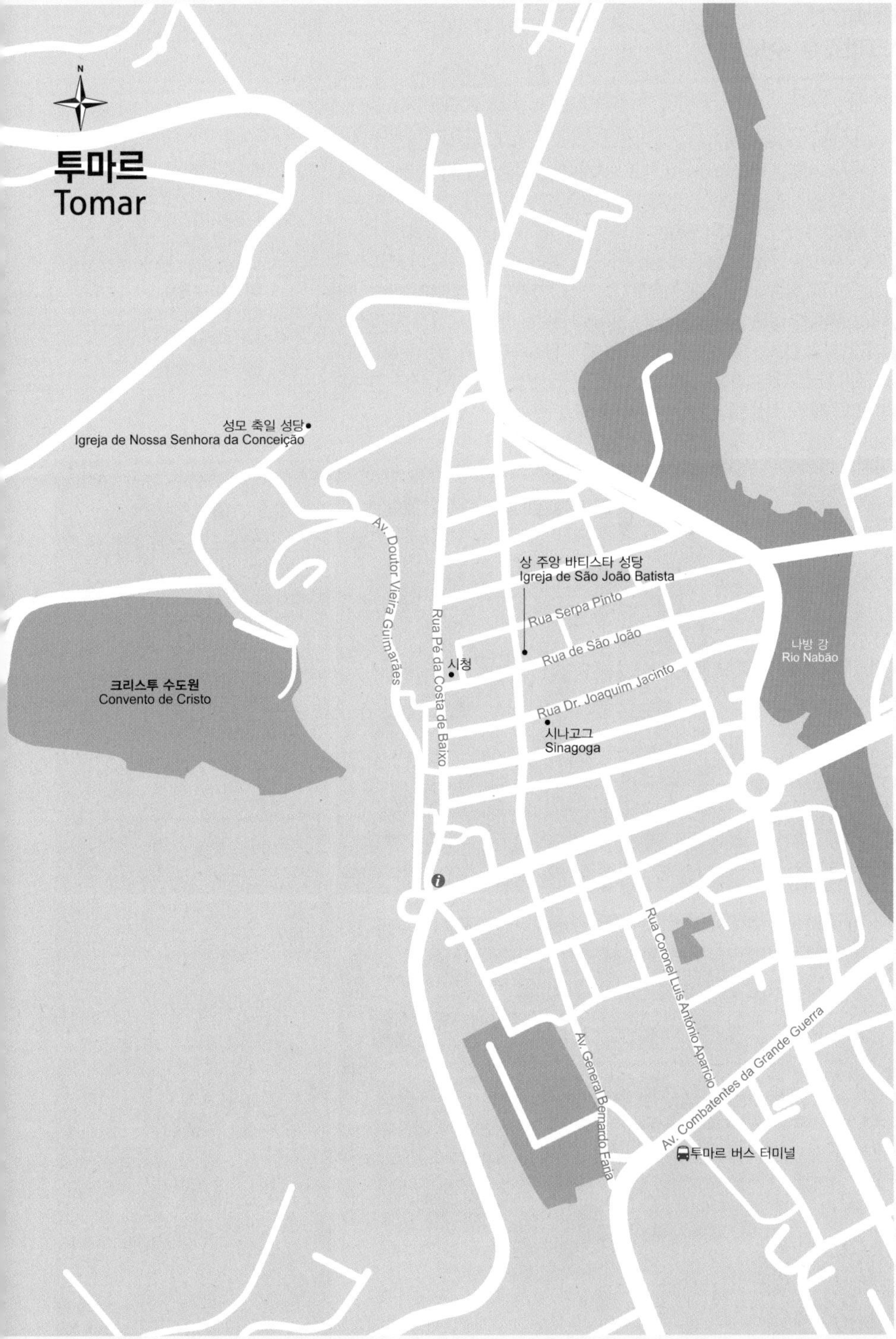
N
투마르
Tomar
성모 축일 성당
Igreja de Nossa Senhora da Conceição
Av. Doutor Vieira Guimarães
Rua Pé da Costa de Baixo
상 주앙 바티스타 성당
Igreja de São João Batista
Rua Serpa Pinto
Rua de São João
Rua Dr. Joaquim Jacinto
시청
시나고그
Sinagoga
크리스투 수도원
Convento de Cristo
나방 강
Rio Nabão
Rua Coronel Luís António Aparício
Av. Combatentes da Grande Guerra
Av. General Bernardo Faria
투마르 버스 터미널

Tomar ★★★

# 크리스투 수도원

## Convento de Cristo

포르투갈의 90%에 가까운 인구가 가톨릭 신자다. 그들의 종교가 보호받고 계속 이어질 수 있었던 이유 중 하나는 템플 기사단 덕분이다. 12세기 이슬람교도들로부터 산타렘 지역을 돌려받은 후 투마르 크리스투 수도원을 지었으나 잦은 공격에 시달려야 했다. 동 디니스 왕은 수도원을 찾아오는 순례자를 보호하기 위해 템플 기사단을 만들었고 교황에게 소속되었다. 엔리케 왕자가 단장이 되고 전성기를 맞이해 탐험대의 자금을 지원하기도 했다. 포르투갈이 대항해시대를 맞이하고 건축에도 많은 변화가 일어났다. 항해와 관련된 밧줄과 방향키, 지구본 그리고 바다의 산호, 새로운 대륙에서 만난 꽃과 향신료가 건축 장식에 활용되었다. 신대륙 탐험을 나선 배의 돛에는 템플 기사단 상징인 장방형 십자가 그려졌고 곧 건축에도 상징적인 장식으로 사용되었다.

주소 Colina do Castelo, 2300-000
위치 버스터미널에서
오르막길 도보 20분쯤 소요
운영 6~9월 09:00~18:30
10~5월 09:00~17:30
※ 폐관 30분 전까지 입장 가능
**휴무** 1/1, 부활절, 5/1, 12/25
요금 성인 €10, 학생 €5
전화 249-313-481
홈피 www.conventocristo.pt

⑨ 샤롤라

⑨ 샤롤라

⑨ 샤롤라

③ 숙소 회랑

⑦ 세인트 바바라 회랑

⑦ 세인트 바바라 회랑

⑤ 묘지의 회랑

⑥ 라바젱 회랑

⑩ 필리페 회랑

⑪ 주방

⑪ 주방

## 크리스투 수도원 내부도

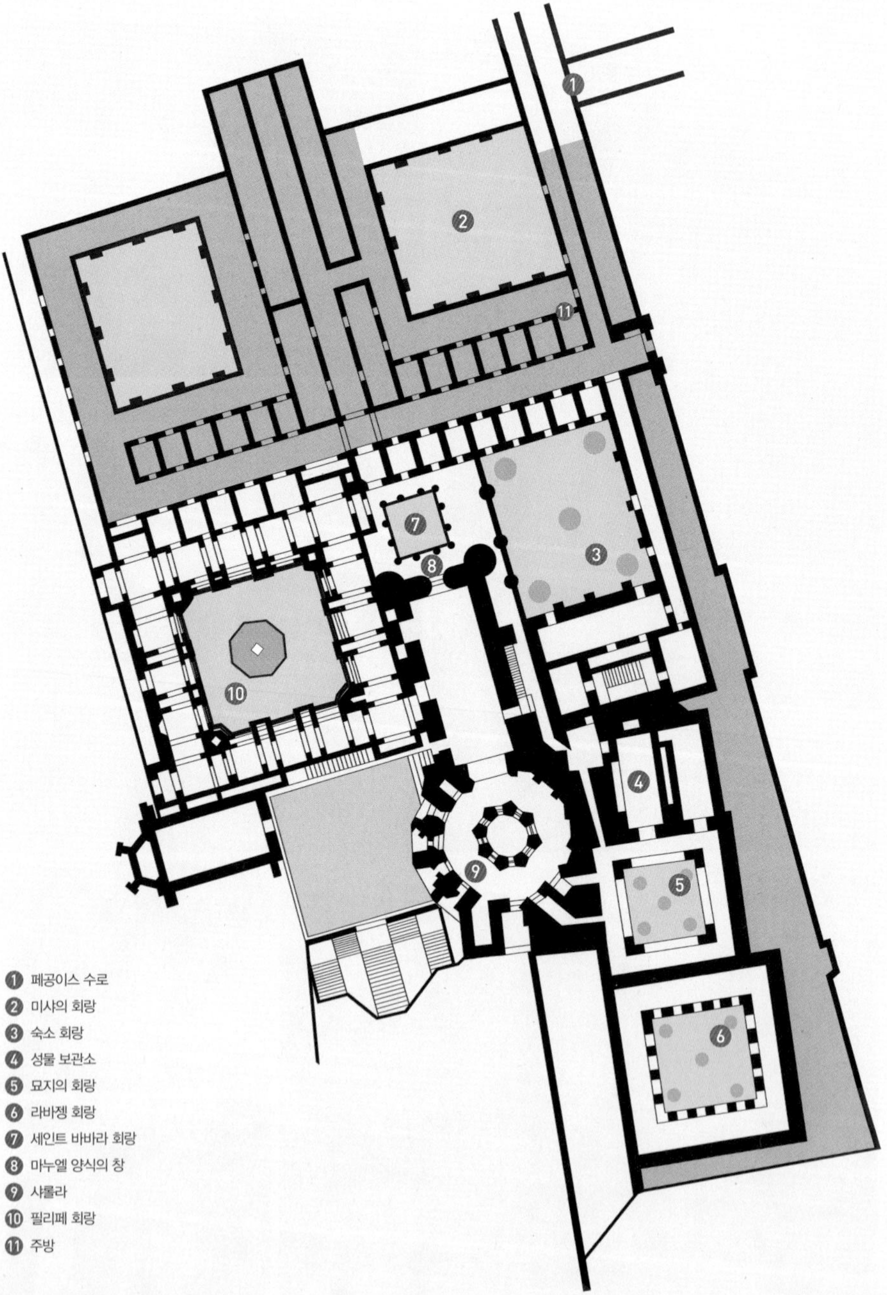


1. 페공이스 수로
2. 미사의 회랑
3. 숙소 회랑
4. 성물 보관소
5. 묘지의 회랑
6. 라바젱 회랑
7. 세인트 바바라 회랑
8. 마누엘 양식의 창
9. 샤롤라
10. 필리페 회랑
11. 주방

❷ 미샤의 회랑Claustro da Micha
가난한 사람들에게 빵을 나누어 주던 곳으로 '빵의 회랑'이라고도 불린다.

❸ 숙소 회랑Hostelry Cloister
순례자나 성직자 귀족 등 여행자를 위해 사용되었다. 마구간과 사무실, 의무실까지 갖추고 있다.

❺ 묘지의 회랑Claustro do Cemiterio
기사단의 단장인 엔리케에 의해 만들어졌다. 로마네스크와 고딕 양식에 이슬람풍이 가미되어 만들어진 무데하르 양식으로 만들어졌다.

❻ 라바젱 회랑Claustro da Lavagem
엔리케 왕자가 좋아하던 곳으로 목욕재계의 회랑으로도 불린다. 옆에 있는 발코니에서는 템플 기사단의 이전 성 유적지를 전망할 수 있다.

❼ 세인트 바바라 회랑Claustro de Santa Barbara
조그만 회랑이 유명한 이유는 마누엘 양식의 아름다운 창Janela Manuelina을 가장 잘 볼 수 있기 때문이다. 16세기 초에 만들어진 창은 고딕 후기 양식으로 자연과 성경에 나오는 이새의 나무를 주제로 만들었다.

❾ 샤롤라Conservation and Restoration of the Charola
수도원에 있는 성당 샤롤라는 예루살렘의 성전을 모티브로 지었다. 중세의 성당은 십자가 모양을 한 것이 일반적이나 샤롤라는 16면의 방 안에 팔각으로 된 예배당이 있다. 지붕의 유연한 곡선이 아름답다. 이탈리아의 르네상스 양식으로 지어졌으며 포르투갈에서 잘 볼 수 없는 프레스코화가 있다.

❿ 필리페 회랑Claustro dos Felipes
16세기 이탈리아 건축가인 필리포 테르지Filipo Terzi의 작품으로 르네상스의 걸작이라 불린다. 중앙 분수는 지하의 수로로 연결되어 있다.

⓫ 주방Cozinha
식당과 연결된 주방은 미샤의 회랑에 물 저장소를 만들고 페공이스 수로Aqueduc des Pegões를 통해 물을 공급받았다.

★
**순례자를 보호한 신성한 기사단**
**템플 기사단**

성당 기사단 또는 성전 기사단, 신전 기사단으로도 불리는 템플 기사단은 이름에서 뜻하는 바와 같이 종교적 성격을 띠고 있다. 11~13세기에 서유럽의 기독교도가 성지인 팔레스티나와 성도 예루살렘을 이슬람교로부터 탈환하기 위해 일어난 십자군 전쟁. 이 전쟁에 3대 기사단인 성 요한 기사단과 튜튼 기사단, 그리고 템플 기사단이 함께했다. 탈환에는 성공했으나 이슬람교도들은 기독교 순례자들을 끊임없이 공격했고 기사단은 순례자를 호위했다. 서유럽 각지의 기독교는 전폭적으로 물질적인 지원을 했고 세력이 커지자 필립 4세를 시작으로 기사단을 이단으로 몰고 체포와 고문을 통해 재산을 빼앗고 처형했다.

★

## 중부 지역의 중심,
## 레이리아 성 Castelo de Leiria

레이리아 성은 14세기 동 디니스 왕의 거처로 사용되었다. 입구에서 보이는 첫 번째 아치형 문은 대성당 종탑이다. 성 입구를 지나 나타나는 종탑은 적의 침입을 막기 위한 2차 방어 출입구이자 매사냥을 위해 매를 키우던 곳이다. 12세기에 만들어진 산타 마리아 다 페나 성당Santa Maria da Pena은 16세기까지 코임브라의 성 십자가를 보살폈다. 형체를 알아보기 힘들 만큼 손상된 예배당에 들어서면 아치에 주앙 1세를 상징하는 'Y'자의 기둥이 있다. 궁전은 14세기에 주앙 1세가 만들었으며 중세의 가장 아름다운 테라스를 가지고 있다. 시내가 내려다보이는 고딕 아치의 테라스는 로맨틱한 상상을 불러일으킨다. 전쟁과 방어를 위한 레이리아 성의 방어 탑에는 중세 기사단의 갑옷과 투구, 무기들을 전시하고 있다. 리즈 강Rio Lis과 울창한 소나무 숲, 비옥한 땅을 통해 농업과 축산업, 제지 산업으로 도시는 커져 갔다.

주소 Rua do Castelo, 2400-235
운영 4~9월 09:30~18:30
10~3월 09:30~17:30
(1시간 전 입장 마감)
요금 €2.1
전화 299-839-070
홈피 www.cm-leiria.pt/pages/229

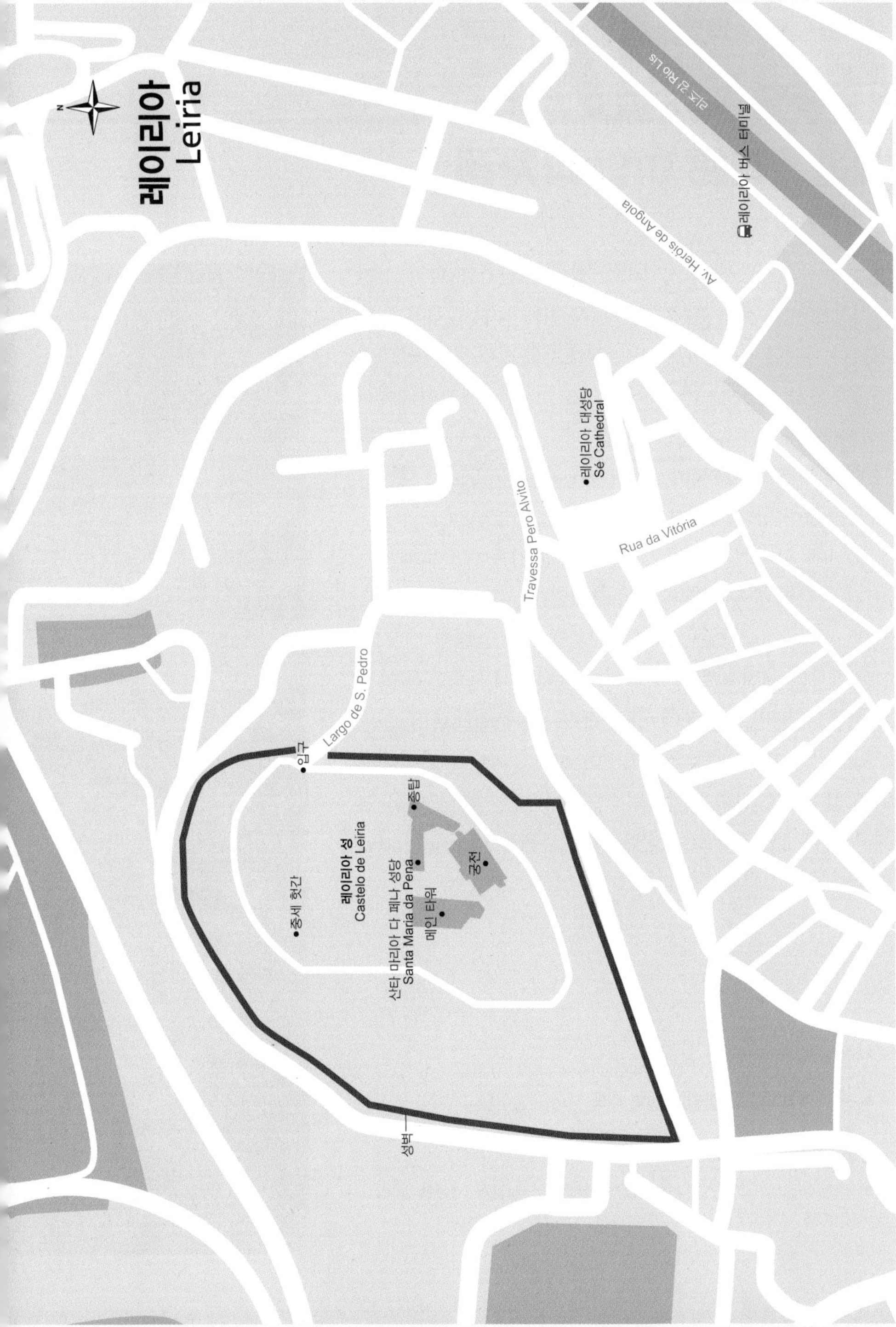

레이리아
Leiria
N
리즈 강 Rio Lis
레이리아 버스 터미널
Av. Heróis de Angola
레이리아 대성당
Sé Cathedral
Travessa Pero Alvito
Rua da Vitória
Largo de S. Pedro
입구
종탑
레이리아 성
Castelo de Leiria
중세 헛간
산타 마리아 다 페나 성당
Santa Maria da Pena
메인 타워
궁전
성벽

# NAZARÉ

## 사랑스러운 여인 나자레

나자레는 휴양도시다. 시원하게 뻗은 해안선을 따라 각자 방식으로 바다를 즐긴다. 고운 모래 위에 누워 일광욕을 즐기거나 아이들과 바닷가에서 알짱대기도 한다. 깊이 들어가 해수욕을 즐기기 어려운 탓이다. 5km나 되는 해저협곡에서 만들어진 파도가 높아 그렇다. 큰 파도가 마냥 반가운 사람도 있다. 서퍼다. 21세기 초, 나자레에 괴물 파도가 나타난다고 소문이 났다. 2011년엔 23.8미터, 2017년엔 24.4미터, 2020년엔 30미터 파도가 일었다. 매년 겨울이면 빅웨이브를 타는 사람과 구경꾼이 모여 북적인다.

해변 한쪽에선 생선을 말리는 사람들의 손놀림이 빠르다. 17세기부터 터전으로 삼아 살아오던 나자레 사람들은 아직도 전통 옷을 입고 일한다. 일곱 겹치마는 무지개색 또는 일주일이란 뜻도 있지만, 파도가 7번 끝나고 바다가 잔잔해져 어부 남편이 안전히 돌아오란 기도다. 검은 치마를 입은 여인은 바다에서 사고로 목숨을 잃은 남편을 애도하고 있는 미망인이라고 한다.

### 나자레에서 꼭 해야 할 일

- 전설 속에 나오는 아찔한 절벽 위에 서서 답답하던 고민 다 털어놓기.
- 끝없이 펼쳐진 해변 거닐기.
- 어촌 생활이 고스란히 묻어 있는 마을에서 싱싱한 해산물 요리 맛보기.

# 9

# 나자레로 이동하기

### 1. 버스

리스본에서 출발하는 버스는 1시간 40분에서 2시간 정도 소요된다. 캄포 그란데Campo Grande에서 출발하는 Rapida Verde 버스회사와 세치 히우스Sete Rios에서 출발하는 Rede Express가 있다. 다른 지역에서 이동할 때에는 칼다스 다 하이냐Caldas da Rainha에서 환승하므로 직행이 없다면 환승 버스 스케줄을 알아 보자. 버스 터미널이 있으나 임시 터미널을 이용할 때도 있으니 내린 곳이나 안내소에서 위치를 확인하자.

### 2. 기차

나자레에는 기차역이 없어 발라도Valado 기차역에서 내려 버스로 갈아타야 한다. 운행 시간이 짧고 대기 시간이 길어 기차보다 버스를 추천한다.

★
**나자레 관광 안내소**

안내소에 무료로 짐 보관이 가능하다. 리스본으로 가는 레데 익스프레소스Rede Expressos 버스는 저녁 8시가 막차이니 시간을 잘 체크하자.

주소 Av. Manuel Remigio 70 Nazaré
전화 262-561-194

# 나자레 안에서 이동하기

주요 관광지는 걸어서 다닐 수 있다. 나자레 해변에서 언덕 위의 시티오 지구로 이동할 때에는 푸니쿨라를 이용할 수 있다.

★
**어머! 이건 꼭 사야 해**

나자레의 전통 고기잡이 배Candil 모형이나 그물로 만든 미니어처 투망 등 어촌 생활과 밀접한 물건들을 미니어처로 판매하고 있다. 다른 곳에서는 볼 수 없고 가격 또한 저렴하니 하나 구입해도 좋다. 시티오 지구 광장이나 해변 길을 따라 가게나 판매대에 늘어 놓고 판다.

요금 €5~

# 추천 코스

나자레는 유적지가 있는 시티오 지구와 해변과 레스토랑이 줄지어 있는 나자레 지구로 나뉜다. 시티오 지구로 가는 푸니쿨라가 자주 운행되지 않으므로 나자레 지구에서 먼저 여행하는 것을 추천한다.

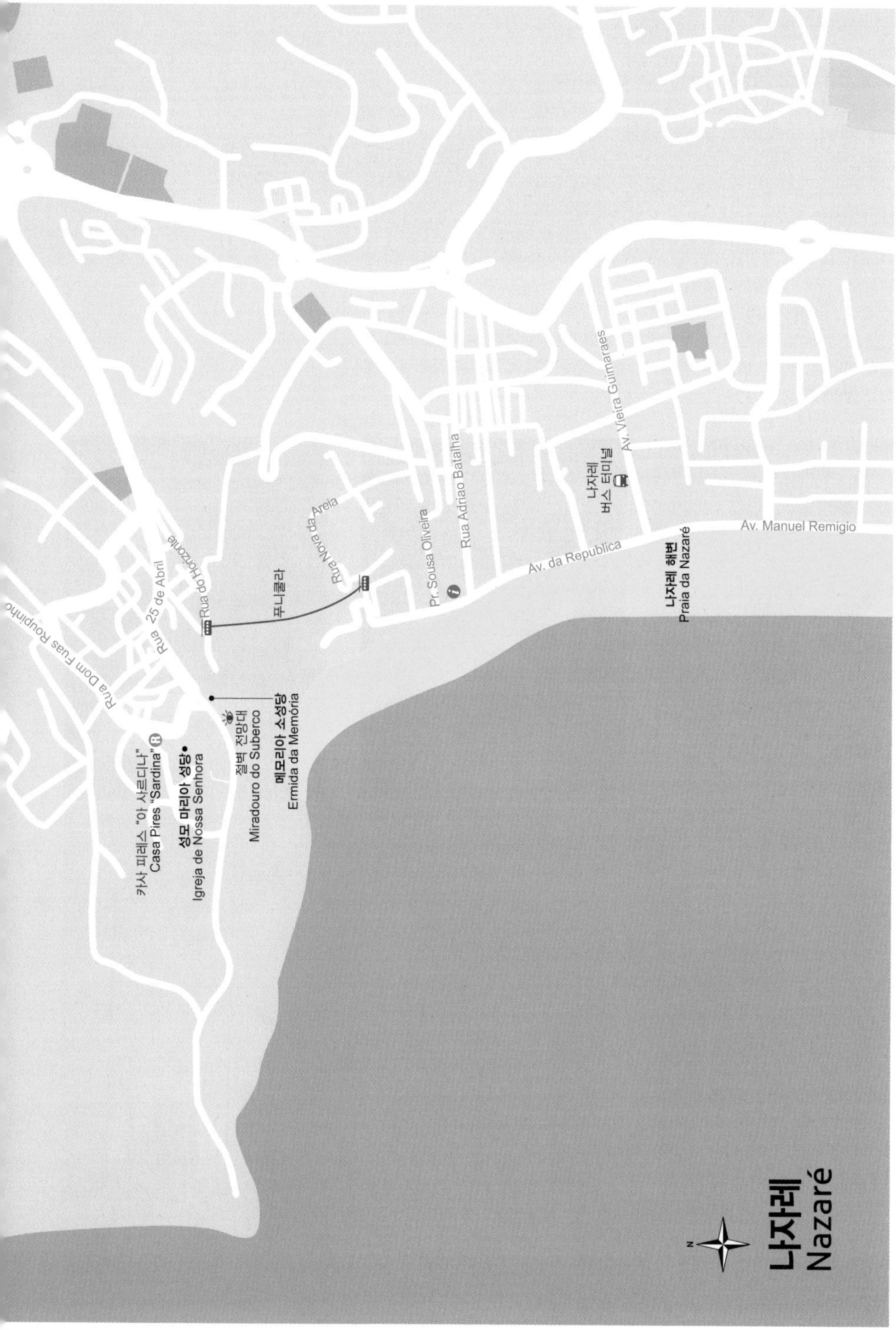
나자레
Nazaré
N
카사 피레스 "아 사르디나"
Casa Pires "Sardina"
성모 마리아 성당
Igreja de Nossa Senhora
절벽 전망대
Miradouro do Suberco
메모리아 소성당
Ermida da Memória
Rua Dom Fuas Roupinho
Rua 25 de Abril
Rua do Horizonte
푸니쿨라
Rua Nova da Areia
Pr. Sousa Oliveira
Rua Adriao Batalha
Av. da Republica
나자레 해변
Praia da Nazaré
나자레
버스 터미널
Av. Vieira Guimaraes
Av. Manuel Remigio

Sightseeing : Sitio ★★★

1

## 메모리아 소성당 Ermida da Memória

성모 마리아 발현지로 순례자들의 필수 코스다. 1182년 9월 14일 안개가 짙은 날, 푸아스 로피뇨Dom Fuas Roupinho(이슬람 함대와의 해상전에서 승리하여 아폰수 왕으로부터 공로를 인정받은 귀족)가 수사슴을 사냥하던 중 쫓아가다 절벽에서 떨어질 위기에 놓였다. 다행히 절벽 끝에서 성모 마리아가 나타나 그의 말을 세웠다고 한다. 생명을 구해 준 성모 마리아를 위한 메모리아 소성당을 만들었고 이 이야기를 소성당 안의 내부 아줄레주와 외부 아줄레주로 새겨 후세에도 기억하게 했다. 성당 안 지하 예배당에는 예수에게 젖을 먹이는 성모 마리아상이 있다.

성당 바로 옆에는 바스쿠 다 가마의 기념비가 있다. 해양왕 엔리케를 도와 신대륙 발견에 힘쓰던 바스쿠 다 가마가 인도로 항해하기 전에 이곳에서 순례하고 출발했다고 한다.

주소 Rua do Horizonte P 2450
위치 나자레 해변에서 푸니쿨라 이용 10분
운영 09:00~18:00

Sightseeing : Sitio ★★☆

②

## 성모 마리아 성당 Igreja de Nossa Senhora

1377년엔 나무 천장으로 된 본당 하나뿐인 성당이었으나 수 세기 동안 그 크기를 늘렸다고 한다. 바로크 양식의 두 첨탑 아래에 예배당 입구가 있고 양쪽으로는 아케이드가 있다. 제대의 오른쪽 문으로 들어가면 색색의 아줄레주 터널을 지나 검은 나자렛 성모상이 있다. 검은 성모상은 마리아가 예수를 잉태한 곳인 이스라엘의 나자렛Nazareth에서 가져왔다. 성모는 초록색 도포로 몸을 감싸고 예수를 안고 있다. 금으로 된 왕관은 주앙 5세가 선물한 것이다. 교회 오른쪽에는 박물관이 있다.

주소 Largo Nossa Senhora da Nazaré
운영 6~9월 07:30~24:00
10~5월 07:30~20:30
요금 내부 나자렛 성모상 관람 봉헌금

Sightseeing : Nazaré ★★★

③

## 나자레 해변 Praia da Nazaré

길게 뻗은 해안 끝에는 110m 높이의 절벽이 병풍처럼 자리하고 있다. 낮은 파도와 얕은 수심으로 가족 여행객들이 자주 찾는 해수욕장으로 유명하다. 뿐만 아니라 나자레 어촌의 전통적인 모습까지 볼 수 있다. 도로변의 모래사장에는 생선을 건조하는 큰 채, 페네이루Peneiro를 쉽게 볼 수 있다. 그물 가득 정어리와 대구가 꾸덕꾸덕 말라 가고 기름이 자르르하다. 여행객의 입맛을 홀리게 해 얼른 음식점으로 들어가야 할 것 같다.

위치 버스 터미널에서 도보 2분

Food : Sitio

①

## 카사 피레스 "아 사르디나" Casa Pires "A Sardina"

시티오 지구의 성모 마리아 성당 앞에 있다. 푸니쿨라 기사님이 추천한 레스토랑이다. 이름처럼 정어리구이 등 생선구이가 맛있다. 저녁을 먹고 나자레 시내 야경을 구경해도 좋다.

주소 Largo de Nossa Senhora da Nazaré 44, 2450-065
운영 화~일 10:00~15:00, 17:30~22:30
**휴무** 월요일
요금 메인 €12.5~
전화 262-553-391
홈피 casapiresasardinha.com

# ÓBIDOS

## 축제와 여왕의 도시 오비두스

오비두스를 왜 '여왕의 도시'라고 부르는 걸까? 1210년, 건국왕 아폰수 엔리케 손자인 아폰수 2세가 우라카Urraca 여왕에게 오비두스를 선물한다. 이후 1883년까지 왕들이 종종 선물로 전해 여왕의 사랑을 받은 도시가 되었다.

마을 이름은 '성벽'을 말한다. 713년 무어인이 이베리아반도를 점령하면서 오비두스에 성벽을 쌓았다. 1148년 국토는 돌려받았지만 이름은 그대로 사용하고 있다. 디니스 왕은 성벽을 보수 · 재건해 더욱 강화했다. 성벽 마을은 흰색 바탕에 노란색과 파란색 페인트로 가장자리를 칠했다. 일조량이 많은 도시여서 흰색으로 바탕을 칠하고 가장자리에 노란색과 파란색 페인트를 칠해 액운을 물리쳤다.

### 오비두스에서 꼭 해야 할 일

- 봄에는 초콜릿, 여름에는 중세, 겨울에는크리스마스 축제가 열린다. 1년 내내 열리는 '축제도시'를 즐겨보자.

### 오비두스로 이동하기

**버스** 리스본 캄포 그란데Campo Grande 터미널에서 버스로 약 1시간 소요되며 리스본에서 첫차는 아침 7시 20분, 오비두스에서 막차는 밤 8시 10분이다. 배차 시간은 변경될 수 있으므로 www.rodotejo.pt/rapidas에서 미리 확인해야 한다.

### 오비두스 관광 안내소

주소 Rua Direita Óbidos
운영 월~금 09:30~18:00, 토 · 일 09:30~12:30, 13:30~17:30
전화 262-959-231 메일 posto.turismo@cm-obidos.pt

# 10

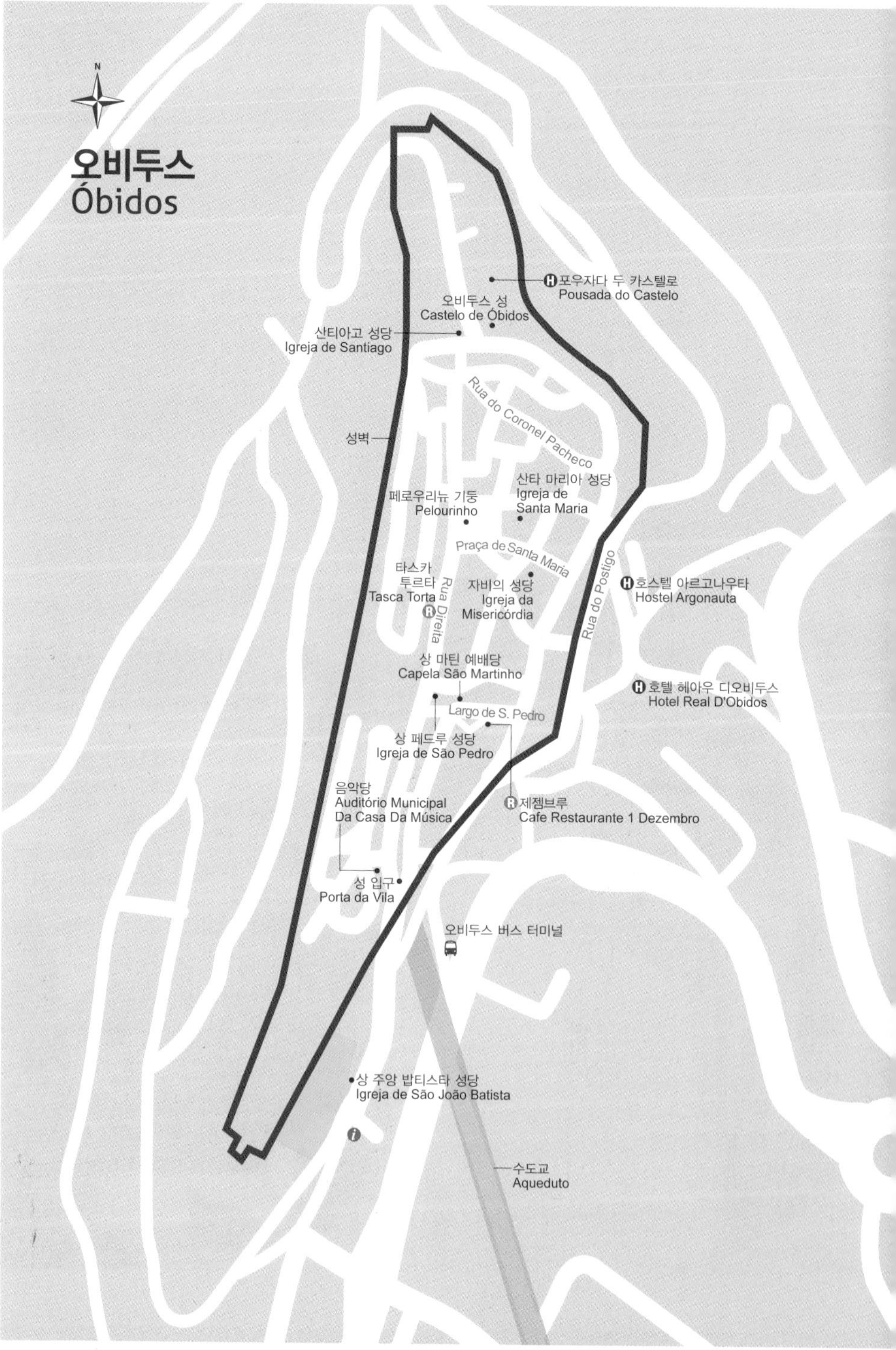
N
오비두스
Óbidos
포우자다 두 카스텔로
Pousada do Castelo
오비두스 성
Castelo de Óbidos
산티아고 성당
Igreja de Santiago
Rua do Coronel Pacheco
성벽
산타 마리아 성당
Igreja de Santa Maria
페로우리뉴 기둥
Pelourinho
Praça de Santa Maria
Rua do Postigo
타스카 투르타
Tasca Torta
Rua Direita
자비의 성당
Igreja da Misericórdia
호스텔 아르고나우타
Hostel Argonauta
상 마틴 예배당
Capela São Martinho
호텔 헤아우 디오비두스
Hotel Real D'Obidos
Largo de S. Pedro
상 페드루 성당
Igreja de São Pedro
음악당
Auditório Municipal Da Casa Da Música
제젬브루
Cafe Restaurante 1 Dezembro
성 입구
Porta da Vila
오비두스 버스 터미널
상 주앙 밥티스타 성당
Igreja de São João Batista
수도교
Aqueduto

Sightseeing ***

❶

# 오비두스 둘러보기 Óbidos Tour

오비두스를 여행하는 방법은 성벽을 따라 걷기와 메인 거리를 중심으로 성 안을 구경하는 것이다. 관광 안내소 맞은편의 **상 주앙 밥티스타 성당**은 성녀 이사벨이 나병 환자를 위해 만들었다. 방어의 목적으로 이중문으로 지어진 성 입구Porta da Vila에는 예수의 고난이 아줄레주로 나타나 있고 수태고지에 관한 문장이 적혀 있다. 레이스를 뜨는 할머니와 기타를 연주하는 악사도 마치 그림처럼 한쪽 구석에 자리하고 있다. 입구 옆의 성벽을 오르면 지레이타 거리 끝의 성이 보인다. 성벽을 거닐 때는 안전장치가 없으므로 반드시 조심해야 한다.

성의 반대편 전망대에서는 수도교와 홀로 남은 풍차가 보인다. 농업이 발달하고 바람이 많이 부는 오비두스에는 원래 풍차가 많았다고 한다. 현대에는 기계의 발달로 많이 사라져 기념품으로나마 만날 수 있다. 마을의 중심에 있는 **산타 마리아 성당**은 아폰수 5세가 사촌 동생인 이사벨과 결혼식을 올렸던 곳이다. 오래된 나무 천장의 성모 마리아 그림과 성녀 카타리나의 순교를 그린 제단화가 인상적이다.

맞은편 샘 위에는 죄인을 묶어 두던 페로우리뉴Pelourinho 기둥이 있다. 그물 모양의 무늬는 레오노르 왕비의 아들 아폰수가 강에 빠지자 그를 구해 준 어부에게 표하는 감사다. 마을을 다 돌아다녔다면 메인 거리에서 아기자기한 소품과 다양한 종류의 기념품을 구입하는 것도 잊지 말자.

**산타 마리아 성당**Igreja de Santa Maria

주소 Praca de Santa Maria, 2510-217

운영 09:30~12:30, 14:30~17:00

산타 마리아 성당

Food

❶

## 제젬브루 Cafe Restaurante 1 Dezembro

여행자와 현지인에게 모두 인정받은 포르투갈 음식 전문 레스토랑이다. 특히 바칼라우 요리와 생선 요리가 인기 있다. 두툼한 스테이크 또한 잊어버리면 서운하다. 메뉴 선정에 있어 고민이 될 것이다.

| | |
|---|---|
| 주소 | Largo s Pedro, 2510-086 |
| 위치 | 상 페드루 성당 옆 |
| 운영 | 08:30~24:00 |
| | **휴무** 일요일 |
| 요금 | 메인 €12.5~ |
| 전화 | 262-959-298 |

Food

❷

## 타스카 투르타 Tasca Torta

편안한 분위기의 레스토랑으로 저녁 무렵에 가는 것을 추천한다. 골목 사이로 울리는 대화 소리와 그릇이 부딪히는 소리, 따뜻한 색의 조명과 맛있는 음식으로 행복해진다. 월요일에는 파두 공연이 있다.

맛있는 음식에 와인 한잔을 곁들여 먹어 보자.

| | |
|---|---|
| 주소 | Rua. Direita 79, 2510-001 |
| 위치 | 페로우리뉴 기둥에서 도보 1분 |
| 운영 | 12:30~14:30, 19:30~22:00 |
| | **휴무** 화요일 |
| 요금 | 메인 €12.5~ |
| 전화 | 262-958-000 |

**Tip 진쟈 Ginja**

달콤한 초콜릿 잔에 도수가 높은 체리주, 진쟈를 마셔 보자. 오비두스가 진쟈로 가장 유명한 이유는 좋은 바람과 바다의 영향으로 체리가 맛있게 익기 때문이라고 한다. 저렴한 가격으로 알딸딸한 달콤함에 빠져 보자.

Stay

❶

## 포우자다 두 카스텔로 Pousada do Castelo

고성 또는 수도원 등을 숙박 시설로 바꾼 것을 포우자다라고 한다. 중세의 성이었던 오비두스의 포우자다는 고풍스러운 인테리어와 소품들로 시간을 거슬러 오른 것 같은 분위기다. 카페와 레스토랑도 운영하고 있으므로 전망 좋은 테라스에서 쉬어 가도 좋다.

주소 Paco Real 2510-999
위치 오비두스 기차역에서 도보 10분
요금 €150~
전화 210-407-630
홈피 www.pousadas.pt
메일 guest@pousadas.pt

Stay 4성급

❷

## 호텔 헤아우 디오비두스 Hotel Real D'Obidos

성안의 조그마한 집들과 달리 14세기부터 유지되어 온 큰 규모의 건물이다. 중세식 내부 인테리어와 중세 만찬, 공연 등 이벤트도 진행하고 있으며 무엇보다 구시가를 바라볼 수 있는 야외 수영장이 매력적이다.

주소 Rua São D. João de Órnelas, 2510-074
위치 오비두스 기차역에서 도보 10분
요금 €100~
전화 262-955-090
홈피 www.hotelrealdobidos.com
메일 reservas@hotelrealdobidos.com

Stay

❸

## 호스텔 아르고나우타 Hostel Argonauta

호스텔은 성벽에서 1분 거리에 있는 현지인 주택이다. 주인이 재활용해 만든 가구와 소품이 독특한 분위기를 자아낸다. 2인실과 다인실이 있으며 주방에서 음식을 만들어 먹을 수 있다. 난방시설이 부족해 추운 계절에는 추천하지 않는다.

주소 RTrav. Adelaide Ribeirete 14, 2510-046
위치 오비두스 기차역에서 도보 10분
요금 €25~
전화 262-958-088
메일 hostel.argonauta@gmail.com

# ÉVORA

## 포근한 할아버지 같은 에보라

에보라는 포르투갈 중부 알렌테조 평원에 있다. 지대가 평탄하고 해발고도가 높으며 땅은 비옥하다. 일조량이 많아 포도와 올리브 농사가 잘되고 건조한 내륙지방이라 코르크가 자라기 좋다. 방목해 기르는 가축까지 더해져 에보라는 미식 도시다. 기원전 59년, 로마인은 켈트족을 몰아내고 성벽을 쌓아 마을을 보호했다. 중세에는 예수회 대학이 생겨나 예술이 꽃피었다. 한때는 역대 왕들이 머물렀으나 대항해시대 후 수도 천도와 예수회 해산으로 급격히 쇠퇴했다. 황망한 분위기에 마치 노쇠한 늙은이처럼 보이지만, 알고 보면 켜켜이 쌓인 장구한 시간을 되짚어 보는 여행지다.

### 에보라에서 꼭 해야 할 일

- 항상 두렵기만 한 죽음, 인생에 대해 명상해 보기.
- 에보라 특산물인 코르크. 다양한 제품으로 만나보자.

### 에보라로 이동하기

**버스** 버스 리스본의 세치 히우스Sete Rios 터미널에서 이동 가능하다. 오전 8시부터 밤 10시까지 한 시간에 1~2대가 운행한다. 포르투갈에서 가장 긴 다리인 바스쿠 다 가마를 지나 도착한다.

### 에보라 안에서 이동하기

관광지가 성벽 안에 있으므로 도보로 전부 이동이 가능하다.

### 에보라 관광 안내소

**주소** Praca do Giraldo 73, 7000-508
**운영** 여름철 09:00~19:00, 겨울철 09:00~18:00
**전화** 266-702-671

# 11

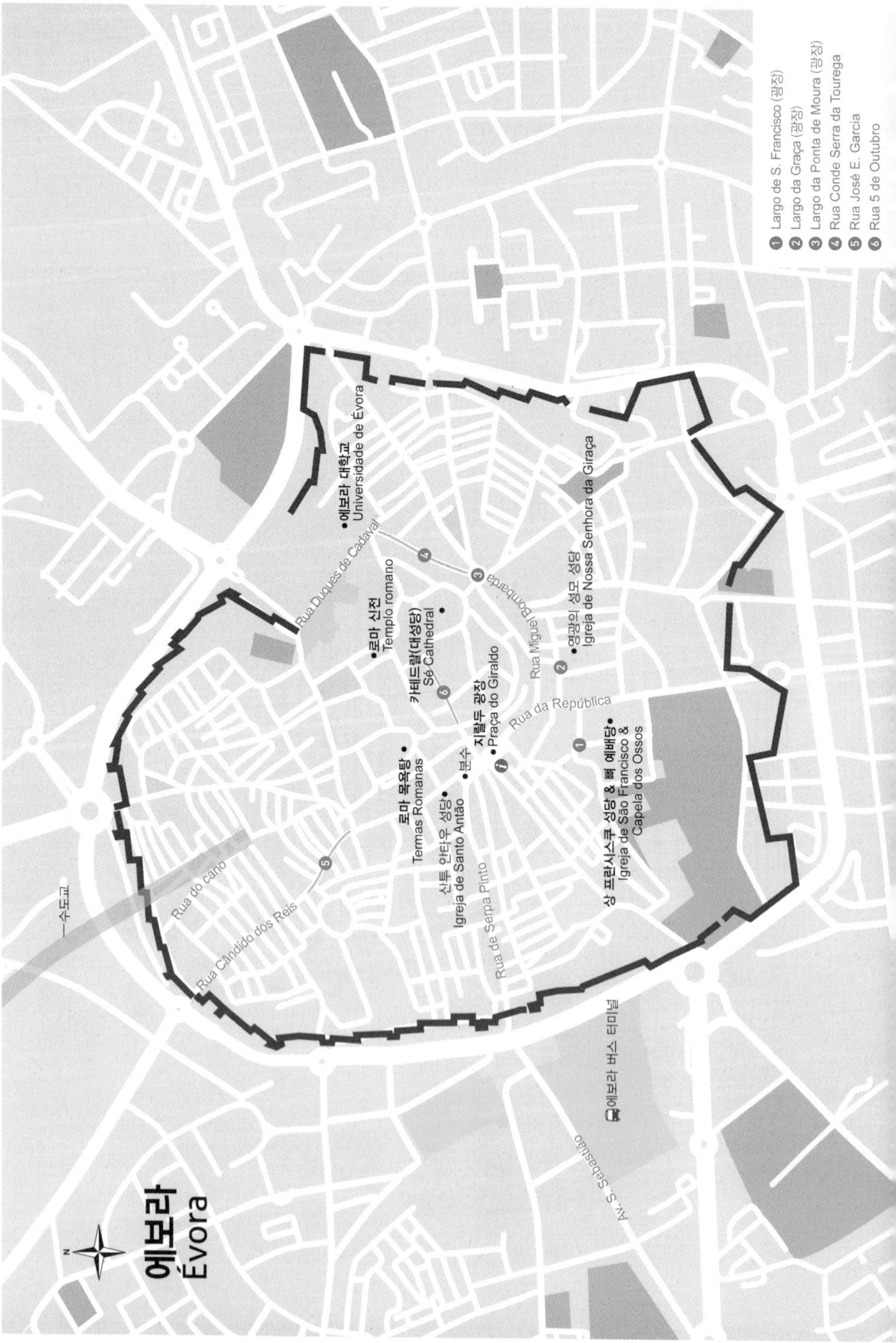

에보라
Évora
N
수도교
Rua do cano
Rua Cândido dos Reis
로마 목욕탕
Termas Romanas
산투 안타우 성당
Igreja de Santo Antão
분수
Rua de Serpa Pinto
지랄두 광장
Praça do Giraldo
카테드랄(대성당)
Sé Cathedral
로마 신전
Templo romano
Rua Duques de Cadaval
에보라 대학교
Universidade de Évora
Rua Miguel Bombarda
영광의 성모 성당
Igreja de Nossa Senhora da Graça
Rua da República
상 프란시스쿠 성당 & 뼈 예배당
Igreja de São Francisco & Capela dos Ossos
에보라 버스 터미널
Av. S. Sebastião
1 Largo de S. Francisco (광장)
2 Largo da Graça (광장)
3 Largo da Ponta de Moura (광장)
4 Rua Conde Serra da Tourega
5 Rua José E. Garcia
6 Rua 5 de Outubro

Sightseeing ★★☆

❶

## 카테드랄(대성당) Catedral de Évora (Sé)

무어인 지배에 있던 에보라는 1165년 제랄두 제랄지스Geraldo Geraldes가 되찾았다. '겁 없는Sem-Pavor 지랄두'로 불리는 그는 혈혈단신으로 적진 중앙에 들어가 경비병 목을 베고 아군을 불러 승리로 이끌었다. 기독교인 품으로 돌아온 마을은 대성당을 지었다. 성벽처럼 견고한 로마네스크 건축은 방어 요새로도 사용되었다.

종탑 2개가 보초병처럼 있는 입구에는 14세기, 12사도 조각상이 있다. 당시 유명 조각가 페루Pero 작품이다. 기교 없이 수더분한 모습이 친근하다. 성당 내 조각들이 그렇다. 형식에 매이지 않고 때론 해학이 있어 찬찬히 둘러볼 만하다. 성당 건축물은 중세를 지나며 고딕 양식이 더해졌다. 이를 잘 나타낸 회랑은 늑골 궁륭과 화강암 기둥으로 만들어졌다. 네 모퉁이에는 성경에 나오는 선지자 4명의 조각상이 있다.

가장 유명한 장소는 모르가두스 두 이스포랑 예배당Capela dos Morgados do Esporao이다. 15세기 만들어진 '아이를 밴 성모 마리아상'이 있어서다. 같은 시기에 많이 조각된 주제였으나 교단에서 금지해 포르투갈에선 유일하게 남은 성모상이다. 배 위에 한 손을 올린 어머니 마음이 쉬이 전해진다. 임신과 순산을 기원하는 여행객이라면 방문을 권한다.

종탑을 오르면 성당 지붕으로 오를 수 있다. 포르투갈 대성당 중 가장 전망이 좋은 테라스를 고르라면 에보라 대성당이 아닐까. 지평선이 까마득한 평원이 360도로 보인다.

| | |
|---|---|
| 주소 | Largo do Marquês de Marialva, 7000-809 |
| 위치 | 에보라 기차역에서 도보 17분 |
| 운영 | 09:00~12:20, 14:00~16:50 |
| 요금 | **성당+회랑** €3.5<br>**성당+회랑+박물관** €4.5 |
| 전화 | 266-759-330 |

대성당 입구 12사도

옥상

Sightseeing ★★★

2

## 상 프란시스쿠 성당 Igreja de São Francisco

1510년 상 프란시스쿠 성당이 완공되었다. 포르투갈 최초로 지어진 프란체스코 수도회 건물이다. 겉보기에 장식 없이 단순한 건축물이 르네상스 양식이라면 놀라는 사람이 적지 않다. 성당 정문은 지붕이 있는 복도 안에 있어서다. 포르투갈 최전성기인 대항해시대에 지어져 마누엘 양식으로 지어졌다. 입구에는 주앙 2세 상징, 펠리칸과 마누엘 1세 상징인 혼천의가 있다. 내부 장식은 왕실 화가인 프란시스쿠 엔리케Francisco Henriques와 조르지 아폰수Jorge Afonso, 가르시아 페르난지스Garcia Fernandes가 맡았다. 중세에 에보라가 가진 위상이 어느 정도인지 가늠케 하는 부분이다. 페드루1세와 콘스탄사 마누엘이 결혼식을 올리기도 했다.
측면에 예배당 10개를 지나치면 중앙제단이 나온다. 대리석으로 된 마누엘 장식 가운데 상아로 만든 예수 그리스도상이 있다. 아줄레주는 성경에 나오는 장면을 묘사했다.

주소 Praça 1° de Maio 7000-650 Sao Pedro
위치 카테드랄(대성당)에서 도보 6분
운영 여름철 09:00~18:30,
겨울철 09:00~17:00
(일 · 공휴일에는 10:00~)
요금 **성당** 무료
**뼈 예배당** 성인 €6, 학생 €4
전화 266-704-521

### Plus spot 뼈 예배당 Capela dos Ossos

17세기, 수도원 묘지가 가득 차게 되자 42개 묘지에 유골 5,000여 구를 이용해 예배당을 만들었다. 길이 18.7m, 너비 11m인 본당 3곳에 붙은 뼈를 보며 수사들은 생과 죽음에 대해 명상과 기도를 드렸다. 입구에는 '우리는 이곳에 묻혔으며 네 뼈를 기다리고 있다(Nos ossos que aqui estamos pelos vossos esperamos).'라고 적혀있다. 18세기 벽에 걸려있던 미라는 유리관에 전시되어 있다. 예배당 정면 석관은 프랑스군에게 살해된 교황 히아신스 카를로스 다 실 베이라Jacinto Carlos da Silveira다. 아시안 마켓도 많은 편.

Sightseeing ★★★

3

## 로마 신전 Templo romano

고대 로마가 지배하던 서기 1세기 초, 코린트 양식으로 지은 로마 신전이다. 율리우스 카이사르가 신격화된 아우구스투스 황제를 기리는 성전이다. 대리석 위에 화강암을 올린 기둥은 총 14개로 6개는 온전히 남아있다. 2세기부터 수정된 신전은 5세기에 대부분 부서졌다가 고치길 여러 번 했다. 최초에 신성한 장소로 사용되다 처형장, 한때는 도살장으로 쓰였다. 19세기에 대대적인 복원을 하고 20세기, 발굴 과정에서 고대 로마 수로 저수지로 이어지는 입구가 발견되기도 했다. 1986년에는 유네스코 세계문화유산에 등재되었다.
로마 신전은 아크로폴리스 언덕 위에 있다. 가파르지 않지만, 군사적 요충지로 사용될 만큼 전망이 좋다. 주변에 정원과 카페가 있어 쉬어갈 수 있다.

주소 Largo do Conde de Vila Flor 7000-804
위치 카테드랄(대성당)에서 도보 1분

Sightseeing ★★★

4

## 에보라 대학교 Universidade de Évora

포르투갈에서 코임브라 대학교 다음으로 오래되었다. 1559년 동 엔리케 추기경이 예수회 건물로 지어 종교대학으로 제정했다. '추기경 왕'으로 불리는 그는 1578년 왕위에 오른 엔리케 1세다. 대학 시설 대부분이 코임브라로 이동하면서 리스본 근교에 학교의 필요성이 대두되었고 에보라에 만들었다. 대항해 시대에 인도항로를 발견한 바스쿠 다 가마는 이곳에서 수학과 항해술을 배웠다. 예수회가 운영했으나 리스본 대지진 4년 뒤, 도시를 재건한 폼발 후작이 예수회를 해체 · 박해하면서 문을 닫았다. 1973년, 다시 에보라 대학교로 문을 열었다.
실제로 사용되고 있는 대학교는 거주자가 있는 민속 마을처럼 생생한 분위기다. 아줄레주로 꾸민 강의장에 수업이 진행되고 작품 활동도 구경할 수 있다. 원시 성당 예배당은 미사 시간에 들어갈 수 있고, 지금도 사용하는 도서관은 늘 열려있다. 아줄레주로 꾸민 회랑에 이중 아치도 함께 관람해보자.

주소 Largo dos Colegiais 2, 7000-645
위치 카테드랄(대성당)에서 도보 5분
운영 월~금 09:00~19:00
토 09:00~13:00 휴무 일요일, 공휴일
요금 €3
전화 266-740-800

Sightseeing ★★☆

5

## 지랄두 광장 Praça do Giraldo

12세기, 무어인이 지배하던 이베리아반도는 그리스도교가 참여한 국토회복운동이 전개되고 있었다. 언덕에 있는 리스본 성 조르지 성과 신트라 무어성과 달리 평원에 있었으나 쉽게 발견되고 견고한 성 탓에 탈환하지 못했다. 포르투갈 귀족 가문 기사인 지랄두는 흔히 볼 수 있는 악사로 변신해 에보라 광장까지 들어왔다. 성문 열쇠를 가진 무어인 병사 목을 베고 문을 활짝 열어 승리했다. 공을 인정받아 에보라 지도자가 된 그는 문장에 승전 역사를 담아 아직도 회자되고 있다.

무혈입성해 평화롭던 광장은 한때 공포의 상징이었다. 1483년 막강한 권력을 가진 브라간사 공작 페르난두는 복잡한 왕위 계승 희생양으로 지랄두 광장에서 처형되었다. 16세기에는 세례를 거부하는 무어인과 유대인을 처형하는 종교재판이 열려 화형을 집행하는 장소였다. 예수회가 몰락하고 왕실이 리스본으로 이동하면서 에보라는 쇠퇴했다. 지금은 노천카페와 상점, 관광 안내소가 자리한 에보라 중심지다.

주소 Praça do Giraldo 7000

위치 카테드랄(대성당)에서 도보 4분

광장 내에 있는 산투 안타옹 성당(Igreja de Santo Antão)

### more more & 아구아 드 프라타 수도교 Aqueduto da Agua de Prata

광장 중앙에 1571년에 만들어진 대리석 분수대가 있다. 흰 대리석 상단에 청동 장식은 광장으로 들어오는 8개 골목을 뜻한다. 분수물은 프라타 수도교로 들어온다. 1537년 벨렝탑을 만든 프란시스쿠 지 아후다Francisco de Arruda가 만들었다. 18km를 흘러 에보라에 들어온 물은 마을 수도관을 지나 제랄두 광장 분수대로 나온다. 최대 26m 높이인 수도교는 위치에 따라 2m 정도 되는 곳도 있어 마을과 함께 뒤엉켜 있다. 누구의 집을 가로지르거나 벽면을 대신하기도 한다.

Sightseeing ★★☆

## 6 로마 목욕탕 Termas Romanas

2세기 고대 로마 흔적이다. 1987년 시청 건물에서 아주 오래된 고고학 유물이 발견되었다. 90평 정도 되는 공중목욕탕 유적 일부로 당시 가장 큰 공공시설로 추측한다. 흔히 아는 바와 같이 목욕탕은 위생은 물론 사교를 위한 공간으로 삶에 중요한 역할을 했으며 목욕탕에 관한 관심이 수로로 이어졌다. 목욕탕은 에보라 시청Camara Municipal 안에 있다. 운영 시간 내에 누구나 들어가서 무료로 구경할 수 있다. 목욕탕은 3곳으로 나뉘는데 한증탕을 위한 라코니쿰Laconicum은 늑골 궁륭으로 된 둥근 천장을 만들어 더운 공기를 가둘 수 있게 했다. 나무를 태워 온도를 높이는 난방 시스템은 히포코스툼Praefurnium 방에 따로 있다. 나타티오Natatio는 직사각형 야외 수영장이다. 고대 로마 수로에서 나온 물로 채웠으리라 추측한다.

주소 Praça do Sertório s/n, 7004-506
위치 카테드랄(대성당)에서 도보 3분

Sightseeing ★☆☆

## 7 영광의 성모 성당 Igreja de Nossa Senhora da Graça

16세기 바로크 양식으로 지어진 이 성당은 우리가 흔히 보던 바로크 양식과 다르다. 성당 건물 위에 4명의 조각이 걸터앉아 있기 때문이다. 이 성당의 건축가인 미겔 지 아루다Miguel de Arruda는 베네치아의 산 조르주 마조레 성당을 만든 이탈리아의 건축가 안드레아 팔라디오Andrea Palladio의 영향을 받았다. 4명의 조각은 4대강을 의미하고 입구 위에는 '은총 받은 아이들'이라고 조각되어 있다.

주소 Travessa de Landim
위치 카테드랄(대성당)에서 도보 3분

# LAGOS

## 남부의 작은 천국 라구스

말이 필요 없는 포르투갈 남부의 휴양지 라구스. 신이 빚은 절벽과 투명하게 푸른 해변, 파란 하늘과 하얀 뭉게구름. 지상에 천국이 있다면 여기가 아닐까 싶다. 예쁜 자갈길을 비집고 마을로 들어가면 하얀 집들 사이사이를 메워 놓은 빨래가 평화로워 보인다. 스리슬쩍 현지인인 척 여유를 즐겨 보자.

다양한 해양 액티비티와 갓 잡은 싱싱한 해산물 요리는 라구스의 선물이다. 여름밤이면 시내 곳곳에서 여는 활기찬 파티도 빼놓을 수 없다.

이곳에서 당신이 해야 할 일은 그저 담요를 돌돌 말아 옆구리에 끼운 뒤 절벽 곳곳에 숨어 있는 프라이빗 해변을 찾아가 살얼음 뜬 사그레스 맥주와 함께 휴식을 취하는 것이다.

### 라구스에서 꼭 해야 할 일

- 여유를 싼값에 팔아요. 라구스 해변으로 오세요.
- 라구스의 바다를 다양하게 만날 수 있는 해양 액티비티 즐기기!

### 라구스로 이동하기

**버스** 리스본에서 출발하는 버스는 에바EVA 버스와 레데 익스프레소스Rede Expressos로 08:15~20:30에 1~2시간 간격으로 운행된다. 리스본에서 라구스까지는 3시간 정도 소요된다.

**기차** 리스본에서 3시간 30분~4시간 정도 소요되며 하루에 5편이 운행된다.

### 라구스 관광 안내소

주소 Rua Vasco da Gama, 8600-722 Lagos
운영 09:30~12:30, 14:00~17:30 전화 289-463-900

# 12

라구스
Lagos
버스 정류장
요트 정박장
라구스 기차역
요트 정박장
바히아
Bahia
메이아 해변
Meia Preia
폰타 다 반데이라 요새
Forte da Ponta da Bandeira
까몽이스 광장
길 아네스 광장
Praça Gil Eanes
구시가
안판테 광장
바타타 해변
Praia da Batata
핀하오 해변
Praia do Pinhão
해안 산책 루트
도나 아나 해변
Praia Dona Ana
십자가의 길 Stations of the Cross
카밀로 해변
Praia do Camilo
해안 산책 루트
그란데 해변
Praia Grande
등대
피에다데 곶
Ponta da Piedade
카나비아우 해변
Praia do Canavial
해안 산책 루트
포르투 지 모스 해변
Praia do Porto de Mós
루즈 해변
Praia da Luz

# 라구스 구시가
## Old Town

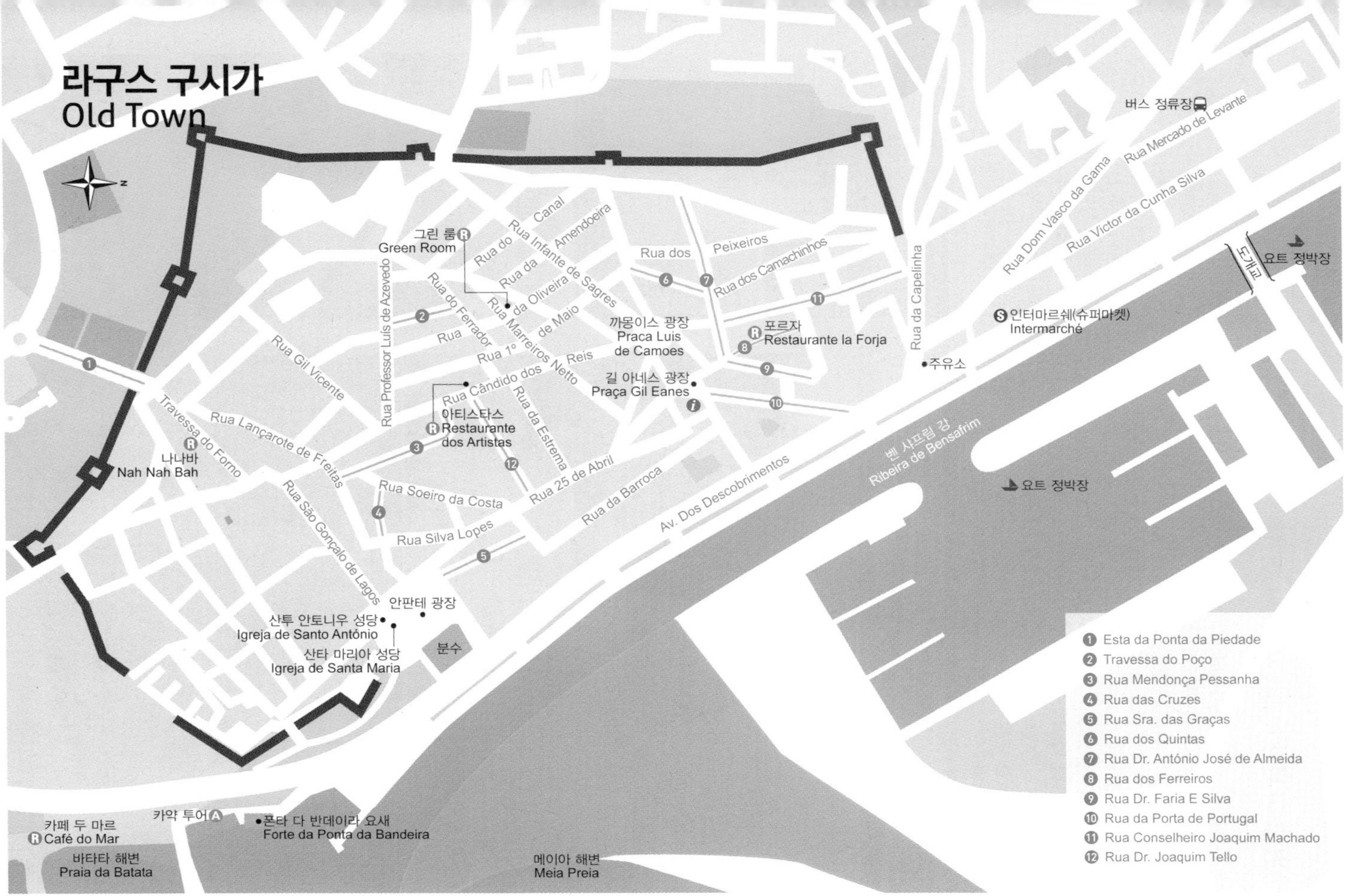


1. Esta da Ponta da Piedade
2. Travessa do Poço
3. Rua Mendonça Pessanha
4. Rua das Cruzes
5. Rua Sra. das Graças
6. Rua dos Quintas
7. Rua Dr. António José de Almeida
8. Rua dos Ferreiros
9. Rua Dr. Faria E Silva
10. Rua da Porta de Portugal
11. Rua Conselheiro Joaquim Machado
12. Rua Dr. Joaquim Tello

Sightseeing ★★★

1

## 해변 & 구시가 Praia & Old Town

해안 도시 라구스는 두 가지 얼굴을 가지고 있다. 기차역 인근에 있는 메이아는 고운 모래사장으로 이루어진 해변이다. 끝이 보이지 않을 만큼 넓어서 방문객이 아무리 많아도 한적하게 즐길 수 있다. 해변에는 음식과 음료를 파는 바가 군데군데 있어 하루 내내 시간을 보내기에도 좋다. 반대편은 포르투갈 땅끝마을, 사그레스Sagres까지 이어진 암벽 해변이다. 황톳빛 암석으로 이루어진 해변은 기암절벽과 동굴 해변이 파도처럼 너울댄다. 절벽 아래는 오솔길이나 계단으로 내려갈 수 있는데 일부는 아예 숨어있어 아는 사람만 가는 비밀해변이다. 암벽과 암벽 사이에 있는 작은 공간이라 개별적으로 즐길 수 있다. 장막처럼 해변 사이에 쳐진 암벽에 간혹 동굴이 있어 다음 해변으로 넘어가는 재미도 있다. 바타타Batata와 핀하오pinhao, 도나 아나Donna Anna, 카밀루Camilo 암벽 해변이 유명하다. 바타타 해변에는 항구와 폰타 다 반데이라 요새Forte da Ponta da Bandeira, 이슬람 성벽 정문이 있다. 도나 아나 해변은 라구스 수녀원에 있던 수녀 이름이다. 1차 세계대전 당시 수녀원 비밀통로로 탈출해 유일하게 살았다. 탈출한 통로 끝 해변에 수녀 이름을 붙여 부른다.

위치 버스 터미널에서 요트 정박장을 바라보고 오른쪽으로 5분 정도 걸으면 구시가가 나온다. 조금 더 걸어가면 절벽 해안의 초입 바타타 해변이 나온다. 메이아 해변은 우리에게 친숙한 모래사장으로 된 해수욕장으로 버스 터미널에서 요트 정박장을 바라볼 때 보이는 다리를 건너 기차역 방향으로 10분 정도 걸어가면 나온다.

**Tip 대서양을 즐겨봐! 라구스의 액티비티**

가장 쉽게 해안을 즐길 수 있는 카약부터 거친 대서양의 싱싱한 생선들과의 낚시 등 라구스에서 할 수 있는 액티비티는 다양하다. 해변에서의 휴식이 조금 늘어진다 싶으면 바다로 뛰어들자!

**추천 액티비티 업체**

❶ **카약 투어**Kayak Tours 1인 또는 2인이 카약을 이용해 3시간 동안 해안과 동굴을 탐험하고 스노클링이나 수영을 한다. 폰타 다 반데이라 요새 바로 앞에서 출발한다.

주소 Cais da Solaria Forte pau da bandeira 8600-000 Lagos
요금 €35
전화 969-330-214
홈피 www.kayaktours.com.pt

❷ **야-샤카**Jah-Shaka 시내 중심가에 있는 서핑 전문점으로 들어가자마자 즐거운 건 잘생긴 가게 주인 때문만은 아닐 것이다. 밝은 그의 에너지에 힘입어 서핑, 카약, 자전거 투어까지 다양하게 시도해 보자.

주소 Rua Candido dos reis 112 Lagos
요금 1day 서핑 €55~
전화 913-665-446
홈피 jahshakasurf.com

❸ **페스카마**Pescamar 상어나 참치 등 큰 물고기를 잡는 상어 낚시는 오전 8시에서 낮 2시까지 진행된다. 암초 낚시는 도미, 그루퍼 등 중간 크기의 물고기를 잡는 체험으로 오전 8시에서 낮 12시까지 진행된다.

주소 Apartado 112 Praia da Luz 8601-927 Lagos
요금 **상어 낚시** 체험 €90, 관람 €60, **암초 낚시** 체험 €50, 관람 €40
전화 966-193-431
홈피 www.pescamar.info

Sightseeing ★★★

❷

## 라구스 재래시장 Mercado Municipal de Lago

포르투갈에서 어업은 떼래야 뗄 수 없는 산업이다. 황금어장 대서양을 앞에 두고 대항해시대 이전부터 생선 소비량 상위권에 있는 현대까지 예술과 문화, 사회 전반에 영향을 주고 있다. 예부터 라구스 항구에서 로마로 직접 무역 활동을 했으며 어업과 가공 산업에 매우 중요한 위치를 차지하고 있다.

라구스에서 신선한 해산물을 맛보지 않는다는 건 상상할 수 없다. 1924년 지어진 시장 건물은 시내에 자리하고 있어 조금 비싸지만, 현지인과 여행객 모두 즐겨 찾는다. 1층은 해산물, 2층은 채소와 과일을 판매한다. 우리나라와 같이 오전 일찍 가야 좋은 물건을 살 수 있다. 해산물을 사지 않더라도 대서양에서 나는 생선 종류를 구경하는 재미가 있다. 3층은 루프탑 레스토랑으로 장을 보기 전 허기진 배부터 채우기에도 좋다.

## 베나질 동굴 Algar de Benagil

라구스와 알부페이라, 포르티망, 파루를 포함해 포르투갈 남부에 있는 도시를 통칭해서 '알가르베Algarve'라고 한다. 라구스와 알부페이라 사이에 있는 베나질은 해변보다 동굴로 유명하다. 해안 절벽에 파도가 치면서 침식작용으로 생겼다. 보통 측면에 해식동굴이 생기는데 베나질은 상단도 침식되어 천장에 구멍이 났다. 경이로운 자연 섭리를 눈으로 보고자 많은 여행객이 이곳을 찾는다.

### more more & 베나질 동굴 즐기기 A to Z

동굴은 육지로 연결된 길이 없다. 보트나 카약을 이용하거나 베나질 해변에서 수영해서 가는 방법이 있다. 거리가 멀지 않지만, 수온이 낮아 한여름이 아니면 수영해서 가기 어렵다.
베나질 해변에는 보트나 카약을 이용해 동굴로 들어가는 투어가 많다. 단, 보트는 동굴 내에 접안 할 수 없고 카약은 동굴 내 해변에 내릴 수 있다. 보트는 날씨 제약이 크게 없지만, 카약은 해양 상황에 따라 투어가 취소되기도 한다. 날이 좋아도 파도가 높으면 운영하지 않는다. 예약하더라도 당일에 파도를 확인한 뒤 진행 여부를 확정한다. 확률상 오후보다 오전에 해양 날씨가 좋은 편이며 동굴이 남동향이라 오후에는 역광이다. 겨울에는 투어를 진행하는 업체가 줄어 예약을 권한다.

알가르베 해안 도시에는 투어 신청을 받는 부스가 많다.

## 라구스(Lagos) 출발

라구스 마리나로 가는 길에 돌고래 및 낚시, 베나질 투어 등 다양한 부스가 있다. 마음에 드는 업체에서 예약하면 된다. 라구스에서 포르티망까지 거리가 멀어 스피드보트를 이용한다. 편도 30분 정도 타고 베나질 동굴에 도착하며 하선은 할 수 없다. 라구스에서 베나질 해변으로 차량공유서비스를 이용하면 40유로 정도, 포르티망 기차역까지 30유로 정도다. 투어업체에게 픽업 서비스를 요청하면 편도 20유로 정도다. 라구스에서 포르티망까지 기차를 이용하면 2.05유로로 매우 저렴하며 포르티망에서 출발하는 투어는 대부분 무료로 기차역까지 데리러 온다. 예약할 때 미리 확인해보자.

## 알부페이라(Albufeira) 출발

알부페이라 선착장Marina de Albufeira에 가면 길가에 해양 스포츠 및 베나길 투어업체가 늘어서 있다. 라구스에서 출발하는 투어처럼 돌고래 관찰 투어를 포함하는 상품이 많다. 카약 투어를 하고 싶다면 포르티망이나 베나길 해변에서 이동하거나 보트+카약 투어를 예약하자. 약 50유로 정도이며 겨울에는 운영하지 않는다. 알부페이라 시내에서 기차를 타고 이동하기 어려워 업체에 유료 픽업 서비스나 차량공유서비스를 이용하길 권한다.

## 포르티망

베나질 동굴에서 가장 가까운 도시다. 스피드보트를 이용하거나 배에 카약을 싣고 동굴 앞으로 가 바다에서 카약으로 갈아탈 수 있는 투어도 있다. 가장 인기 있는 투어는 씨사이렌(www.seasirentours.com)이다. 10시부터 시작 투어는 12시간 30분 동안 진행된다. 배를 타고 가서 바다에서 카약으로 갈아타서 베나질 동굴까지 들어간 뒤 카약을 타고 주변 동굴을 둘러본다. 2시간 30분에서 3시간 정도 소요되며 약 40유로 정도다.

**Tip 알아두면 좋은 준비사항**

투어는 보트 또는 카약을 타고 알가르베 해안에 있는 석회 동굴을 둘러본 뒤 베나질 동굴로 이동한다. 파도가 잔잔한 날에도 패들링을 하다 보면 하의는 젖는다. 파도가 조금 높으나 투어가 가능한 날에는 상하의 모두 젖는다고 보면 된다. 미리 갈아입을 옷과 수건, 마실 물과 간식을 준비하면 좋다. 방수 가방은 제공하는 업체도 있으나 확인되지 않는다면 미리 챙겨 가자. 여름에는 햇빛이 아플 정도로 강해 긴 옷과 차양 용품을 준비해야 한다. 평소 멀미가 심하다면 미리 약을 먹어두자. 1인용 카약은 체력에 한계를 느낄 수 있다. 2인용을 추천한다.

**Plus spot** 베나질 동굴을 위에서 볼 수 있는 트레킹 코스

춥거나 궂은 날씨, 시간 여유가 없어서 동굴에 갈 수 없거나 다른 전망을 즐기고 싶다면 해안 절벽 위를 걸을 수 있는 해안산책로, 보드워크Boardwalk를 걸어보자. 동굴 상단 구멍 위에서 내려 볼 수 있다.

알가르브 해안의 기기묘묘한 절벽 지형을 자세히 볼 수 있는 트레킹 코스가 있다. 일곱 골짜기 트레일Seven Hanging Valleys Trail, 포르투갈어로 세치 발리 트레킹Sete vales trekking이라고 한다. 발레 지 센테아네스 해변Praia do Vale de Centeanes에서 마리냐 해변Praia da Marinha까지 왕복 11.5km다. 편도로 걷고 택시나 우버Uber 같은 승차 공유 서비스를 이용해 돌아와도 된다.

베나질 동굴 위를 보는 트레일 코스는 베나질 해변 또는 코레두라 해변Praia da Corredoura에서 시작한다. 마을에서 절벽 방향으로 걷다 보면 오르막길과 트레일 표시가 있으니 이정표로 삼으면 된다.

마을은 편의시설이 충분하지 않을 정도여서 여행객이 많은 성수기에는 불편할 수 있다. 만약 티볼리 카르보에이루 알가르베 리조트Tivoli Carvoeiro Algarve Resort에 머물며 베나길 동굴과 해변을 즐긴다면 더없이 완벽한 마을이다.

Food 추천

❶

## 바히아 Bahia

작은 오두막에서 시작해 로컬과 관광객에게 모두 유명한 비치 바가 되었다. 분위기, 맛, 서비스 모두 만족스럽다. 무엇보다 광활한 해변을 앞에 두고 있어 100점 만점 주고 싶은 레스토랑이다. 매주 일요일 오후 5시 반에는 라이브 음악을 들을 수 있다.

주소 Estrada de São Roque 8600-315
위치 라구스 기차역에서 도보 8분
운영 12:30~21:00
요금 음식 €5.5~, 음료 €2.5~
전화 282-760-149

Food 추천

❷

## 포르자 Restaurante a Forja

줄 서서 기다릴 정도로 많은 사람이 찾는 레스토랑이다. 싱싱한 해산물과 생선들이 윤기를 내며 누워 있다. 다닥다닥 붙은 테이블 덕분에 현지인과 여행객들의 기분 좋은 농담이 오가는 곳이다. 하우스 와인을 전체 병에서 사분의 일 양으로도 판매해 술이 약한 여행자라도 기분 내면서 맛보기에 좋다.

주소 R. dos Ferreiros 17, 8600-657
위치 라구스 기차역에서 도보 12분
운영 일~금 12:00~15:00, 18:30~22:00
**휴무** 토요일
요금 메인 €6.5~
전화 282-768-588

Food

❸

## 카페 두 마르 Café do Mar

해안 절벽의 시작인 바타타 해변 위에 있는 작은 언덕에 위치하고 있다. 도로와 연결되어 있어 가는 길이 어렵지 않다. 라구스의 해변과 사그레스 방향으로 이어진 오렌지빛 절벽을 조망할 수 있다. 물놀이 후 피자나 파스타로 배고픔을 달래 보자. 달이 밝은 날 상그리아를 한잔하며 밤바다를 구경하는 것도 추천한다.

주소 Av. dos Descobrimentos, 8600-465
위치 라구스 해변에서 도보 3분
운영 10:00~24:00 요금 메인 €7.5~
전화 282-788-006

Food

4

## 그린 룸 Green Room

활기찬 분위기에 직원도 친절해 찾는 이가 많다. 점심과 저녁 식사 시간에는 사람들이 몰려 기다리거나 테이블을 함께 사용해야 할 수도 있다. 빨리 조리되고 에너지가 높은 멕시코 음식을 판매해 파도를 타고 허기진 배를 채우러 오는 여행객이 많다. 신선한 생선을 튀겨 만든 피쉬 타코가 추천 메뉴다. 테이블에 포르투갈식 피리피리 소스와 살사 소스가 있어 매콤한 맛이 필요하면 곁들여보자.

주소 R. António Crisógno dos Santos 51, 8600-700
위치 폰타 다 반데이라 요새에서 도보 9분
운영 12:30~23:00 요금 샌드위치 €3.9, 타코 €5.5~
전화 913-127-510

Food

5

## 나나바 Nah Nah Bah

나나바는 햄버거와 나초, 멕시칸 음식을 선보인다. 대표 메뉴는 햄버거다. 매일 아침 가져오는 통깨 번에 재료를 차곡차곡 쌓아서 나온다. 크고 양이 많아 1인 메뉴만 먹어도 대부분 배가 부르다. 햄버거는 나나칩이라고 부르는 웨지감자와 함께 나온다. 뭉텅뭉텅 크게 썬 감자를 튀겨 갈릭소스에 버무린다. 우리나라 사람들 입맛에 맞는 편이다.

주소 Tv. do Forno 11, 8600-632
위치 폰타 다 반데이라 요새에서 도보 6분
운영 수~월 18:00~~23:00 **휴무** 화요일
요금 버거 €8.5~
전화 966-207-702 홈피 www.nahnahbah.com

Food

6

## 아티스타스 Restaurante dos Artistas

라구스에서 몇 없는 포멀한 레스토랑이다. 분자요리가 전문이라 맛은 물론, 보는 재미가 있다. 메뉴 수프리메Menu Supreme는 샘플러처럼 맛볼 수 있도록 5개 요리가 코스로 나온다. 실험적이고 도전적인 요리를 보는 재미가 있다. 미슐랭 가이드에 오른 적이 있어 맛은 크게 걱정하지 않아도 된다.

주소 Rua Candido dos Reis 68, 8600-567 Lagos
위치 폰타 다 반데이라 요새에서 도보 7분
운영 월~토 18:30~22:00 **휴무** 일요일
요금 메뉴 수프리메 €59.5, 메인 €32.5~
전화 282-760-659 홈피 www.artistasrestaurant.com

# SAGRES

## 지중해와 대서양의 만남 사그레스

대항해시대 해로의 중심지로 포르투갈 서남단에 위치하고 있다. 1394년 해양왕 엔리케는 유럽 대륙의 남서쪽 끝에 위치한 이점을 이용하기 위해 해양 학교를 만들고 인재를 양성했다. 또한 아프리카 탐험과 신대륙 발견을 위한 기점으로 삼았다. 사그레스의 서쪽에 있는 상 비센테 곶은 바다로 떠나는 이들이 보는 마지막 육지였다. 탐험대는 깎아지른 절벽 해안을 사이에 두고 두려움과 기대감을 주고받았을지도 모른다. 서쪽에서 불어오는 대서양의 거친 파도를 향해 서퍼들이 몰려든다. 수천 미터의 먼 곳에서 달려온 100% 대서양의 파도다. 다른 한쪽에서는 어린아이들이 물놀이를 한다. 웅장한 절벽이 파도를 가로막아 잔잔한 해변을 만들기 때문이다. 다양한 매력으로 여행객을 사로잡는 사그레스를 직접 만나 보자.

### 사그레스에서 꼭 해야 할 일

- 절벽 위에 세워진 그림 같은 사그레스 요새 만나기.
- 마레타 해변의 파라솔 밑에서 지역 맥주 '사그레스' 마시기.

### 사그레스로 이동하기

**버스** 기차는 없고 라구스Lagos에서 에바EVA 버스(eva-bus.com)를 이용한다. 출발 시간에 따라 45분에서 1시간 5분 정도 소요되며 마레타 해변의 관광 안내소 앞에서 하차한다.

### 사그레스 관광 안내소

**주소** Rua Comandante Matoso 8650-357 Sagres
**운영** 09:30~12:30, 13:30~17:30 **휴무** 월요일, 비수기엔 비정기적
**전화** 282-624-873

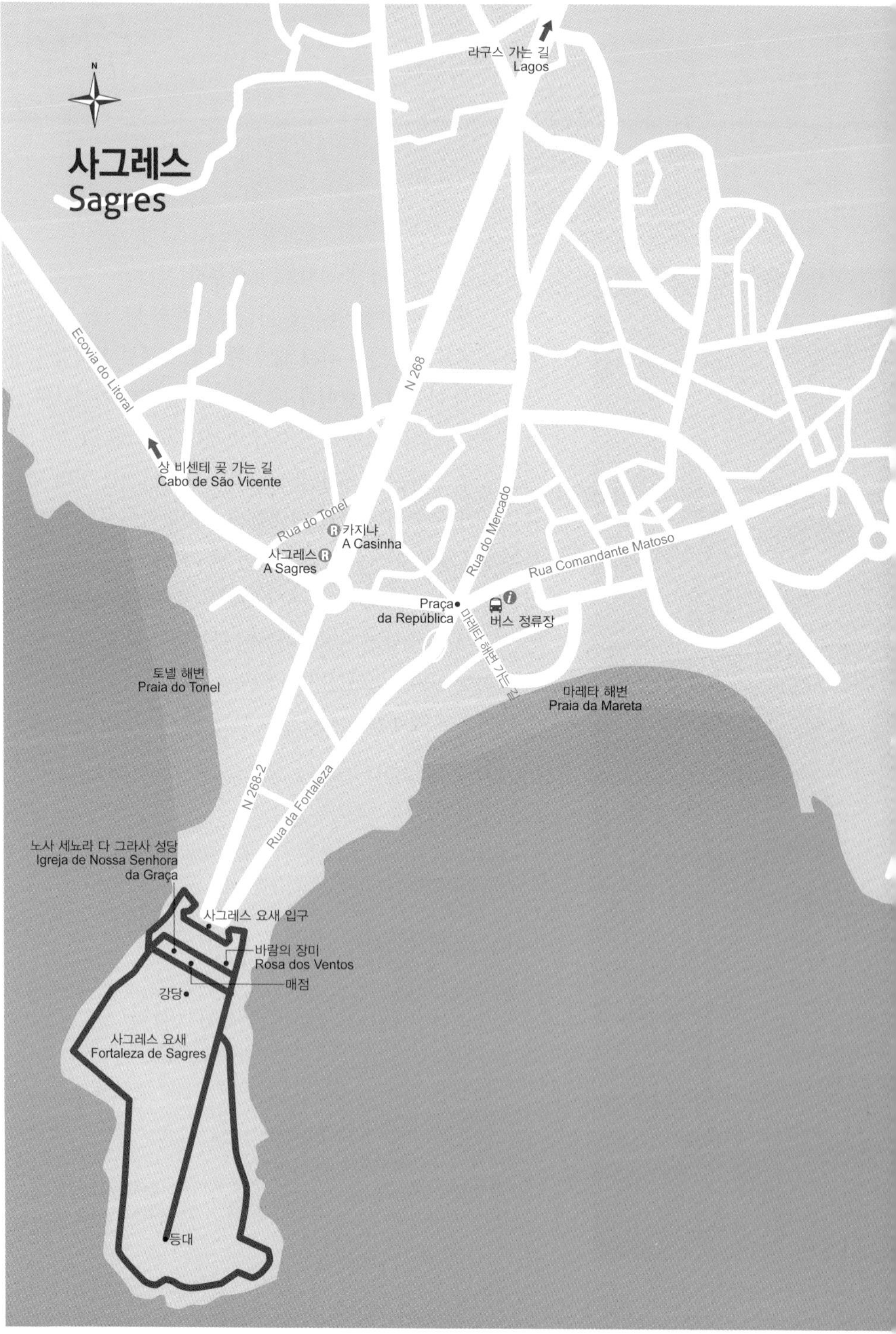
N
사그레스
Sagres
라구스 가는 길
Lagos
Ecovia do Litoral
N 268
상 비센테 곶 가는 길
Cabo de São Vicente
Rua do Tonel
카지냐
A Casinha
사그레스
A Sagres
Rua do Mercado
Rua Comandante Matoso
Praça
da República
버스 정류장
마레타 해변 가는 길
토넬 해변
Praia do Tonel
마레타 해변
Praia da Mareta
N 268-2
Rua da Fortaleza
노사 세뇨라 다 그라사 성당
Igreja de Nossa Senhora
da Graça
사그레스 요새 입구
바람의 장미
Rosa dos Ventos
매점
강당
사그레스 요새
Fortaleza de Sagres
등대

Sightseeing ★★★

1

## 해변 Praia

사그레스 곶의 오른쪽에 위치한 토넬 해변Praia do Tonel은 대서양의 바람을 맞는 방향이라 파도가 매우 높다. 그래서 이국의 서퍼들이 자주 찾는 곳이다. 해변 앞에는 서핑 숍이 많아 대여뿐 아니라 교육도 가능하다. 왼쪽에 위치한 마레타 해변Praia da Mareta은 사그레스 곶이 바람을 막아 줘서 파도가 잔잔하여 해수욕하기 좋다. 입구의 파란색 깃발은 안전하고 깨끗한 해변이라는 뜻이다. 물놀이 후 파라솔 그늘에서 '사그레스' 맥주 한 병을 마시고 있노라면 천상의 해변이 따로 없다.

Food

1

## 사그레스 A Sagres

사그레스 요새를 향해 뻗어 있는 도로 끝에 있다. 깔끔한 외관과 소박하지만 아늑한 실내는 음식이 나오기도 전에 편안함을 준다. 프랑스어, 독일어, 영어, 포르투갈어까지 구사하는 아저씨는 우리 이웃에 있는 아저씨 같다. 항상 웃음을 머금고 있는 그의 얼굴이 이 가게를 찾는 이유 중 하나다. 알가르브 지역의 특색 있는 요리를 만나고 싶다면 이곳으로 가 보자.

| | |
|---|---|
| 주소 | Ecovia do Litoral, Sagres |
| 위치 | 사그레스 버스 정류장에서 도보 5분 |
| 운영 | 목 12:30~16:00 19:00~22:00 |
| | **휴무** 수요일 |
| 요금 | 메인 €10 정도, 생선밥(2인분) €26 |
| 전화 | 282-624-171 |
| 홈피 | www.a-sagres.com |

포르투갈을 여행하다 보면 전혀 다른 언어에
당황할 때가 있다. 메뉴판은 그중 가장 당황스럽다.
다음에 이곳을 찾는 한국 여행자를 위해
한글로 메뉴판을 만들어 보내면 사용해 줄 수 있냐고 하자
레스토랑 아저씨는 흔쾌히 허락했다.
우리나라 여행자를 위한 가장 작은 발자국이다. 당신도 같이
걸어 준다면 우린 여행지에 많은 한글의 흔적을 남길 것이다.

Sightseeing ★★☆

2

# 사그레스 요새 Fortaleza de Sagres

독수리가 날개를 펼친 듯 강인하게 보이는 사그레스 요새는 15세기, 해양왕 엔리케의 요청으로 만들어졌다. 대서양과 지중해가 교차하는 전략적 위치인 이곳에 방어 대포를 설치하기 위해서다. 요새의 입구를 지나면 노사 세뇨라 다 그라사 성당Igreja de Nossa Senhora da Graça이 보인다. 1459년 해양왕 엔리케가 성모 마리아를 위해 지은 성당이다. 1755년 지진에 의해 파손되었으나 보수되었고 종탑과 성물 안치소도 추가했다. 수호성인인 상 비센테의 무덤 위에 세워졌다는 설이 있어 순례지로도 유명하다. 성당 앞의 돌기둥은 신대륙 발견 당시 해안가에 설치했던 항해 기념비다. 돌기둥의 상단에는 엔리케 가문의 문장이 새겨져 있다. 리스본에 있는 발견 기념비의 11번째와 12번째 사람이 들고 있는 돌기둥과 같은 것이다. 성당의 뒤쪽에 있는 건물은 강당이다. 1793년에는 탄약 및 소품 창고로 사용하다가 강당으로 용도를 변경했

주소 Fortaleza de Sagres, 8650-360 Sagres

운영 4 · 10월 09:30~18:30
5 · 6 · 9월 09:30~20:00
7 · 8월 09:30~20:30
11~3월 09:00~17:30
※ 폐관 30분 전까지 입장 가능

**휴무** 5/1, 12/25

요금 성인 €6, 학생(15~25세) €3

전화 282-620-140

홈피 www.monumentosdoalgarve.pt/pt/monumentos-do-algarve/fortaleza-de-sagres

다. 강당 뒤로 위치한 등대는 대서양과 지중해를 잇는 가장 바쁜 항로에 위치해 있다. 그래서 프랑스 우에상Ushant 섬의 등대와 함께 유럽의 영향력 있는 등대 중 하나로 손꼽힌다. 입구 근처에는 48개 방사형 코스로 만들어진 50m의 원형을 볼 수 있다. 네 방위를 나타내는 나침반으로 사용된 바람의 장미Rosa dos Ventos다. 우리나라의 해시계를 닮은 나침반은 당시 선원 교육 및 군사 연구에 사용되었다고 한다. 석회질이 풍부한 대지에는 강한 바람 탓에 낮은 관목들이 자란다. 우리나라에서 보기 힘든 희귀종이 많은데 아이스 플랜트는 번식력이 뛰어나고 제방 효과가 뛰어나 요새 안의 황량한 모래 바닥을 지켜 준다. 요새 중간에 침식된 홀은 절벽 아래 해안 동굴에서 오랜 침식활동으로 인해 구멍이 생긴 것이다. 9월이나 10월에는 아프리카의 사하라로 날아가는 철새들을 볼 수 있다.

## & 남서쪽 끝 해양 전초기지, **상 비센테 곶**Cabo de São Vicente에 가 보자.

해양왕 엔리케가 유럽의 해양 팽창을 주도한 전초기지를 세운 곳이다. 스페인의 순교자 상 비센테의 유해가 이곳에 있었다는 설 때문에 상 비센테 곶으로 불린다. 엔리케의 범선이 항해를 시작할 때 바닷길을 비춰 주던 등대와 수도원이 있다. 상 비센테 곶으로 가는 버스는 하루에 2대 있는데 오전 11시 15분과 오후 2시 25분에 사그레스에서 출발한다. 상 비센테 곶에 도착 후 10분 머물렀다가 바로 출발한다. 시간이 변경될 수 있으므로 사전에 www.eva-bus.com에서 반드시 확인하자.

주소 Farol do Cabo de Sao Vincente, EN 268, 8650-370 Sagres
운영 4~9월 10:00~18:00
10~3월 10:00~17:00
전화 282-624-234

# FARO

## 고즈넉한 석호평야 파루

# 14

파루는 포르투갈의 다른 해변과는 다르게 넓은 석호 평야를 가지고 있다. 그래서 철새들을 보거나 해양 생태계를 연구하기 위한 방문객들이 많다. 또한, 여행자에게는 공항과 기차역, 터미널과 선착장을 보유한 교통의 중심 도시로 통한다. 특히 저렴한 항공을 이용해 유럽에서 포르투갈로 이동하거나 스페인으로 이동하는 버스를 이용할 때 파루를 경유하기도 한다.

### 파루에서 꼭 해야 할 일

- 해 질 녘 구시가와 특이한 자연 생태계를 가진 해안가 산책.
- 스페인 안달루시아 지역으로 이동하려면 파루에서 하는 것이 좋다. 대기 시간 동안 신선한 해산물 요리를 맛보기.

### 파루로 이동하기

**항공** 공항에서 14, 16번 버스를 이용. 첫차는 새벽 5시, 막차는 밤 11시. 택시는 한 대에 4명까지 가능하고 화물 20인치 이상은 추가 금액이 발생한다. 대기한 택시가 없을 경우 안내 센터 또는 289-827-203으로 연락해서 도움을 받자.

**버스** 포르투갈 뿐만 아니라 스페인 마드리드, 세비야와도 이어진다.

**기차** 리스본에서 하루에 2번 운행하고 2시간 30분 정도 소요된다.

### 파루 관광 안내소

**주소** Rua da Misericordia 8-12, 8000-269 Faro

**운영** 09:30~12:30, 14:00~17:30

**전화** 289-803-604 **메일** turismo.faro@rtalgarve.pt

### 해양 액티비티

카약, 보트 체험 같은 생태계 투어를 할 수 있다.

**전화** 918-720-002 **홈피** www.formosamar.com

N
파루
Faro
Rua I.D. Henrique
Rua Serpa Pinto
카르무 성당(오수스 예배당)
Igreja de Carmo(Capela dos Ossos)
재래시장
Mercado
살라바
Chalavar
파루 기차역 가는 길
(100m 전)
파루 버스 터미널
Largo
do Carmo
Av. da República
Se7e 페드라스
Se7e Pedras
Praça
F.de Almeida
Praça
D. F. Gomes
Rua S. Antônio
보트 선착장
Port
미제리코르디아 성당
Igreja da Misericórdia
Rua do Bocage
구시가
카테드랄(대성당)
Sé Cathedral
상 프란시스쿠 성당
Igreja de São Francisco

Sightseeing ★★☆

1

## 구시가 Old Town

고대 로마 시대의 성벽으로 둘러싸인 구시가를 걸어 보자. 좁아지는 골목을 따라가다 보면 로맨틱한 정원을 가진 레스토랑이 나오거나 2층 창문에 기댄 개가 짖어댈지도 모른다. 모든 좁은 길은 대성당 광장으로 이어진다. 미사 시간이 되면 동네 사람들이 골목을 빠져나와 대성당에 모인다. 구시가 주변에 있는 카르무 성당에는 오수스 예배당이 유명하다. 1,200년 전 공동묘지에서 발굴된 수도사의 뼈로 만든 예배당이기 때문이다.

주소 Municipality

카르무 성당(오수스 예배당)
Igreja de Carmo(Capela dos Ossos)
운영 10:00~12:30, 14:00~17:00
요금 €1

Food

1

## 오 샬라바 O Chalavar

어촌 사람들이 찾는 정겨운 레스토랑이다. 주인아저씨의 얼굴은 바닷가의 태양에 그을려 새까맣다. 소박한 식당이 그러하듯 해산물부터 육류까지 종류를 망라하고 주문할 수 있다. 푸짐한 양과 아저씨의 훈훈한 미소가 어우러져 마음이 따뜻해진다.

주소 Rua infante dom henrique 120
위치 파루 기차역에서 도보 3분
운영 11:00~15:00, 18:30~24:00
요금 메인 €10
전화 914-875-779

Food

2

## Se7e 페드라스 Se7e Pedras

고급스러운 인테리어와 잘 꾸며진 요리 덕분에 파루 여행의 시작 또는 마지막을 함께하기 좋다.

주소 Travessa dos arcos n°7
8000-470
위치 파루 기차역에서 도보 6분
요금 메인 €10~
전화 289-058-329
홈피 www.facebook.com/Se7e.Pedras

# *Step to Portugal*

# 쉽고 빠르게 끝내는 여행 준비

STEP TO PORTUGAL 01

# 포르투갈 일반 정보

### ★ 수도
리스본. 영어 표기는 Lisbon, 포르투갈어 표기는 Lisboa.

### ★ 면적
약 92,090km²로 우리나라보다 약간 좁다.

### ★ 인구
약 1081만 명

### ★ 정치와 경제
우리나라와 같이 대통령제와 의원내각제가 혼합되어 있다. 대통령은 리스본의 벨렝 궁전에 거주한다. 포르투갈은 서유럽 국가 중에서 경제성장률이 낮은 편이다. 하지만 낮은 물가로 인해 여행객에게는 인기가 많은 편이다.

### ★ 통화
포르투갈의 통화 단위는 유로이며 €로 표시한다. 보조 통화는 센트다. 지폐는 €5, €10, €20, €50, €100, €200, €500로 나뉘며 동전은 1, 2, 5, 10, 20, 50센트로 나뉜다. €1는 100센트다.

### ★ 물가와 팁
포르투갈 커피인 비카는 €1.5 내외고 생과일 주스는 €2.5 정도다. 맥주는 €2~ 정도로 다양하다. 레스토랑의 메뉴는 €10 초반부터 €20 정도며 가벼운 식사는 €5~8 정도다.

### ★ 언어
포르투갈어

### ★ 기후
지중해성 기후로 온화한 편이며 사계절이 뚜렷하다. 가을과 겨울에는 바람이 많이 불고 비가 자주 내린다. 봄에는 따뜻한 날과 맑은 날이 많아 여행하기 좋다.

### ★ 전화와 인터넷
로밍한 휴대전화로 포르투갈에서 한국으로 걸 때는 약 3,540원, 현지로 걸 때는 약 850원 정도의 비용이 기본으로 발생한다. 유심은 TMN 또는 보다폰Vodafone에서 구입 가능하다. 유심이란 휴대전화에 있는 IC 카드로 개인의 정보 및 데이터가 포함되어 있는 카드다. 해외에서 휴대전화 사용

시 일정 데이터와 통화량을 포함한 카드로 교체하면 인터넷과 전화 사용이 가능하다. 공항과 호텔, 일부 지정된 공원과 관광지에서는 무료 인터넷 사용이 가능하다.

### ★ 전압

한국과 같은 220V다.

### ★ 시차와 서머 타임

우리나라보다 9시간 느리다. 3월 마지막 일요일 1시부터 10월 마지막 일요일 1시까지는 서머 타임이 적용되어 우리나라보다 8시간 느리다.

### ★ 종교

국민의 대부분이 가톨릭 신자다.

### ★ 여행 경비

포르투갈은 트래블월렛 또는 트래블로그처럼 충전식 외화선불카드를 사용하기 편한 환경이다. 식당과 숙소, 쇼핑까지 대부분 외화선불카드로 결재할 수 있다. 포르투갈 통합 인출 시스템인 MB Multibanco 단말기에서 수수료 0%(트래블월렛)로 유로 출금할 수 있다. 은행은 평일 오전 9시부터 오후 3시까지 열고 24시간 인출기가 곳곳에 있다.

### ★ 애완동물 동반

애완동물을 동반하고 싶다면 당국에서 발행한 위생증명서, 예방접종확인서, 항체형성증명서 등이 필요하고 동물전자인식표가 있어야 한다. 포르투갈 사람들은 동물을 사랑하고 여행 중에 자주 만날 수 있으나 일부 레스토랑, 상점, 특정 해변 등에서는 입장이 안 될 수도 있다.

### ★ 우리나라와 닮은 포르투갈

남북으로 뻗은 지형에 높은 산과 언덕이 많다. 특히 포르투가 포함된 도우루 강 주변과 리스본을 포함한 테주 강 상류 지역이 그렇다. 숙소나 이동 동선을 잡을 때 지도에서 평면보다 미리보기를 통해 오르막인지 확인하길 권한다.

1960년대 이전까지 농업에 의존했다. 대항해시대 이후 무역이 발달해 많은 인구가 도시로 이전했으나 농경 사회를 벗어나진 못했다.

포르투갈은 단일민족에 가깝다. 우리나라가 삼국시대를 거쳐 통일을 하고 고려와 조선의 역사가 있는 것처럼 북쪽에는 게르만족과 켈트족, 남쪽에는 무어인이 점령하고 있었는데, 포르투갈의 시조인 아폰수 엔리케 왕이 통일하여 포르투갈을 세웠다.

예전부터 포르투갈에선 여성에 대한 성차별이 있었다. 남자들은 할 일 없이 동네를 돌아다녀도 여자는 자녀를 키우고 가정일을 했으며 수공업에 매진했다. 지금은 여성의 권위가 많이 상승했으나 남녀 간의 불평등은 아직 남아 있는 편이다.

우리나라가 일본을 멀고 가까운 이웃 나라로 생각하듯 포르투갈은 스페인을 그렇게 생각한다. 많은 동맹과 배신, 전쟁으로 애증 관계인 것이다.

STEP TO PORTUGAL 02

# 포르투갈 연중행사와 공휴일

## ★ 1월

**1월 1일** 새해 첫날. 건포도를 먹고 행운을 상징하는 파란색 팬티를 입는다. 빨간색은 사랑, 노란색은 돈, 갈색은 직업, 하얀색은 평화를 얻고 싶을 때 입는다.

**1월 2~8일의 일요일**

예수공현축일. 왕 복장을 한 사람들이 집집마다 돌며 자선 기부금을 요청한다.

## ★ 2월

**2월 25일**

카르나발 Carnaval. 부활절 전 40일 동안 고기를 먹지 않는 풍습 때문에 그 전에 고기와 함께 즐기는 축제를 카르나발이라 한다.

## ★ 3~4월

**4월 25일**

독재정치에서 벗어난 자유의 날

**부활절 성주간**

예수의 고난과 부활을 기념하는 주간으로 브라가에서 열리는 행사가 가장 유명하다.

## ★ 5월

**성지순례의 시작**

1917년 5월에서 10월까지 13일마다 보여준 파티마의 기적을 기념하여 5월에 파티마 대성당에서 성지순례를 시작한다.

**5월 초**

코임브라 대학교의 학기가 끝나는 주간으로 각 학과를 상징하는 리본을 태우고 밤새 술을 마시며 즐기는 축제다.

## ★ 6월

**6월 10일** 포르투갈의 날. 동 루이스 국왕이 1880년 6월 10일 카몽이스 사망일 300주년을 기념한 후 지금까지 이어진다.

**6월 12~29일**

리스본 페스티벌 Festas de Lisboa. 포르투갈 성인 산투 안토니우Santo Antonio와 상 주앙São João 축일이다. 산투 안토니우 축일인 6월 12일 밤부터 야외에선 정어리를 굽고 맥주를 마시며 음악에 맞춰 춤을 춘다. 중매인으로 알려진 성인이라 대성당에서 집단 결혼식이 열린다.

## ★ 7월

**몰리세이루 축제**

운하 도시 아베이루에서 전통 배 몰리세이루를 치장하는 축제다.

## ★ 8월

**8월 첫 번째 일요일**

기마랑이스에서 열리는 성 왈터 축제

**8월 15일**

성모 승천의 날Feast of the Assumption

## ★ 10월

**10월 12~13일**

성지순례 마지막 날 파티마 대성당에서 미사를 드리고 촛불 행진을 한다.

## ★ 11월

**11월 11일**

성 마틴의 날로 새로 나온 와인과 군밤을 먹는 날이다.

## ★ 12월

**12월 8일** 마리아 대축일Immaculate Conception

**12월 25일** 크리스마스

# STEP TO PORTUGAL 03 포르투갈 들어가기 & 나오기

## 1. 인천국제공항에서 출국하기

### > 일반 탑승 수속 카운터 이용

공항의 3층에 있는 운항 정보 안내 모니터를 보고 예약한 항공사의 수속 카운터를 확인한다. 잘 모를 경우 3층의 중앙에 있는 안내 데스크에 문의해도 좋다. 여권을 제시한 뒤 수하물을 맡기고 탑승권과 수하물표를 받는다. 참고로 20인치 이하의 캐리어는 기내 반입이 가능하다.

탑승 2시간 전까지 공항에 도착해 탑승 수속을 하는 것이 좋으나 만약 탑승까지 1시간이 채 안 남았다면 해당 항공사의 직원에게 먼저 수속 가능한지 확인해야 한다.

### > 자동 체크인 키오스크 이용

포르투갈에 갈 경우 아시아나항공 이용 시에만 가능하다. 키오스크에서 이용 항공사로 아시아나항공을 선택하고, 항공편명과 승객 수를 입력한다. 여권을 인식시키고 좌석을 선택한 뒤 마일리지를 입력하고 탑승권을 받는다. 가방은 항공사의 전용 카운터에 맡긴다.

### > 도심공항터미널 이용

포르투갈에 갈 경우 아시아나항공, 대한항공 이용 시 가능하다. 서울역(032-745-7400/www.arex.or.kr)에 있는 도심공항터미널에서 심사 후 인천국제공항에선 3층 전용출국통로를 이용한다.

### > 보안 검색과 출국 심사

탑승 수속을 마친 뒤 보안 검색대를 지난다. 주머니에 있는 물건은 가방에 넣고 노트북은 따로 꺼내 놓는다. 100ml를 넘는 액체류와 젤류, 칼, 가위 등 규정 외의 제품은 압수될 수 있으므로 미리 수하물로 맡겨야 한다.

출국 심사는 대기선에서 기다리다가 차례가 오면 모자와 선글라스는 벗고 여권을 제시한다. "안녕하세요?"나 "수고하세요!" 등의 인사를 유쾌하게 건네 기분 좋게 여행을 시작해 보자.

### > 탑승

탑승권에 적힌 탑승구를 미리 확인하고, 탑승 마감 시간 전에 도착하자. 탑승 전 공항의 면세점을 구경하는 것도 빼놓을 수 없는 재미다. 하지만 항공사에 따라 모노레일을 타고 다른 청사로 이동해야 할 수 있으니 시간 체크에 반드시 유의하자.

★
**액체류 소지 시 유의사항**
한국에서 포르투갈로 가는 직항이 없기 때문에 다른 국가에서 환승을 해야 한다. 환승하는 국가 중에서는 통관이 까다로워 문제가 발생하기도 하므로 면세점 이용 시 가지고 있는 액체류를 포함해 100ml 이상이 되지 않도록 한다. 또한, 가방에 든 액체류를 지퍼 팩에 담아 손쉽게 뺄 수 있도록 한다.

## 2. 포르투갈로 입국하기

포르투갈에는 리스본, 포르투, 파루 등에 공항이 있다. 한국에서 포르투갈로 가는 직항은 없으며 다른 나라를 경유해야 한다. 셍겐 조약 가맹국을 통해 입국하는 경우 입국 심사는 없다. 여권은 체류 기간 종료일 후 3개월 동안 유효해야 하며 비자는 별도의 신청 없이 90일 동안 체류 가능하다. 최대 6개월까지 연장이 가능하다.

### > 셍겐 조약

유럽 지역 국가 중 셍겐 가맹국 간의 통행에는 제한을 두지 않는다. 그래서 비자와 여권이 없어도 가입국 간에 이동이 가능하다. 현재 26개국이 가입되어 있으며 영국, 아일랜드, 불가리아, 루마니아, 키프로스, 크로아티아 등은 미가입국이다.

### > 유심

포르투갈에 도착한 뒤 한국에서 사용하던 유심을 쓸 수 없으니 인터넷을 사용할 수 없다. 당장 타고 갈 노선과 위치를 확인해야 하고 각종 애플리케이션을 사용하기 어려우며 갑자기 발생하는 위기 상황에 어떻게 대처해야 할지 모를 수도 있다. 한국 통신사 로밍을 하려고 하면 하루에 1만 원쯤 금액이 발생한다. 이럴 때 현지 유심을 쓰면 저렴하게 셀룰러 데이터를 쓸 수 있다. 포르투갈에는 MEO와 NOS 같은 지역 통신사가 있으나 데이터 상태가 좋지 않거나 하루 사용량을 지정해 놓는 곳도 있어 추천하지 않는다. 그보다 안정적인 네트워크를 보유하고 있는 보다폰을 이용해 보자.

보다폰 유심은 공항 또는 시내에 있는 보다폰 매장이나 전자제품 전문 쇼핑몰인 FNAC에서 살 수 있다. 리스본 공항에서는 1층에 있는 보다폰 매장보다 2층에 있는 보다폰 매장을 이용하면 찾는 여행객이 많지 않아 훨씬 빨리 유심을 구매할 수 있다. 보통 30일 동안 10GB 상품을 많이 이용하며 €20 정도다. 포르투갈 유심은 스페인이나 다른 유럽 국가에선 로밍으로만 사용할 수 있다.

한국 통신사에서 사용하던 유심과 동시에 이용할 수 있는 이심(E-sim)도 좋다. 기존 한국 전화번호로 오는 전화나 메시지도 받으면서 포르투갈 셀룰러 데이트를 사용할 수 있어 로밍과 현지 유심 장점만 쏙 뽑았다. 아이폰 11세대 이후, 갤럭시 S23, Z 이후 버전 단말기면 사용할 수 있다. 30일 동안 10GB 상품과 30일 데이터 무제한 (500MB 이상 데이터를 사용한 뒤에는 속도제어) 상품은 각 23,000원 정도다. 이심 업체로는 도시락, 로밍도깨비, 말톡 등이 있다.

### > 포르투갈 여행 시 주의사항

1 공항에 금방 도착한 여행객을 대상으로 한 사기행각이 있으니 주의하자. 예를 들어 영국에서 온 기자인데 포르투갈 공항검색대에서 짐을 가져오지 못해 곤란하다며 도움을 청한다.

2 유럽 관광도시 어디나 소매치기 때문에 골머리를 앓는다. 포르투갈도 다르지 않다. 국가 행사가 있는 날이나 성수기에는 동유럽이나 스페인에서 소매치기를 하기 위해 원정(?)을 온다고 하니 조심하자. 핸드폰은 카페 테이블에 놓지 않고 스트랩으로 목에 걸거나 소매에 거는 것이 좋다. 가방은 앞으로 메는 것이 좋으며 옷핀을 사용해서 지퍼를 단속하는 것이 좋다. 백팩은 느낌이 나지 않을 정도로 지퍼를 잘 연다고 하니 귀중품은 빼고 옷이나 책, 간식 등을 넣어 다니자. 돈은 하루 지출 금액만 따로 챙기고, 지갑보다 안쪽 호주머니나 달라붙는 바지의 주머니에 넣는 것이 좋다.

3 우리나라에서 쉽게 하는 손짓인 오케이는 포르투갈에서 모욕적인 표현이다. 엄지 하나를 드는 건 우리나라 사람들이 검지 하나를 드는 것처럼 1을 뜻한다.

4 국민의 대부분이 가톨릭 종교를 믿는 만큼 성당에 갈 때는 남자는 모자를 벗고 여자는 깊게 파인 옷이나 짧은 치마를 스카프로 가린다. 미사 중에 사진 촬영을 하는 것은 예의에 어긋난다.

## > 포르투갈 여행 시 필요한 앱

**구글 맵스**
대표적인 지도 앱으로 미리 여행할 지역을 확인해 놓고 가고 싶은 스폿을 별표로 저장해두면 편리하며 자신만의 여행 지도를 만들 수 있다. 위성으로 내 위치를 파악해 길 찾기에도 도움이 된다.

**CityMaps2Go**
세계 주요 도시의 지도를 다운받아 이용할 수 있으며 위성으로 내 위치를 파악해 주변 관광지와 레스토랑, 숙박시설들을 조회할 수 있다.

**스카이스캐너**
항공권 비교 앱으로 가격과 비행 일정, 공항 등 다양한 정보를 제공한다.

**Comboios**
포르투갈 철도 CP 앱으로 간단하게 스케줄과 금액을 확인하기 좋다.

**myRNE**
포르투갈 대표 버스인 레데 익스프레소스 앱으로 스케줄 확인은 물론 티켓 예매도 가능하다.

**Omio**
유럽 전역을 오가는 기차와 버스 노선과 시간표를 알 수 있으며 예매도 가능하다. 수수료가 발생하지만, 한국에서 신용카드나 체크카드로 결재 시 오류가 나지 않아 이용이 편하다.

**Tap Portugal**
탑 포르투갈은 국영항공사로 리스본과 포르투, 파루와 마데이라 섬을 오간다. 앱으로 편하게 이용하자.

**Travel Wallet**
충전식 외화선불카드 앱이다. 포르투갈 도시 대부분 사용할 수 있다. 원화계좌에서 충전할 수 있고 남은 유로는 원화로 환불도 쉽다.

**Uber**
유럽 주요 도시에 네트워크를 가지고 있는 우버 택시 앱이다. 포르투갈에서도 시행하고 있으며 어디서든 예약할 수 있고 확정된 택시 요금과 친절도 때문에 많이 사용하고 있다. 처음 가입할 때에는 무료 이용권도 배포하고 있다. 그러나 포르투갈 택시와 사이가 좋지 않아 불편한 점이 있으며 내릴 때는 만약을 대비해 영수증을 받는 것이 좋다.

**Airbnb**
호스트가 자신의 집 전체 또는 방을 빌려주는 형식의 에어비앤비 앱이다. 호텔보다 저렴하고 조리기구가 갖춰져 있어 인기 있는 숙박 형태다. 그러나 호스트와 게스트가 따로 연락을 취해 약속을 잡아야 하며 예의가 없는 호스트의 경우 게스트가 도착하기 며칠 전에 취소하는 경우도 있다.

**Booking.com**
호텔을 중심으로 아파트나 호스텔을 예약할 수 있다.

**호텔스컴바인**
호텔 예약 사이트를 비교해 저렴하고 컨디션이 좋은 호텔을 알아볼 수 있다.

**Hostelworld**
호스텔 예약 전문 앱이다.

# 3. 대중교통 이용하기

## > 항공

<u>TAP</u> www.tap.pt

포르투갈의 국영항공사로 50개 이상의 국외와 국내선 항공편을 운행하고 있다. 프로모션을 이용하거나 일찍 예매할 경우 저가항공만큼 저렴하며 국영항공사라 메인 공항을 취항하므로 시간과 공항 이동이 편리하다. 출입국 시간을 줄이려면 인터넷 체크인을 이용해도 좋다.

<u>SATA</u> www.sata.pt

아조레스 제도의 모든 섬과 마데이라, 포르투갈 본토를 잇는 항공편을 운행하고 있다.

## > 기차

<u>CP</u> www.cp.pt

포르투갈의 철도 회사로 북부부터 알가르브 지방까지 포르투갈 전체를 이어준다. 최소 일주일 전에 예매하면 잔여 좌석수에 따라 Special Offer 금액을 제시하므로 저렴하게 구입 가능하며 대신 환불이 되지 않으므로 주의해야 한다. 65세 이상(Senior Citizen)은 요금의 50%를 할인받을 수 있고 5살 이하는 무료지만 좌석이 따로 배정되는 건 아니다. 시설은 오래되지 않아 깔끔한 편이며 고속열차의 경우 최대 시속 240km로 운행한다. 기차역 화장실 대부분은 유료로 운영되며 리스본에 있는 기차역 6곳과 포르투에 있는 기차역 2곳에만 짐 보관 로커가 있다. 국외열차로는 마드리드와 파리 등 유럽 주요 도시를 이어주는 익스프레스 열차와 리스본과 마드리드를 이어주는 루시타니아 콤보이우 호텔Lusitania Comboio Hotel 열차가 있다.

★

### CP 사이트 이용방법

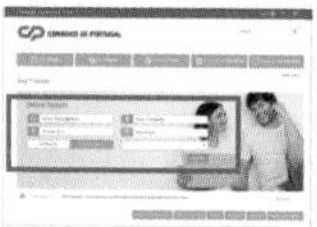

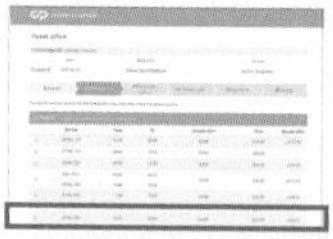

1 사이트(www.cp.pt)에 접속 후 EN을 누른다. Buy tickets를 클릭, **출발지와 도착지**를 입력하고 **출발 일자**를 설정한 뒤 **좌석 등급** Submit을 클릭한다.

2 **원하는 일정을 지정**하고 오른쪽 하단의 Continue를 클릭한 뒤 로그인한다(미리 회원 가입하는 것이 편리하다).

3 **승차자 명단**을 입력한 뒤 할인 내역이 있거나 Special offer를 지정한 경우 왼쪽 하단의 'If changes are made, recalculate the price'를 클릭하면 할인 적용된 금액이 나온다. 이후 오른쪽 하단의 Continue를 클릭한다.

4 **좌석을 지정한 뒤** Continue를 클릭한다.

5 **결제 사항을 입력**하고 Continue를 클릭한 뒤 예약 내용을 확인하고 메일로 온 E-Ticket을 인쇄한다. 카드 결제 시 승차자 명의의 카드를 이용한다.

## > 버스

장거리 이동 시 기차는 흔들림이나 환승에 대한 불편함이 있다. 무엇보다 버스가 더 저렴하다. 대표 버스는 레데 익스프레소스로 포르투나 코임브라, 리스본, 파루 등 주요 도시를 연결한다. 5일 전 예매 시 할인도 있다. 대형 버스 회사가 운행하지 않는 소도시는 지역 버스 사이트를 참고하자. 예매는 모바일보다 노트북 추천.

<u>**전국 광역 버스**</u> Rede Expressos www.rede-expressos.pt
<u>**남부 광역 버스**</u> EVA www.eva-bus.com
<u>**북부 지역 버스**</u> Rodonorte www.rodonorte.pt
<u>**소도시 버스**</u> Transdev www.transdev.pt
Tejo www.rodotejo.pt
AVIC avic.pt(카테고리 TRANSPORTES 선택)

리스본의 버스

레이리아 버스 정류장

리스본 세치 히우스 버스 터미널

브라가 버스 터미널

★
**레데 익스프레소스 사이트 이용방법**

**1** **출발지와 도착지, 인원, 출발 일자**를 입력 후 OK를 클릭한다. 스케줄을 확인하고 원하는 일정의 SELECT를 클릭한다(목적지까지 여러 도시를 경유하는 버스도 있으므로 소요시간과 거리를 꼭 확인하자).

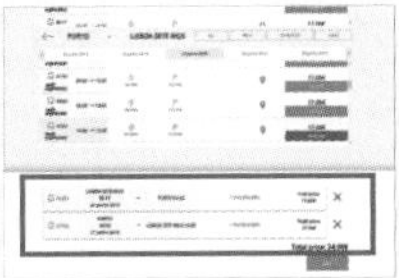

**2** **선택한 일정**을 **확인**하고 **구매 시 Buy**를 클릭한다.

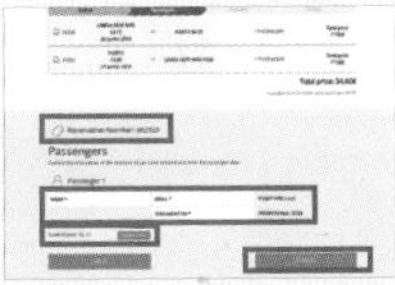

**3** 상단에 예약번호를 확인하고 하단에 **예약자의 정보(이름, 메일주소, 여권번호)를 입력**한다.

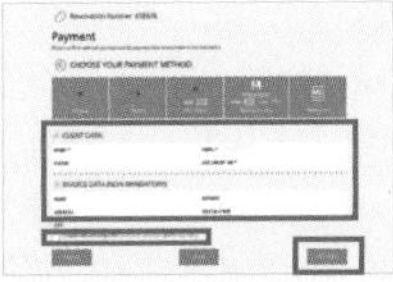

**4** Client Data는 기존 정보를 가지고 온다. Phone은 포르투갈 번호만 가능하니 유심을 바꾸지 않았다면 공란으로 둔다. Invoice Data를 입력, 약관 확인 후 Terms of Service에 체크한다. Proceed를 클릭, 메일로 온 **E-Ticket을 인쇄**한다. **카드 결제 시 승차자 명의 카드를 이용**한다.

## > 택시

미터기로 요금을 표시한다. 짐은 무게에 상관없이 €2 정도 추가된다. 관광객에 대한 바가지가 있는 편이라 승차 공유서비스인 우버Uber와 볼트Bolt, 프리나우Free Now 사용을 추천한다.

STEP TO
PORTUGAL 04

# 포르투갈 여행 준비

**여행 그리기 ··· 여권 만들기 ··· 항공권과 숙소 예약 ··· 짐 꾸리기 ··· 출발**

## ★ 여행 그리기

포르투갈은 소도시마다 다른 화가들이 자신만의 색을 뚜렷이 그려 낸 듯하다. 한곳에서 놀다 보면 어느새 옆 마을이 궁금해지고 야금야금 이동하게 된다. 포르투갈의 매력은 그뿐만이 아니다. 그들의 시골 인심은 시골을 벗어나 대도시에도 퍼져 있다. 푸근하고 정 많고 사랑스럽다. 심지어 음식까지 푸짐하다. 소박한 매력에 빠져 있다가도 새로운 시대를 개척해 나가던 황금기의 건축과 예술품은 그들의 용맹함과 도전, 민족의 정체성과 전통에 대한 애착을 상기시켜 준다. 여행자마저 절절해지는 그들의 파두는 또 어떠한가. 애절한 삶이 두드러지는 포르투갈로의 여행을 준비해 보자.

## ★ 여권 만들기

여권은 유효기간이 출발일을 기준으로 6개월 이상 남아 있어야 한다. 만약 전자여권의 칩이 손상되었거나 사증란(출입국 도장을 찍는 란)이 부족할 경우 재발급을 받아야 한다. 여권 발급은 서울의 각 구청이나 지방의 시청 · 도청에서 가능하며 성인의 경우 대리인이 신청하는 건 불가하다. 미성년자는 법정대리인이 대리 신청할 수 있다.

### > 발급 시 필요한 서류

**일반인** 여권발급신청서, 6개월 이내 촬영한 여권용 사진 1매, 신분증

**미성년자** 여권발급신청서, 6개월 이내 촬영한 여권용 사진 1매, 법정대리인의 신분증 사본, 기본증명서 및 가족관계증명서, 법정대리인의 여권발급동의서(법정대리인이 신청하는 경우 생략)

### > 여권 분실 시

여권을 분실한 경우 현지 경찰서에 분실신고를 하고 분실신고서를 받은 뒤 여권 사본 또는 신분증과 함께 리스본에 있는 대한민국 대사관으로 간다. 대사관에서 분실신고를 하고 여행증명서나 단수여권을 발급받는다.

**주 포르투갈 대한민국 대사관(리스본)**

주소 Av. Miguel Bombarda 36-7, 1051-802 Lisboa

전화 217-937-200

팩스 217-977-176

홈피 overseas.mofa.go.kr/pt-ko/index.do

★

**0404 영사콜**

24시간 연중무휴 해외에서 사건·사고 접수, 여권 등을 상담해 준다. 해외안전여행 사이트에 있는 포르투갈 안전 정보를 확인해 보자.

전화 02-3210-0404

홈피 www.0404.go.kr

## ★ 항공권과 숙소 예약

### > 여행의 시작! 항공권 탐색

여행은 준비하는 만큼 편하고 저렴하다. 포르투갈에 가기로 결정했다면 첫 번째로 준비해야 하는 건 항공권이다. 안타깝게도 우리나라에서 바로 가는 직항이 아직 없어 다른 국가에서 환승해야 한다. 티켓 발권 시 환승에 필요한 탑승권을 함께 준다. 만약 주지 않을 경우 확인해서 받는 것이 좋다. 환승 국가의 공항에서 다시 발급받을 경우 시간이 오래 걸려 비행기 시간을 놓칠 수 있기 때문이다.

#### ◎ 항공사별 경유 횟수와 환승지

| | 항공사 | 환승 도시 | 사이트 |
|---|---|---|---|
| 1회 경유 | 아시아나항공 | 코드셰어 항공사마다 다르다 | www.flyasiana.com |
| | 루프트한자 | 프랑크푸르트, 뮌헨 | www.lufthansa.com |
| | 에어프랑스 | 파리 | www.airfrance.co.kr |
| | 영국항공 | 런던 | www.britishairways.com |
| | 에미레이트항공 | 두바이 | www.emirates.com |
| 2회 경유 | 스위스항공 | 제네바, 취리히 | www.swiss.com |
| | 오스트리아항공 | 빈 | www.austrian.com |
| | KLM네덜란드항공 | 암스테르담 | www.klm.com |
| | 일본항공 | 오사카 | www.kr.jal.co.jp/krl/ko |
| | 터키항공 | 이스탄불 | www.turkishairlines.com |
| | 알이탈리아 | 로마 | www.alitalia.com |

루프트한자

스위스항공

아시아나항공

에미레이트항공

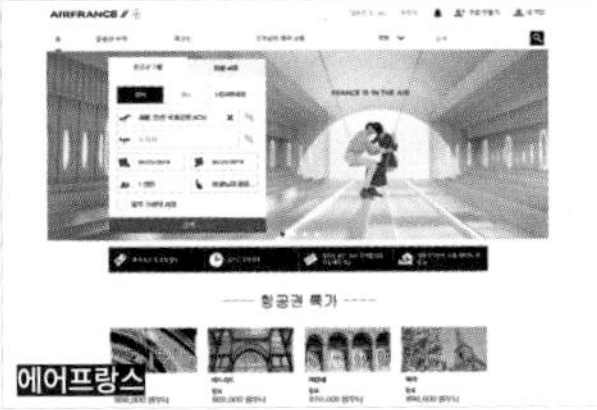

에어프랑스

일본항공

### > 항공사 프로모션

각 항공사는 고객 유치를 위해 일찍 항공권을 구입하는 얼리버드 프로모션, 커플 여행을 위해 밸런타인 프로모션 등을 진행한다. 여행자는 기회에 따라 저렴한 항공권 구입이 가능하니 항공사를 예의 주시해야 한다. 요즘에는 알림 서비스를 하는 '항공권할인정보' 앱이 출시되어 많은 여행자가 이용하고 있다.

**◎ 항공권 비교 사이트**

스카이스캐너 www.skyscanner.co.kr
인터파크투어 tour.interpark.com
투어익스프레스 www.tourexpress.com
카약 www.kayak.co.kr
땡처리닷컴 www.072.com

스카이스캐너

인터파크투어

투어익스프레스

### > 숙소 예약

포르투갈은 좋은 숙박업체가 많다고 익히 소문이 나 있다. 그중에서도 호텔 같은 호스텔과 작은 마을의 B&B는 특히 유명하다. 가격이나 위치, 환경 모두 만족스러운 곳이 많아 고민이다. 아래에 소개하는 사이트에서 포르투갈의 다양한 숙소를 예약할 수 있다. 각자 취향에 맞는 숙소를 골라 예약해 보자.

**◎ 숙소 예약 사이트**

호텔스컴바인 www.hotelscombined.co.kr
원파인스테이 www.onefinestay.com
부킹닷컴 www.booking.com
에어비앤비 www.airbnb.co.kr
호스텔월드 www.hostelworld.com
포우자다 www.pousadas.pt/en

원파인 스테이

에어비앤비

호텔스컴바인

## ★ 짐 꾸리기

설레는 마음에 하나둘 챙기다 보면 여행지에선 큰 짐이 된다. 내 삶의 무게라 생각하며 짊어지고 끙끙대고 싶지 않다면 필요한 것을 잘 판단해서 짐을 줄이자. 닳아 버린 티셔츠나 버려도 아깝지 않은 속옷, 양말이라면 가져가서 신고 나서 버리도록 하자. 점점 줄어드는 짐만큼 기념품으로 가방을 가득 채울 수 있다.

| 종류 | 세부 항목 | 체크 V | 비고 |
|---|---|---|---|
| 기본 물품 | 여권 | | 분실을 대비해 복사본과 여권 사진 2장을 준비하자. |
| | 국제면허증, 국제학생증 | | |
| | 여행자 보험 | | |
| | 유로 | | |
| | 항공권 | | |
| | 예약 바우처 | | 숙소 위치는 미리 구글 맵스에 지정해 놓고 메일 내용은 스마트 폰으로 캡처하거나 출력하는 것이 편리하다. |
| | 가이드북, 일정표, 필기구 | | |
| | 해외에서 사용 가능한 신용카드 | | |
| | 체크카드 | | 환전소 이용의 불편함을 해결할 수 있다. |
| 의류 | 일상복 | | 긴바지, 긴소매 옷은 챙기는 것이 좋다. 후드 티셔츠는 체온 유지와 소나기에 대처하기 좋고 감지 않은 머리를 감추기에도 좋다. 짐을 챙길 때 옷은 돌돌 마는 것이 공간을 덜 차지하고 주름이 덜 생긴다. |
| | 편안한 옷 | | 트레이닝복이 아니더라도 기내에서나 잘 때 입을 옷을 구비하자. |
| | 수영복 | | 해안 도시나 수영장이 있는 호텔에 갈 경우 챙겨 가자. |
| | 겉옷 | | 북부와 남부의 날씨가 다르고 기온 변화에 대비해 준비하자. |
| | 속옷, 양말 | | 빨래하기 쉬운 소재를 가져가자. |
| 잡화 | 발이 편한 신발 | | 굽이 있는 신발은 돌길을 걷기 불편하다. 슬리퍼는 해변과 숙소, 기내에서 활용도가 높다. |
| | 수건 | | 빨리 마르는 스포츠 타월이 좋다. |
| | 선글라스 | | |
| | 우산 | | 겨울에 북부 포르투갈로 여행할 경우 우비도 구매하길 추천한다. 바람을 동반한 비가 내릴 때 체온 유지에도 좋다. |
| | 에어 목베개 | | 에어 목베개는 바람을 빼서 보관 가능하므로 짐 꾸리기에 좋다. |
| | 액세서리 | | 귀걸이는 데일리 약통에 넣으면 분실 위험이 적다. |
| | 손목시계 | | 여행할 때에는 시간을 지켜야 할 일이 많이 생긴다. 휴대전화를 보는 것보다 편리하다. |
| 위생 용품 | 세면도구 | | 여행용 샴푸, 컨디셔너, 보디 클렌징, 페이스 클렌징, 칫솔, 치약(100ml를 넘기지 않도록 한다), 면도기 등 |
| | 의약품 | | 감기약, 지사제, 소화제, 연고, 바르는 파스, 밴드에이드 |
| | 화장품 | | 선블록은 잊지 말고 챙기자. |
| | 물티슈와 티슈, 손톱깎이 | | 장기 여행 시 필요하다. |
| 전자 제품 | 휴대전화와 충전기 | | |
| | 카메라와 부속품 | | 충전기, 배터리, 렌즈, 메모리 카드, 삼각대(선택) |
| | 이어폰 | | |
| | 여행용 멀티탭 | | 2~3구 정도면 충분하다. |
| 기타 | 컵라면 | | 내용물을 분리하여 비닐 팩에 담고 죽 매장의 플라스틱 용기를 가지고 가면 편리하다. |
| | 누룽지 | | 쌀밥보다 편리하고 포만감도 있다. |
| | 세제 또는 세척력 좋은 비누 | | 손빨래에 사용할 소량만 챙긴다. |
| | 비닐 팩 , 지퍼 팩 | | 출입국 통과 시 가방에 든 액체류는 지퍼 팩에 담아 손쉽게 뺄 수 있도록 한다. |

STEP TO PORTUGAL 05

# 요긴하게 써먹는 포르투갈어

"올라!" 낯선 동네와 식당에 들어서며 밝게 인사를 건네 보자. 반복하다 보면 자신감만큼은 이미 포르투갈어 능력자가 되어 있을 것이다. 완벽하진 못할지라도 이방인이 건네는 정겨운 포르투갈어는 현지인과 친숙해지는 가장 큰 수단이다. 여행 중 스쳐 가는 다른 여행자에겐 따뜻한 미소와 "보아 비아젱" 한마디를 건네자.

## ★ 인사 & 대답

| | | |
|---|---|---|
| 안녕하세요. | Oi | 오이 |
| 안녕. | Olá | 올라 |
| 아침 인사 | Bom dia | 봉 지아 |
| 점심 인사 | Boa tarde | 보아 따르지 |
| 저녁 인사 | Boa noite | 보아 노이찌 |
| 만나서 반가워요. | Prazer em conhecé-lo(la) | 쁘라제르 엥 꽁예쏠루(라-여자) |
| 다음에 봐요. | Até logo | 아떼 로구 |
| 안녕히 가세요. | Tchau | 챠우 |
| 예 / 아니요. | Sim / Não | 씽 / 너웅 |
| 나는 한국사람입니다. | Eu sou coreano(a) | 에우 소우 꼬레아노(나) |

## ★ 감정 표현

| | | |
|---|---|---|
| 감사합니다. | Obrigado/a | 오브리가두/다 |
| 부탁합니다. | Por favor | 뽀르 파보르 |
| 실례합니다. | Com licença | 꽁 리쎈사 |
| 미안합니다. | Desculpe / Desculpa | 지스꾸삐/빠 |
| 천만에요. | De nada | 지 나다 |
| 좋은 여행 보내세요. | Boa viagem | 보아 비아젱 |
| 친절하시네요. | Muito gentil | 무이뚜 젤띨 |
| 괜찮습니다. | Não há problema | 너웅 아 쁘로블레마 |
| 매우 좋아요. | Esta bom | 따 봉 |

## ★ 식당

| | | |
|---|---|---|
| 배고파요. | Eu estou com fome | 에우 이스또우 꽁 포미 |
| 맛있어요. | Gostoso / Delicioso | 고스또주 / 델리씨오주 |
| 우리 주문할게요. | Podemos pedir | 뽀데무스 뻬지-ㄹ |
| 계산서 주세요. | A conta, Por favor | 아 꽁따, 뽀르 파보르 |
| 소금은 조금만 넣어주세요. | Um pouco sal / Sin sal | 웅 뽀꾸 쌀 / 씬 쌀 |
| 건배! | Saúde! | 싸우지! |
| 전 ○를 좋아하지 않아요. | Eu não quero ○ | 에우 너웅 께루 ○ |

## ★ 길 찾기

| | | |
|---|---|---|
| ○는 어디에 있나요? | Onde fica ○? | 옹지 피카 ○? |
| 어떻게 가면 되나요? | Como(é que) eu chego lá? | 꼬무(에 끼) 에우 셰구 라? |
| 얼마나 걸리나요? | Quanto tempo leva até lá? | 꽝뚜 템푸 레바 아떼 라? |
| 여기 / 저기 | Aquí / Lá | 아끼 / 라 |
| 종이에 적어 주시겠어요? | Podia escrever isso, Por favor? | 뽀지아 에스끄레베-ㄹ 이쑤, 뽀르 파보르? |
| 이 주소가 여기예요? | Este é o endereço daqui? | 에스찌 에 우 잉데레쑤 다끼? |
| 걸어서 갈 수 있을까요? | Dá para ir andando? | 다 빠라 이르 앙당두? |

## ★ 쇼핑

| | | |
|---|---|---|
| 얼마예요? | Quanto é? | 꽝뚜 에? |
| 이것은 무엇입니까? | O que é isso? | 우 끼 에 이쑤? |
| 너무 비싸요. | É muito caro | 에 무이뚜 까루 |
| 이것 좀 봐도 될까요? | Posso ver isso? | 뽀쑤 베-ㄹ 이쑤? |
| 좀 깎아 주실 수 있나요? | Não tem como dar um desconto? | 너웅 뗑 꼬무 다-ㄹ 웅 지스꽁뚜? |
| 이걸로 할게요. | Vou levar isso | 보우 레바르 이쑤 |
| 입어 봐도 될까요? | Posso provar? | 뽀쑤 쁘로바르? |
| ○을 찾고 있어요. | Estou procurando um ○ | 이스또우 쁘로꾸랑두 웅 ○ |
| ○ 주세요. | Eu quero uma ○ | 에우 께루 우마 ○ |
| 환불해 주시겠어요? | Vocês aceitam devolução? | 보쎄스 아쎄이땅 데볼루싸웅? |
| 좀 둘러봐도 될까요? | Posso dar uma olhada? | 뽀쑤 다르 우마 올랴다? |

## ★ 기타

| | | |
|---|---|---|
| 예뻐요. | Bonito(a) / Lindo(a) | 보니뚜(따) / 린두(다) |
| 사진 좀 찍어도 될까요? | Posso tirar uma foto? | 뽀쑤 찌라르 우마 뽀뚜? |
| 화장실이 어디 있나요? | Onde está o banheiro? | 옹디 이스타 오 방예이루? |
| 도와주세요! | Me ajudem! | 미 아주뎅! |
| 여기 주문받아 주세요. | Podemos pedir aqui? | 뽀데무스 뻬지르 아끼? |
| 계산서 주세요. | A conta, Por favor | 아 꽁따, 뽀르 파보르 |
| 체크인 하고 싶어요. | Quero fazer o check-in | 께루 파제르 우 셰끼 잉 |
| 예약하고 싶어요. | Quero fazer uma reserva | 께루 파제르 우마 헤제르바 |

## ★ 요일 & 숫자

| | | |
|---|---|---|
| 지금 | agora | 아고라 |
| 오늘 | hoje | 오지 |
| 내일 | amanhã | 아마냥 |
| 월요일 | segunda feira | 쎄궁다 페이라 |
| 화요일 | terça feira | 떼르싸 페이라 |
| 수요일 | quarta feira | 꽈-ㄹ따 페이라 |
| 목요일 | quinta feira | 낑따 페이라 |
| 금요일 | sexta feira | 쎄스따 |
| 토요일 | sábado | 싸바두 |
| 일요일 | domingo | 도밍구 |
| 공휴일 | feriado | 페리아두 |
| 0 | zero- | 제루 |
| 1 | um / uma | 웅 / 우마 |
| 2 | dois / duas | 도이스 / 두아스 |
| 3 | três | 뜨레스 |
| 4 | quatro | 꽈뜨루 |
| 5 | cinco | 씽꾸 |
| 6 | seis | 쎄이스 |

| | | |
|---|---|---|
| 7 | sete | 쎄찌 |
| 8 | oito | 오이뚜 |
| 9 | nove | 노비 |
| 10 | dez | 데스 |
| 11 | onze | 온지 |
| 12 | doze | 도지 |
| 13 | treze | 뜨레지 |
| 14 | quatorze | 꾸아또르지 |
| 15 | quinze | 낀지 |
| 16 | dezesseis | 제제세이스 |
| 17 | dezessete | 제제세치 |
| 18 | dezoito | 제조이투 |
| 19 | dezenove | 제제노비 |
| 20 | vinte | 빈찌 |
| 30 | trinta | 뜨린따 |
| 50 | cinquenta | 씽꿴따 |
| 100 | cem | 쎙 |
| 1,000 | mil | 미우 |

## ★ 유용한 단어

| | | |
|---|---|---|
| 빵 | pão | 빠웅 |
| 밥 | arroz | 아호즈 |
| 소고기 | carne de vaca | 까르니 디 바까 |
| 물 | água | 아구아 |
| 와인 | vinho | 빙유 |
| 버섯 | cogumelo | 꼬구멜루 |
| 계란 | ovo | 오보 |
| 아이스크림 | sorvete | 소르베띠 |
| 고기스프 | caldo | 깔두 |
| 돼지고기 | carne de porco | 꼬구멜루 |
| 맥주 | cerveja | 세르베쟈 |
| 시장 | mercdo | 메르까두 |
| 시청 | prefeitura | 쁘레페이뚜라 |
| 은행 | banco | 방꾸 |
| 대한민국 대사관 | a Embaix ada da República da Coréia | 아 엠바이샤다 다 헤푸블리카 꼬레이아 |
| 경찰 | polícia | 뽈리씨아 |
| 경찰서 | a delagacia da polícia | 아 델라가씨아 다 뽈리씨아 |
| 배 | navio | 나비우 |
| 버스 | ônibus | 오니부스 |
| 택시 | táxi | 딱시 |
| 침대 | cama | 까마 |
| 입구 | entrada | 엔트라다 |
| 출구 | saída | 싸이다 |
| 영업 중 | aberto | 아베르뚜 |
| 영업 종료 | fechado | 페샤두 |
| 남자 | homen | 오멩 |
| 여자 | mulher | 물례르 |
| 여권 | passaporte | 빠싸뽀르찌 |

| | | |
|---|---|---|
| 지갑 | carteira | 까르떼이라 |
| 신용 카드 | cartão de crédito | 까르따웅 지 끄레지뚜 |
| 의사 | médico | 메지꾸 |
| 예약 | reserva | 헤제르바 |
| 쇼핑 센터 | shopping center | 쇼삥 쎙떼르 |
| 교환 | troca | 뜨로까 |
| 환불 | devolução | 데볼루싸웅 |
| 편도 | ida | 이다 |
| 왕복 | ida e volta | 이다 이 보우따 |
| 요금 | passagem | 빠싸젱 |
| 어른 | adultos | 아두우뚜스 |
| 아이 | criança | 끄리앙싸 |
| 포장하다 | embrulhar | 앙브룰랴르 |
| 사용 중 (화장실) | completo | 꽁벨레뚜 |
| 벌금 | multa | 물따 |
| 길을 잃다 | perder se | 뻬르데르 시 |
| 위험 | perigo | 뻬리구 |
| 귀중품 | artigos preciosos | 아르띠구스 쁘레시 오주스 |
| 병원 | hospital | 오스삐딸 |
| 약국 | farmácia | 파르마시아 |
| 국제전화 | chamada internacional | 샤마다 인떼르나시오날 |
| 늦다 | atrasada | 아뜨라자다 |
| 할인 | descontar internacional | 디스꼰따르 |
| 거스름돈 | troco | 뜨로꾸 |
| 팁 | gorjeta | 고르제따 |

# 서바이벌 영어 회화

## ★ 공항

| | |
|---|---|
| 체크인 하고 싶어요. | Can I check in here? |
| 이것을 기내에 가지고 들어갈 수 있나요? | Can I carry this in the cabin? |
| 왜 방문했나요? | What's the purpose of your visit? |
| 여행이에요. | Traveling. / Sightseeing. / Tour. |
| 얼마나 머물 예정입니까? | How long are you staying? |
| 2주 머물 예정입니다. | About two weeks. |
| 어디서 머무나요? | Where will you be staying? |
| 시내에 있는 ~호텔이요. | At the ~hotel in downtown. |
| 제 짐을 찾을 수 없어요. | I can't find my baggage. |
| 수화물 클레임은 어디서 하죠? | Where is the baggage claim area? |

## ★ 기내

| | |
|---|---|
| 담요 좀 주세요. | May I have a blanket? |
| 식사 시간에 깨워주세요. | Wake me up at mealtime. |
| 물 좀 주실 수 있나요? | Can you get me some water? |
| 몸이 아픈 것 같아요. 도와주세요. | I feel sick. Please help me. |

## ★ 쇼핑

| | |
|---|---|
| 그냥 둘러보려고요. | I'm just looking around. |
| 셔츠를 찾고 있습니다. | I'm looking for some shirts. |
| 하나 주세요. | Let me have one. |
| 세일 중인가요? | Any they on sale? |
| 입어 봐도 되나요? | Can I try it on? |
| 얼마예요? | How much is this? |
| 좀 더 싼 물건이 있나요? | Have you anything cheaper? |
| 다른 것으로 바꿔주세요. | Can I exchange it for another one? |
| 환불해주세요. | Can I have a refund? |

### ★ 식당

| | |
|---|---|
| 내일 6시에 예약하고 싶어요. | I'd like to reserve a table at 6 tomorrow. |
| 여기는 제 자리입니다. | This is my seat. |
| 혹시 자리를 바꿔주실 수 있나요? | If you can change my seat? |
| 추천 좀 해주시겠어요? | What do you recommend? |
| 이걸로 할게요. | This one, please. |
| 계산서 주세요. | Just the bill, please. |
| 남은 것 좀 싸주시겠어요? | Can I have a doggy bag? |

### ★ 교통

| | |
|---|---|
| 시내로 가는 공항버스가 있나요? | Is there an airport bus to go to downtown? |
| 어디서 공항버스를 타야 하나요? | Where can I take the airport bus? |
| 얼마나 자주 오나요? | How often is it running? |
| 얼마나 기다려야 하나요? | How long is the wait? |
| 이 버스가 시내까지 가나요? | Is this going to downtown? |
| ~은 어떻게 가나요? | How do/Can I get to the ~? |
| 거기까지 얼마나 걸리나요? | How long will it take to get there? |
| 요금이 얼마인가요? | How much is the fare? |
| 이 근처에 지하철역이 있나요? | Are there any subway stations around here? |
| 어느 역에서 갈아타야 하나요? | Where should I transfer? |
| 택시를 타려면 어디로 가야 하나요? | Where Can I get a taxi? |
| 빨리 가주실 수 있나요? | Could you please step on it? |
| 여기서 내릴게요. | Stop here, please. |
| 제 생각보다 요금이 많은데요. | That's more than I thought. |
| 지도를 얻고 싶어요. | I wanna get the map. |

### ★ 호텔

| | |
|---|---|
| 체크인 부탁합니다. | I'd like to check in, please. |
| 체크아웃은 몇 시인가요? | When is check out time? |
| 짐을 맡아주시겠어요? | Could you keep my baggage? |
| 택시 좀 불러주시겠어요? | Would you get me a taxi? |
| 다른 방으로 바꿔주세요. | Could you give me a different room? |
| 체크아웃 부탁합니다. | Check out, please. |

Index

# 인덱스 -가나다순-

★ TRAVEL NOTE

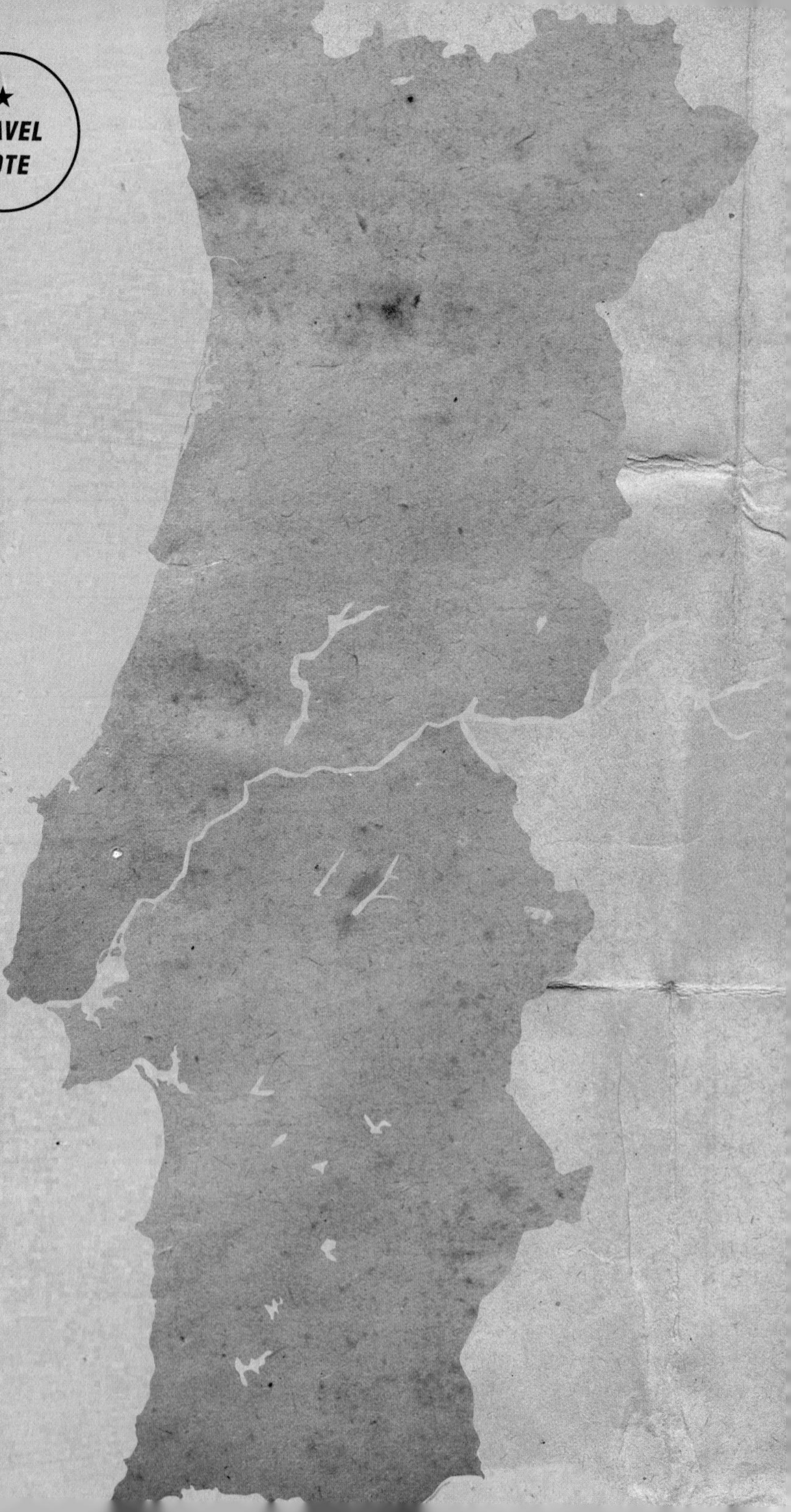

★ TRAVEL NOTE

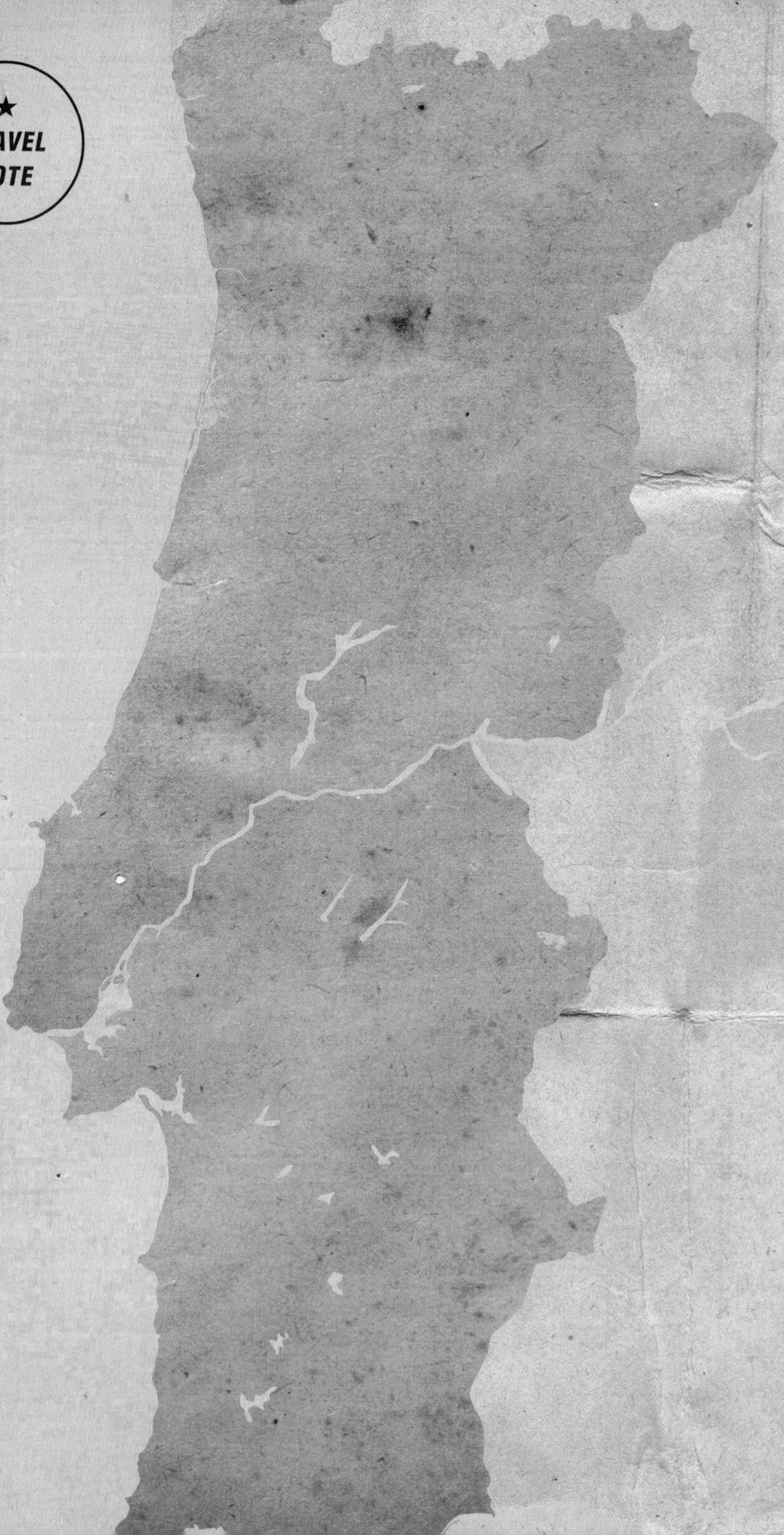

전문가와 함께하는
프리미엄 여행
나만의 특별한 여행을 만들고
여행을 즐기는 가장 완벽한 방법, 상상투어!
알차요
친절해요
맛있어요
상상투어
예약문의 070-7727-6853 | www.sangsangtour.net
서울특별시 동대문구 정릉천동로 58, 롯데캐슬 상가 110호